最新 農業技術

作物 vol.10

農文協

水稲の反射シート平置き出芽＆プール育苗
―― 福島県須賀川市・藤田忠内さん

出芽は平置きした苗箱に反射シートをかけるだけ，育苗管理はプールに水を張るだけ，換気も灌水の心配もいらない。マット形成，揃いがよく，茎が太くて葉幅も広く，病気の出ない，根張り抜群の健苗を育成。

写真はすべて依田賢吾撮影，記事は25ページ～

❶苗床（プール用）をつくる

←籾がらを敷いて苗床をならす

→農ポリを敷き，サイドぎわの直管パイプにパッカーで留めてプールの縁にする

(1)

❷播種は薄く，覆土は粗く

←播種量は催芽籾で苗箱当たり90〜100g。これだけ薄くても大丈夫

→覆土が当たって落ちるように標準装備されている覆土板。これを外してしまう

←覆土板なしのほう（左）が粒が粗いので覆土が固まらず，持ち上がりにくい

❸苗箱を平置き，反射シートで被覆

← 農ポリの上に苗箱を平置きしてすぐ反射シートを張っていく。鏡のように顔が映るほど反射率が高く，大部分の熱を反射してシート下の温度を一定に保つ

→ 気温30℃以下でゆっくり出芽してくるため，芽は短くても根は長く伸びている

→ 反射シートは芽がチラホラ顔を出してきたら早めに剥ぐ

← 熱は反射しても光をわずかに通すので，最初から薄緑色の芽が出てくる

❹プールで底面給水＆湛水

←おそい芽が出揃うまでは底面給水し，1.5葉期から本格的に湛水（高いところの苗箱の底が浸かる程度まで）

❺ 3.5葉，草丈15cmで田植え

←播種28日後，まもなく田植えする苗。茎が太くて葉幅も広く，たくましく育っている

➡丸めても問題ないくらいしっかりマット形成されるので扱いが簡単

本書の読みどころ──まえがきに代えて

■特集　稲作名人に学ぶ──大粒多収・省力，有利販売

ポット成苗坪33株，水深30cm の疎植水中栽培で850kg どり，防除いらずの健康稲作

薄井勝利（福島県須賀川市），依田賢吾（photofarmer）

分けつ力の強いポット成苗（分げつ3本，5.5 葉以上）を，坪33株の疎植と，10 ～ 30cm の深水でじっくり育て，登熟のよい太茎大穂の豪快イネに仕上げる。生育は前半が伸長型，中期から分げつ型。少ない基肥でもテンポよく分げつし，伸長が遅れる分，太い茎が揃う。施肥・水管理は出穂40日前に茎肥3kg，その後3段階で落水し，溝を切って溝水管理。出穂30日前に穂肥1.2kg，出穂直前に実肥1.3kg，出穂10日後に味肥（ケイ酸，リン酸，苦土），出穂60日後までイネを生かす。この疎植水中栽培で坪当たり茎数1000本，有効茎歩合95%以上，株当たり穂数34 ～ 35本，登熟歩合90%以上，1穂粒数130粒，千粒重23 g，反収850kgを実現。

反射シート平置き出芽＆プール育苗で作業競合改善，100gまき健苗育成

藤田忠内（福島県須賀川市），依田賢吾（photofarmer）

誰でもラクラク，反射シート平置き出芽＆プール育苗で作業競合を解消し，苗質も改善できる。出芽は平置きした苗箱に反射シートをかけるだけ，育苗管理はプールに水を張るだけ，換気もかん水の心配もいらない。反射シート平置き出芽は，ダイヤカットの苗箱に籾がらを敷いて苗床をならし，播種量90 ～ 100 gの薄まきで播種時にたっぷりと灌水。シートは通路も被覆してサイドぎわを二重にし，早めに剥がす。プール育苗は，遅い芽が出そろう1.5 葉期まで底面給水，1.5 葉期から本格的に湛水開始。マット形成，揃いがよく，茎が太くて葉幅も広く，病気の出ない，根張り抜群の健苗を育成。田植え適期幅が広く，活着がよく，倒伏せずに安定多収。

品種の特性に合わせた多品種栽培，千粒重23g 以上の売れる大粒米を反収660kg

菅原進（山形県鶴岡市），依田賢吾（photofarmer）

搗き減りの少ない，売れる大粒米で，米価低迷に負けない経営を追究。品種の特性に合わせて7 ～ 8品種を栽培し，いずれの品種も千粒重23 g以上，反収660kgを確保。登熟をよくするには生育中期が成否を分ける。すなわち，減葉しない生育を目指し，つなぎ肥で生育停滞させないようにする。穂相から品種の特性を見極めて施肥設計し，穂数，1穂粒数を抑え気味にする。2次枝梗型品種は基肥を控えめに，1次枝梗型品種はつなぎ肥が不可欠で穂も早めに打つ。水管理は土中に酸素を供給し，ガスが沸きにくく，根が働きやすい環境に整える。鶏糞とケイ酸資材で土づくり。

手づくりのボカシ肥で JAS 有機認証の米を栽培し，低温貯蔵・炭酸ガス処理で販売

石井稔（宮城県登米郡登米町）

水稲の面積が減り続ける登米町で，有機JAS認定を受け，米・食味鑑定コンクールで5年連続金賞を受賞した無農薬有機栽培米を生産。自家採種した種籾を温湯消毒し，炭・くん炭で

土壌・水質を改善，周辺の野山から採取した菌でボカシ肥を手作り。元肥を抑えて初期生育をゆっくりにし，通常よりも１カ月近く遅れて最高分げつ期を迎え，登熟の完了を見きわめてから刈取る。課題だった梅雨以降の食味低下を玄米の低温貯蔵，精米の炭酸ガス処理で防ぎ，常温でも食味を保つ「冬眠米」として産直販売。

地域で生まれ育まれた米「龍の瞳」，その理念と販売戦略

今井隆（岐阜県下呂市・株式会社 龍の瞳）

コシヒカリの棚田で見つかった品種「龍の瞳」は，玄米千粒重 32 g の大粒で，甘く粘りがあり，香ばしい食味。仲間とともに生産組合を立ち上げ，食味向上，無農薬栽培にこだわり，品種特有の発芽不良，苗の徒長，胴割れなどの栽培課題を克服してきた。食味コンクールで入賞，お客様アンケートを重視，龍の瞳物語，テーマソングや絵本を制作。管理水準を担保するため，国外へのアピールのため，グローバルＧＡＰも取得。地域で生まれ育まれた米「龍の瞳」で，地域資源の再生と中山間地の活性化をはかる。

●品種の持ち味を活かす

【コメ】

米の食味ポテンシャルを発揮させる栽培管理技術

松波寿典（農研機構 東北農業研究センター），金和裕（秋田県農林水産部）

食味ポテンシャルを発揮させるため，これまでの知見を整理するとともに，良食味米の食味に差をもたらす要因や生育の特徴について紹介する。美味しい米を作るには，健全な根を発達させるための土をつくり，活着が良好となる健苗を育成し，高温登熟を緩和できる適期移植で，低タンパクな玄米を生産する低次位・節位分げつを確保した後，深水管理や中干しにより速やかに過剰な分げつを抑制する。また，幼穂形成期の栄養診断に基づく穂肥施用で籾数を制御し，出穂期以降は高温対策と根の機能維持のための水管理（かけ流し，間断かんがい）を行い，適期収穫した後は，低めの温度設定で素早く乾燥調製することが重要である。

多収水稲品種北陸 193 号の早植栽培に適した育苗法

大角壮弘（農研機構 中央農業研究センター 北陸研究拠点）

北陸 193 号は早植栽培で出穂が早まり，秋口の低温を避けることで登熟が向上する。しかし，春先の低温時に育苗すると，苗の草丈が短くなるなどして移植後，埋没による枯死や，植え付け姿勢の悪化や浅植えによる浮き苗の増加により，欠株が増加する恐れがある。さらに移植後の低温で分げつが不足し，減収することもある。育苗期や移植後初期が低温となる早植栽培では，苗の草丈を伸ばし，窒素含有量を高めることが移植後の活着や生育の改善に重要である。出芽期伸長，マルチ被覆，深水プールで移植精度を担保する十分な苗長を確保できる。深水プールで多めの追肥を１度行なうだけでも移植後初期の生育が改善される。

北海道の酒造好適米（酒米）の農業特性と酒造適性

田中一生（道総研 上川農業試験場）

北海道の酒米品種は兵庫県の「山田錦」に比べて短程で倒伏しにくく，穂長が短くて穂数が多く多収である一方，千粒重が軽く，20 分吸水率と蒸米吸水率が低く，タンパク質含有率が高いといった酒造適性上の欠点がある。それらの欠点を改善するためには育種による大粒遺伝

子の導入，栽植密度や施肥法の改善が必要である。低タンパク質な酒米生産のためには，産地を選定することが重要であることに加え，食用米生産と同様に耕種的な方法もある。さらに，登熟気温が高い年は 20 分吸水率，蒸米吸水率が低下する可能性が高いため，そのような情報を，北海道の酒米を使用する酒造会社に対して酒造前に提供することも重要であると考えられる。

【ダイズ・アズキ】

トヨハルカ——低温に強く，コンバイン収穫と味噌加工に適した品種

田中義則（道総研 中央農業試験場）

白目大粒でダイズシストセンチュウ抵抗性強の品種トヨムスメは，煮豆，惣菜，味噌のほか，豆腐用として糖の含有率が高く，美味しさに優れているため，実需者から高い評価を得ている。しかし，開花後の低温により，へそやその周辺に着色が発生しやすいなど，収量と外観品質が不安定である。また，分枝数がやや多くて繁茂しやすい，最下着莢位置が低い，裂莢しやすいなど，コンバイン収穫適性が不十分である。そこで，トヨムスメよりも冷害年に強く，コンバイン収穫適性が高く，さらに低温着色による品質低下が少なく，外観品質，煮豆や味噌の加工適性に優れたトヨハルカを育成した。

ほまれ大納言——土壌病害抵抗性と高い加工適性を併せもつ大納言アズキ品種

田澤暁子（道総研 道南農業試験場）

アズキ品種「アカネダイナゴン」は加工適性の評価は高いものの比較的小粒であり，整粒歩留まりが著しく低下することもあった。その後に育成された「ほくと大納言」は成熟期前後の降雨によって種皮が黒変しやすくなる問題があった。「とよみ大納言」は百粒重 25 g の極大粒で，降雨による黒変粒の発生も少なく，落葉病抵抗性もあり，収量性が高いため，栽培が増加した。一方，「ほまれ大納言」は大粒で歩留まりも高く，土壌病害抵抗性を持ち，風味など加工適性の評価も高く，「アカネダイナゴン」同様に老舗の和菓子メーカーを中心に需要があり，道南地域を中心に生産されている。

【ソバ】

難脱粒性ソバの登熟中および収穫時の子実損失

森下敏和（農研機構 北海道農業研究センター）

ソバのコンバイン収穫では適期を逃すと自然脱粒が多発する。さらにコンバインとの接触によって生じる頭部損失，子実が脱穀されずにコンバインを素通りする脱穀選別損失，収穫されずに圃場に残る刈り残し損失もある。花弁が緑であるグリーンフラワー型の系統は強く太い枝梗をもつため引っ張り強度が強く，脱粒抵抗性が大きい。北海道の主要品種「キタワセソバ」と比較したところ，自然脱粒の低減に効果的であったものの，脱穀選別損失は難脱粒系統のほうが多かった。そのため，花房の基部を強化した育種素材の開発，早すぎない収穫時期，難脱粒系統に最適化したコンバインの運転条件が必要である。

倒れにくいソバ品種にじゆたかの根の特徴

村上敏文（農研機構 西日本農業研究センター 四国研究拠点）

ソバは収量が低く，年による変動も大きい。その原因の 1 つとして倒伏しやすさが挙げられ

る。しかし，耐倒伏性品種「にじゆたか」の倒伏程度は標準品種「階上早生」に比べてかなり低い。これは根の形質によるところが大きい。1次側根の硬い部分の開帳角度が大きく，より水平方向に向いており，横により長く張り出し，全長が長く，数が多いためである。一方，播種密度が低いほど，これらの形質に加えて主根長，主根直径が増大する傾向があり，「階上早生」であっても倒れにくくなることがわかった。播種密度の低下は収量に影響する場合もあるので，両品種とも収量を確保しつつ，倒伏が防げる播種密度を検討する必要がある。

【ジャガイモ】

さやあかね──高品質で強い疫病抵抗性をもつ青果用ジャガイモ品種

池谷聡（道総研 北見農業試験場）

ジャガイモ疫病は，1度発生すると急激に圃場全体に拡がって茎葉を枯らし，塊茎にも感染して腐敗させるため，収量と品質が大きく低下する。「さやあかね」は「花標津」並の強い疫病抵抗性を持ちながら，青果用としての品質が高い。上いも重は「花標津」並だが，上いも平均重が重いため，青果用の規格内いも重で「男爵薯」「花標津」より多収である。また，ジャガイモシストセンチュウや暖地で発生の多い青枯病に抵抗性をもち，Yモザイク病や粉状そうか病に中程度の抵抗性を持ち，全体的に耐病虫性が非常に優れている。生産者のみならず消費者や加工業者のニーズを満たし，広く受け入れられていくことが期待される。

春作マルチ栽培における西海31号の栽培技術

森一幸（長崎県農林部農産園芸課）

「西海31号」はアントシアニンを含む赤肉で，油加工に適し，食品加工用向けに期待できる品種であるが，既存の生食向け品種に比べて収量が少ない。そのため，春作マルチ栽培（2月下旬植え付け，6月上旬収穫）を導入したところ，生食向けの慣行栽培（2月上旬植え付け，5月中旬収穫，透明マルチ）による収量を上まわった。使用する被覆資材は，2次生長の発生を抑制し，商品重量を確保できる黒マルチが適していた。また，畦にポリフィルムを被覆した後の半自動野菜移植機による植え付けは，芽出し作業が不要となる。さらに，黒メデルシートの使用は，芽出し作業が黒マルチに比べて削減でき，既存の植え付け機が利用できる。

●水稲の省力栽培技術

高密度播種した稚苗（密苗）による水稲移植栽培技術

宇野史生（石川県農林総合研究センター）

密苗移植栽培技術は，水稲育苗箱1箱当たり乾籾換算で250～300gの種籾を播種して育苗後，専用の田植機で正確に1株当たり4本程度移植することにより，単位面積当たりの使用苗箱数を慣行の3分の1へと大幅に削減できる。種子消毒や浸種などの種子予措や播種後の出芽，ビニルハウスでの育苗管理などはすべて慣行と同様でよく，使用する育苗箱，培土などの資材や加温出芽器，機械施設も慣行と同じものが使用できる。播種は専用播種機を導入するか，部品交換や外付けホッパーの増設で対応できる。育苗期間は，慣行の稚苗が20～25日であるのに対し，密苗では15～20日間である。目標とする葉齢は2～2.3葉，苗丈は10～15cmである。

麦立毛間水稲直播技術による飼料用イネ―ムギ栽培体系　　川原田直也（三重県農業研究所）

　三重県での飼料用イネと飼料用ムギの生産は，大規模な耕種農家や土地利用型農業生産法人が食用ムギ生産と併行して2毛作体系で実施している。しかし，5～6月に行われる飼料用ムギと食用ムギの収穫作業が，後作の飼料用イネの育苗や移植作業と競合し，飼料用イネの移植時期が遅れて十分な収量が得られなくなる。そこで，麦立毛間へイネを播種する栽培体系について，飼料用ムギ「ニシノカオリ」と飼料用イネ「タチアオバ」を用い，慣行移植体系と比較した。その結果，全刈り収量は同等で10 a当たり合計作業時間，軽油消費量，費用合計は，麦立毛間体系で3.2時間，17.9L，89,745円，慣行移植体系で4.9時間，21.0L，88,489円となり，その有利性が示された。

乾田直播栽培での圃場鎮圧による減水深の低減　　冠秀昭（農研機構 東北農業研究センター）

　グライ層をもつ圃場は，漏水が問題になることは少なく，低鎮圧条件やロータリシーダのような無鎮圧条件でも乾田直播が導入しやすい。下層の透水性が低い重粘土圃場は春先の播種作業の準備の際に圃場の乾燥が得にくいため，弾丸暗渠の施工などで暗渠排水の効果を高める必要がある。代かきしなければ適切な減水深が保てない圃場では，ケンブリッジローラやカルチパッカなどの畑作用の圃場鎮圧機械により，縦浸透量を低減できる。畑作との輪作のため下層の透水性が高くなった場合でも鎮圧で浸透抑制効果が得られる。黒ボク土壌は透水性に富むが，高水分で締め固めると透水性が低下する性質を利用し，鎮圧による減水深低減が可能である。

長野県における雑草イネに対する総合防除対策　　青木政晴，酒井長雄（長野県農業試験場）

　長野県での雑草イネは1980年代に発生が収束したものの，湛水直播栽培が増加し始めた1990年代から再び，拡大している。雑草イネの種子は，成熟すると自然に圃場にこぼれ落ち，翌年以降に発生した雑草イネに対して一般的な水田除草剤の効果が期待できない。そのため，防除には丁寧な代かき作業で発生した雑草イネを埋め込んだ上で，有効な除草剤を適期に3回使用し，仕上げに手作業による除草を組み入れる必要がある。寒冷地では冬期間を不耕起状態にして，低温や乾湿にさらして死滅させ，鳥類による捕食を促すのもよい。畑転換も簡便で有効な防除手段となる。一方，雑草イネを知らず，被害や防除法が分からずに放置すると地域に拡散してしまうので，組織的な情報共有や早期防除への着手を迅速に行うことが重要である。

「集落ぐるみ型」地域営農組織による水田活用と収益確保　―岩手県・門崎ファームの事例―
庄子元（青森中央学院大学）

　基盤整備事業を契機に設立された地域営農組織「門崎ファーム」では，構成員から農地を借り上げ，オペレーター層，自作農家層の順に再配分することで，オペレーター層の作業効率を高めつつ，自作農家の営農を継続させている。大型機械による効率化が困難な水管理や除草作業は，経営を縮小させつつある自作農家層や農地貸付農家層に作業委託することで，地域内の労働力を残さず利用している。さらに環境保全型農業にも取り組み，特別栽培米の認証を取得するだけでなく，門崎地区の水田に生息するメダカを地域農業のシンボルに活用している。農業体験や物産展などに積極的に取り組み，首都圏を含む新たな販路が生まれている。

●減収しない転作ダイズ

地下水位制御システム「FOEAS」における弾丸暗渠の機能

坂田賢（農研機構 中央農業研究センター 北陸研究拠点）

　地下灌漑での用水の流れは給水栓を起点に暗渠管（本暗渠），本暗渠直上の疎水材，弾丸暗渠，表層全体へと行き渡る。地下灌漑ではほとんど湛水状態を生じさせることなく圃場全体に湿潤状態を作り出すことが可能である。しかし，水の流れがどこかで阻害されると，耕作者が意図した水管理を行なうことができなくなる。そのため，弾丸暗渠は FOEAS の効果を発揮させる上で重要な役割を担っている。また，地下灌漑の実施中は給水栓付近の水位に合わせて取水の停止や再開が判断されるため，圃場全体に用水が行き渡る前に取水が停止する可能性がある。そのため，設定水位を目標よりも高くするなど，圃場の透水性に応じて地下灌漑の方法を調整する必要がある。

関東地域 FOEAS 圃場でのダイズ不耕起狭畦栽培

前川富也（農研機構 中央農業研究センター）

　水ストレスを回避できる FOEAS（地下水位制御システム）圃場で，関東地域の慣行の栽培方法，ロータリ耕耘による狭畦栽培，不耕起狭畦栽培の効果を検証した。その結果，不耕起狭畦栽培は苗立率，生育量，莢数，百粒重の増加によって，慣行ロータリ栽培よりも 55％の増収になった。また，ロータリ狭畦栽培と比べて地耐力が高いので降雨後も速やかに作業でき，播種速度が速く，苗立率も高く，倒伏指数が低く，雑草発生量も少なかった。さらに慣行ロータリ栽培との比較では，中耕培土を省略でき，増収が可能となった。したがって，FOEAS 圃場と不耕起狭畦栽培の組み合わせは，FOEAS による水管理や土壌面の均平，適正苗立数の確保などの前提条件がかなえば，ダイズの安定生産に大きく貢献できる栽培法である。

水田転換畑で栽培されるダイズの欠株と収量補償作用

髙橋真実（農研機構 中央農業研究センター）

　さまざまな原因から，植えたはずの作物が生えていない，あるいは枯死してしまうなど，圃場内に欠株が発生することがある。しかし，欠株は必ずしも減収に直結しないという指摘もあり，欠株の周囲の株の生育がよくなり，収穫量が増すことも知られている。この現象は収量補償作用と呼ばれる。そこで，欠株がダイズ収量へ与える影響について検討を行なった。その結果，水田転換畑で栽培されるダイズ（畝幅 75cm，株間 15cm）の収量補償作用は，欠株による減収を補填するには不十分であり，1 株単独の欠株が生じても減収する傾向にあることが明らかとなった。したがって，安定した高い収穫量を確保するためには欠株を生じさせない圃場管理が求められる。

　最後に，本書への掲載を許諾いただいた『作物編』執筆者の皆さまに厚くお礼申し上げます。

2017 年 12 月　農文協編集局

最新農業技術　作物 Vol.10　目次

カラー口絵
水稲の反射シート平置き出芽＆プール育苗　―福島県須賀川市・藤田忠内さん

本書の読みどころ――まえがきに代えて ………………………………………………… 1

特集　稲作名人に学ぶ――大粒多収・省力，有利販売

ポット成苗坪33株，水深30cmの疎植水中栽培で850kgどり，防除いらずの健康稲作
……………………… 薄井勝利（福島県須賀川市），依田賢吾（photofarmer）13

反射シート平置き出芽＆プール育苗で作業競合改善，100gまき健苗育成
……………………… 藤田忠内（福島県須賀川市），依田賢吾（photofarmer）25

品種の特性に合わせた多品種栽培，千粒重23g以上の売れる大粒米を反収660kg
……………………… 菅原進（山形県鶴岡市），依田賢吾（photofarmer）34

手づくりのボカシ肥でJAS有機認証の米を栽培し，低温貯蔵・炭酸ガス処理で販売
………………………石井稔（宮城県登米郡登米町）41

地域で生まれ育まれた米「龍の瞳」，その理念と販売戦略
……………………… 今井隆（岐阜県下呂市・株式会社 龍の瞳）48

◆品種の持ち味を活かす

【コメ】

米の食味ポテンシャルを発揮させる栽培管理技術
…… 松波寿典（農研機構 東北農業研究センター），金和裕（秋田県農林水産部）63
おいしい米をつくるための栽培技術要素／育苗～移植期／分げつ期／幼穂形成期～
穂揃期／登熟期／収穫期／乾燥・調製／土つくり／栽培技術要素の統合／良食味米
の食味に差をもたらす要因／良食味米生産圃場の水稲の特徴

多収水稲品種北陸193号の早植栽培に適した育苗法
……………… 大角壮弘（農研機構 中央農業研究センター 北陸研究拠点）75
低温時の苗質改善のための考え方とポイント／浸種から出芽期までの温度処理の影
響／浸種時の水温／出芽期伸長処理の方法／出芽期伸長処理の効果／追肥による苗
質の改善／マルチ被覆による保温／ビニールハウスと天候の影響／マルチ被覆の方
法と苗の周辺温度／深水プール育苗の効果／プール内の水の保温性／注意点と適用
品種／追肥との組合わせ

北海道の酒造好適米（酒米）の農業特性と酒造適性

………………………………… 田中一生（道総研 上川農業試験場）82

北海道で育成した酒米品種／初雫／吟風／彗星／きたしずく／北海道の酒米の生産
概況／府県の酒米品種との比較／農業特性／酒造適性／北海道内の酒造適性の産地
間・品種間差異／千粒重／20分吸水率，蒸米吸水率および直接還元糖（Brix）／粗
タンパク質含有率／酒造適性に及ぼす出穂後1か月間の平均気温の影響／千粒重／
20分吸水率／蒸米吸水率

【ダイズ・アズキ】

トヨハルカ──低温に強く，コンバイン収穫と味噌加工に適した品種

………………………………… 田中義則（道総研 中央農業試験場）97

育成の背景とねらい／育成経過／特性の概要／形態的特性／生態的特性／収量性／
障害抵抗性／コンバイン収穫適性／品質特性および加工適性／栽培適地と栽培上の
注意／栽培適地／栽培上の注意／トヨハルカ育成の意義と今後の展望／北海道にお
ける品種の変遷／低温抵抗性／コンバイン収穫適性／品質および加工適性／

ほまれ大納言──土壌病害抵抗性と高い加工適性を併せもつ大納言アズキ品種

………………………………… 田澤暁子（道総研 道南農業試験場）109

北海道のアズキ栽培とその位置づけ／北海道でのアズキ育種／大納言アズキの品種
開発／加工適性の評価／ほまれ大納言の育成経過と特性／系譜および育成経過／特
性／品種育成後の栽培試験／大納言アズキの普及と育種

【ソバ】

難脱粒性ソバの登熟中および収穫時の子実損失

………………………………… 森下敏和（農研機構 北海道農業研究センター）120

ソバの収量性／脱粒による子実の損失の内訳／難脱粒系統と子実損失の評価／難脱
粒系統の子実損失の特徴／難脱粒系統の脱粒の形態

倒れにくいソバ品種にじゆたかの根の特徴

………………………………… 村上敏文（農研機構 西日本農業研究センター）125

にじゆたかの育成／にじゆたかの根の特徴／調査した根の形質／階上早生との根の
比較／階上早生との地上部の比較／播種密度と倒伏の関係／播種密度と根および地
上部の形質の変化／低播種密度による倒伏の軽減／播種密度と栽培技術

【ジャガイモ】

さやあかね──高品質で強い疫病抵抗性をもつ青果用ジャガイモ品種

………………………………… 池谷聡（道総研 北見農業試験場）133

さやあかねの育成経過／さやあかねの品質／調理適性／食味／業務加工適性／青果
用品種としての評価／さやあかねの疫病抵抗性／疫病抵抗性の強さ／疫病無防除圃

場での収量／疫病菌による塊茎腐敗に対する強さ／疫病抵抗性品種としての評価／**さやあかねの収量性**／収量成績／生育中の収量の推移と栽培法／**その他の特性**／形態的特性／生態的特徴／疫病以外の病害虫抵抗性

春作マルチ栽培における西海31号の栽培技術 … 森一幸（長崎県農林部農産園芸課）147
育成の背景／**品種の特徴**／**栽培上の課題と対策**／**栽培期間・被覆資材が生育・収量に及ぼす影響**／出芽時期／茎長および収穫時の茎葉の黄変／収量性，品質／最適な栽培期間と被覆資材／**栽植密度・被覆資材が生育・収量に及ぼす影響**／出芽時期と生育／収量，品質／二次生長の発生／商品重量確保のための栽培条件／**省力化技術と経営評価**／芽出し作業の省力化／植付け方法，被覆資材と生育・収量／経営評価／**春作マルチ栽培における作付けモデル**／栽培時期／被覆資材および栽植密度／省力化／作付けモデルの提示／**普及の可能性と栽培上の注意**／半自動野菜移植機による効率化と注意点／収穫時の注意点／実需者ニーズへの対応

◆水稲の省力栽培技術

高密度播種した稚苗（密苗）による水稲移植栽培技術
……………………………… 宇野史生（石川県農林総合研究センター）163
開発の経緯／**技術の概要**／**育苗**／種子予措／播種作業／出芽／育苗／**移植**／**本田管理**／**密苗移植栽培技術の導入効果**

麦立毛間水稲直播技術による飼料用イネ―ムギ栽培体系
……………………………… 川原田直也（三重県農業研究所）171
技術開発のねらいとポイント／**圃場の選定と準備**／**飼料用ムギ播種**／機械・作業方法／播種時期と播種・施肥量／**麦踏み**／機械・作業方法／作業時期および作業のポイント／**飼料用ムギの追肥時期および施肥量**／**飼料用イネ播種**／機械・作業方法／圃場条件／播種時期／播種・施肥量／**飼料用ムギ収穫**／**選択性茎葉処理剤および初中期一発剤の散布**／**水管理**／**飼料用イネ収穫**／**慣行移植体系との比較**／耕種概要／作業時間／燃料消費量／全刈乾物収量／経済性の評価

乾田直播栽培での圃場鎮圧による減水深の低減
……………………………… 冠秀昭（農研機構 東北農業研究センター）181
乾田直播栽培の導入に向けて／**乾田直播圃場の特徴と播種方式**／**乾田直播栽培を成功させるために**／**湛水の形態による圃場分類**／湿田かざる田か／湛水機能はどの層位で発揮されるか／**乾田直播圃場の土層と減水深**／鎮圧の有無・程度と減水深／飽和透水係数と減水深／土壌の種類の判別と乾田直播への適応性／**鎮圧作業の要点**／圃場外周部の横浸透対策／縦浸透低減の鎮圧作業で考慮すべき点／**粘性土圃場で減水深を低減した事例**／鎮圧時の土壌水分／鎮圧回数と土壌硬度の変化／苗立ち・収量への影響／**黒ボク土で減水深を低減した事例**

長野県における雑草イネに対する総合防除対策
………………………………… 青木政晴，酒井長雄（長野県農業試験場）191
雑草イネとは／由来，発生経過／バイオタイプと特徴／**防除の緊急性と困難性**／想定される被害／脱粒性，除草剤，種子拡散／発生消長，要防除期間／**個別の防除技術**／水田用除草剤の３回使用／耕種的防除など／機械除草，手取り除草／畑転換／防除効果と変動要因／保証された種子の利用／色彩選別機／**地域ぐるみの総合防除対策**／総合防除対策の必要性／地域ごとの防除対策体制／水稲栽培様式および発生程度による対策メニュー／**早期の対応，情報の共有**

「集落ぐるみ型」地域営農組織による水田活用と収益確保—岩手県・門崎ファームの事例—
………………………………………… 庄子元（青森中央学院大学）199
調査の目的と背景／**集落営農の展開**／全国の動向と地域的特徴／岩手県での動向／**門崎地区における地域営農組織の設立**／旧川崎村における農業の特徴／門崎ファーム設立の経緯／**門崎ファームの農業経営**／農作業従事／農地利用／農地の再配分と作業委託／**環境保全型農業による収益の確保**／米価低落下の水田利用再編への取組み

◆減収しない転作ダイズ

地下水位制御システム「FOEAS」における弾丸暗渠の機能
………………………… 坂田賢（農研機構 中央農業研究センター 北陸研究拠点）217
弾丸暗渠の役割／**FOEAS による地下灌漑**／地下灌漑の活用／地下灌漑時の湿潤域変化／地下灌漑時の地下水位変化／**FOEAS の排水機能**／現場透水試験による評価／地下水位変化による評価

関東地域 FOEAS 圃場でのダイズ不耕起狭畦栽培
………………………………… 前川富也（農研機構 中央農業研究センター）225
FOEAS および不耕起栽培のねらい／**水田転換畑でのダイズ栽培**／FOEAS の概要／不耕起栽培の概要／**FOEAS 試験の概要**／圃場と栽培方法／圃場の地下水位・土壌水分／**FOEAS 圃場での栽培方法の違いによる影響**／生育と収量／播種速度・出芽苗立ち／倒伏，残存雑草／**FOEAS を施工していない圃場との比較**／FOEAS ＋不耕起狭畦栽培の優位性

水田転換畑で栽培されるダイズの欠株と収量補償作用
………………………………… 髙橋真実（農研機構 中央農業研究センター）236
欠株の発生と減収／周辺株に及ぼす欠株の影響／ダイズの収量補償作用

特集

稲作名人に学ぶ

大粒多収・省力, 有利販売

ポット成苗坪33株，水深30cmの疎植水中栽培で850kgどり，防除いらずの健康稲作

福島県須賀川市・薄井勝利

分げつ力の強いポット成苗を，坪33株の疎植と，10～30cmの深水でじっくり育て，登熟のよい太茎大穂の豪快イネに仕上げる。骨格肥料で病害虫にも強い。

疎植水中栽培で坪当たり茎数1,000本，有効茎歩合95％以上，株当たり穂数34～35本，登熟歩合90％以上，一穂粒数130粒，千粒重23g，反収850kgを実現。

(写真撮影：依田賢吾)

――――――【目　次】――――――

1. 疎植水中栽培のねらい
    (1) 早期茎数確保イネとは逆の生育
    (2) 粒数を増やすよりも登熟を重視
    (3) 深水で茎を太く，大穂で登熟よく
2. 疎植水中栽培イネの生育
    (1) 前半は伸長型，中期から分げつ型
    (2) 少ない基肥でもテンポよく分げつ
    (3) 伸長が遅れる分，太い茎が揃う
    (4) 生育中期の二つの山で窒素を充足
    (5) 茎肥と穂肥を十分に効かせられる
    (6) 「骨格肥料」でガッチリ硬く育つ
3. 疎植水中栽培の実際
    (1) 分げつ3本，5.5葉以上の成苗
        ①ポット1穴2～3粒の薄まき
        ②種籾は60℃10分の温湯処理
        ③換気と保温で10～32℃を維持
        ④1葉が展開するごとに追肥
        ⑤剪葉して株元へ光を当てる
    (2) 坪33株の疎植，活着後の深水10cm
        ①うね間33cm，株間30cmで植付け
        ②温まった水を落とさずに田植え
        ③水深は田植え時に5～6cmから
    (3) 出穂40日前に茎肥の施肥量を判断
        ①茎数30～50％，茎幅10mm以上
        ②茎肥は条件を満たせば反当3kg
    (4) 徐々に落水，作溝後に溝水管理
        ①出穂40日前から3段階で落水
        ②深さ15cm，幅20cmの溝を切る
    (5) 出穂30日前に穂肥，直前に実肥
        ①穂肥は葉色が濃くても反当1～2kg
        ②実肥は葉色を見ながら反当1～3kg
    (6) 出穂10日後に味肥として骨格肥料
        ①骨格肥料のケイ酸，リン酸，苦土
        ②出穂60日後までイネを生かす

特集　稲作名人に学ぶ──大粒多収・省力，有利販売

1. 疎植水中栽培のねらい

(1) 早期茎数確保イネとは逆の生育

私のイネつくりのあらましは，つぎのとおりである。

1）ポット成苗を坪33株の疎植で植える。

2）基肥を控え（反当窒素2kg程度），初期は若竹色の葉色で経過させる。

3）田植え直後から思いきった深水（10cmから25〜30cm）にし，太く充実した茎に育てる。

4）出穂40日前から3段階に分けて落水，同時に茎肥を施し，分げつの促進と充実をはかるとともに，大穂づくりを促す。

5）骨格肥料（ケイ酸，マグネシウム，リン酸）を積極的に施すことで，直立型で光合成能力が高く，病害虫に強いイネにする。

収量構成でみると，坪当たり茎数1,000本，有効茎歩合95％以上，株当たり穂数34〜35本，登熟歩合90％以上，一穂粒数130粒，千粒重23g，反収850kgということになる。草丈は120cm，葉が長くて厚く，葉幅も広くてピンと立つ大柄なイネである。坪当たりの茎数は，反収600kg程度の一般的な稲作の基準からいっても少なめに見えるかもしれない。しかし，登熟歩合と千粒重は非常に高い。なぜなら私のイネつくりは，登熟をよくすることに重点を置いているからである。

そのために強い苗をつくり，前半は深水で力をため込み，中期に活力を大きく高め，骨格肥料で光合成能力の高い姿を維持して登熟力の強いイネをつくる。これは，早期に目標茎数を確保し，中期は栄養を低下させ，穂肥で追い込む

経営の概要

品　　　種	コシヒカリ，ヒカリ新世紀，あきだわら
収　　　量	10a当たり850kg
労　　　力	4人（本人，長男夫妻，孫）
耕作面積	水田5ha，果樹（リンゴ）1.5ha

といった一般的な稲作とはかなり違う。前半は若竹色で中期からグーンと濃くなるという葉色の変化でみれば，まったく逆の生育をたどる。

(2) 粒数を増やすよりも登熟を重視

収量を上げようとすると，一般的には粒数を増やすことを第一に考える。だから茎数は早めに確保してしまい，中期は中干ししていったん栄養を下げ，穂肥で追い込んで一穂粒数を確保しようとする。たしかに粒数はこれで簡単に増える。しかし，登熟歩合や千粒重は落ちる危険が大きく，実際には収量が上がらず，粒が小さく食味も悪い米になりやすい。

いっぽう私は，登熟を第一に考える。登熟をよくするためには，光の環境を整えることと，イネを長生きさせることを常に意識しなければならない。そうすると，下葉まで光がよく当たるよう，茎数は必要最小限あればいいということになる。

そのため疎植と深水を組み合わせることで初期の茎数はひかえつつ，生育中期から太い茎を確保する。極端な中干しはせず，土壌水分はイネ刈り直前まで保って根を長生きさせる。さらに骨格肥料を積極的に使うことで，常に光合成能力の高い健康なイネ体を維持する。登熟期も活力のある下葉まで光が十分に当たるため，大きな穂に大粒の籾がビッシリ稔る。これが，病害虫に強く，健康でおいしい米づくりを増収しながら実現する道だと私は考えている。

(3) 深水で茎を太く，大穂で登熟よく

疎植というと，大穂→二次枝梗が多い→登熟しにくいというイメージがつきまとう。しかし深水太茎イネはそうではない。一次枝梗の数は茎の第5節間の維管束の数に比例するといわれ，太茎で維管束が多ければ当然，一次枝梗も多くなることになる。出穂20〜10日前に穂肥で粒数を確保する一般的なコシヒカリは一次枝梗の割合が50％であるのに対し，私のコシヒカリは60％となり，かえって登熟はいい。つまり深水で太い茎をつくることが，疎植でも登熟をよくして多収するカギになる。

ポット成苗坪33株，水深30cmの疎植水中栽培で850kgどり，防除いらずの健康稲作

疎植水中栽培では，茎数を控えて光の環境を整え，粒数を多く大きな穂をつけることで確保する。そして大きな穂でも登熟をよくするために欠かせないのが茎を太くする深水であり，深水のストレスに負けないポット成苗，光合成能力を高める骨格肥料ということになる。まずはその理論を整理しておこう。

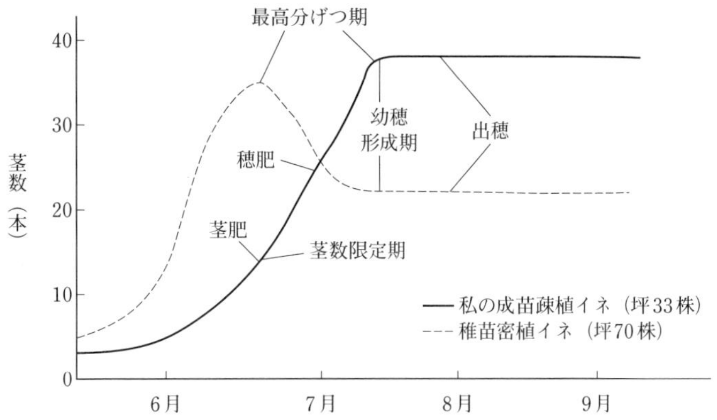

第1図　成苗疎植と稚苗密植イネの生育スケジュール

2. 疎植水中栽培イネの生育

(1) 前半は伸長型，中期から分げつ型

私のイネは，前半は伸長型，中期から分げつ型である。

出穂40日前ころから落水し，同時に茎肥を施すころから分げつが急速に増えてくるのである。この時期までに茎数は目標の30〜50％あればよく，穂数は出穂20日前までにとれればよいという考え方である。一般のイネがすでに最高分げつ期を迎える6月末に，私のイネはまだ目標の3分の1であり，田んぼもスカスカにみえる（第1図）。

光を遮るむだな茎は出さず，肥料の効率を高めて大穂多収のイネをつくるには，有効茎歩合を100％とすることが目標となる。そのためには，幼穂形成期と最高分げつ期が重なるような生育にする。一般のイネと比べて株当たりの茎数のとり方は明らかにゆっくりであり，早期茎数確保に対し後期茎数確保といえるイネつくりである。

(2) 少ない基肥でもテンポよく分げつ

もっとも，苗1本当たりの分げつをみると，6月末（出穂45日前）までに私のイネは3本から12本へと9本の分げつが増えている。いっぽう一般の稚苗イネは，この間に8本増えるぐらいで，私のイネのほうが分げつのテンポはやや

よい。

基肥が少ないにもかかわらずテンポよく分げつするのは，分げつ力の強い苗を植え，田植え直後も水で保温しイネを守っているからであり，とくに地温が安定し骨格肥料の肥効が高くなる。後期茎数確保といっても，初期は弱々しいイネでよいということではもちろんない。苗の分げつも含め，初期の分げつは，有効茎数を確保するうえで不可欠なものである。ポット成苗は，手植え時代の成苗より分げつ力は強い。後期茎数確保のイネつくりは，苗からの強い分げつ力を求める。それを基肥をひかえたうえでの深水で，力をためながらゆっくりと育てることなのである。

(3) 伸長が遅れる分，太い茎が揃う

深水にすると見た目の分げつの発生はおそくなり，茎が太くなる。どうしてだろうか。

20cm以上の思いきった深水にすると，イネにはかなりの水圧がかかることになる。水圧というストレスをイネが受けるとエチレンというホルモンの発生が促され，分げつの芽は発生しても伸長が遅れる。

それでも，細胞の分化は浅水と変わりなく行なわれていることは，顕微鏡で調べてもらった結果わかっている。しかし，その分げつが私の目に見えるのはかなり遅れる。浅水の分げつの早さからみると1.5〜2.0葉の遅れとなる。そして新たな分げつが伸長するのが遅れる分，1

15

特集　稲作名人に学ぶ──大粒多収・省力，有利販売

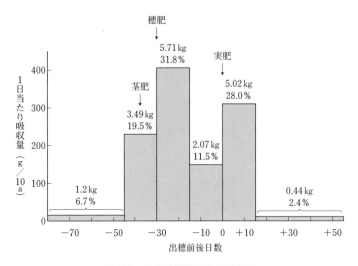

第2図　生育時期別窒素の吸収量
反収800kg，全窒素吸収量反当18kg
グラフの上の数字は各期間中の窒素吸収量，および全吸収量中の割合

本1本の茎には十分に養分が行き渡り，太くなってくる。

落水後，深水中に生まれた分げつはいっせいに顔を出してくる。水圧というストレスを解除することで生長ホルモンが働き，また茎肥として同時に窒素を施すことにより，活発に生長が進むのである。こうして幼穂形成期に向かって茎数は十分増加し，有効茎歩合が高く，太い茎が揃うことになる。

(4) 生育中期の二つの山で窒素を充足

一般には，茎数の確保を急ぐあまり基肥に窒素を多用し，それが過剰分げつを生む要因となっている。

だが，イネは初期にそれほどに窒素を必要とするのだろうか。生育時期別にイネがどれだけの窒素を吸収するかについて元宮城教育大学の本田強先生が興味深い調査研究をされている（第2図）。

この表から，窒素吸収量は生育中期（出穂30日前〜幼穂形成期）と出穂開花期ころが多く，二つの山があることがわかる。つまり窒素は，この二つの山にあわせて肥効の山がくるように施せばよいということである。圃場ではこの二つの山の7〜10日前に施肥をすれば，肥効の山をよい時期にもっていくことができる。

生理的に考えると，一つ目の山である生育中期は，最高分げつ期に向かって窒素を必要とする時期である。また登熟期を支える直下根をはじめとする根群の発生・伸長期であり，節間を伸長して稈をつくる時期であり，さらに穂首分化，枝梗の分化，上位葉の分化を迎える時期でもある。体をグングン大きくしていくとともに開花・結実に向けさまざまな器官をつくっていく大事な時期である。

第二の山の出穂開花期は，子孫を残すために一生で最大のエネルギーを使う時期である。窒素も多く必要になる。

このようにみてくると，基肥を多く入れ，中期に窒素を落とすイネつくりは，イネの生理に逆行していることがわかる。

私の施肥設計を第1表に示す。

(5) 茎肥と穂肥を十分に効かせられる

力があるが株にゆとりのある疎植水中栽培イネは，中期から存分に窒素を効かすことができる。それが落水と同時に行なう茎数限定期の茎肥であり，その後に続く出穂30日前の穂肥である。

茎数限定期とは，主幹総葉数マイナス5葉の時期で出穂40日前に当たる。最高分げつ期が幼穂形成期と重なる有効茎歩合の高い生育コースでは，最後の分げつが幼穂形成期である総葉数マイナス2〜3葉ころ（出穂24日前）に発生する。その分げつ芽が発生するのが，さらに2〜3葉前である総葉数マイナス5葉ころ。茎数が決まる時期ということで，茎数限定期と名付けている。

さらに，この時期まで深水によって茎数を目標の30〜50％に限定しておけば，茎肥を十分に打てるという意味もある。太茎で草丈が長

ポット成苗坪33株，水深30cmの疎植水中栽培で850kgどり，防除いらずの健康稲作

い，株にゆとりのあるイネは，窒素の消化力も高く，窒素の多施用で生育が乱れることもない。イネが窒素をもっとも必要とする生育中期に窒素を存分に施せることは，後期茎数確保により大穂多粒多収のイネをつくるうえでは欠かせないことである。

(6)「骨格肥料」でガッチリ硬く育つ

窒素はタンパクの原料であり，いわば肉付け肥料である。玄米100kgを生産するのに必要な窒素の量は2kg程度と，じつはそれほど多くない。いっぽうケイ酸は，玄米100kg当たり23kgとじつに窒素の10倍以上も必要となる。イネはケイ酸作物なのである。イネの生長生理に合わせた施肥設計を考えたとき，このケイ酸，そして葉緑素のもとになるマグネシウム（苦土），細胞膜を構成するリン酸は欠かせない（第2表）。この3つの肥料を私は骨格肥料と呼んでいる。

1998年ころから骨格肥料を積極的に使い始め，私の稲作は一変した。疎植水中栽培を確立して800kgを超える収量を上げながらも，窒素を中心に施肥設計を組み立てていた当時は，どうしても病害虫や倒伏の心配があった。多収しようと窒素施肥量を増やすほどイネは病害虫がつきやすく，茎は太くても軟らかい状態になりがちだったからである。そこで育苗から本田までたびたび殺虫剤や殺菌剤で防除しつつ，追肥の量を決めるにもかなりの神経を使った。

ところが，骨格肥料であるケイ酸，とくに水溶性のソフトシリカに出合って効率よく効かせられるようになって以来，イネは目に見えてガッチリ硬く育つようになった。病害虫の被害もなくなり，除草剤以外の農薬はまったく使わ

第1表　10a当たりの施肥量（目標800kgの例）

	施用時期	肥料名	現物	N	P	K	Si	Mg
基　肥	4月上旬	発酵鶏糞	100	2	4.6	3.6		
		シリカ21	200				146	
		熔リン	40		8			4.8
		硫安	10	2.1				
		硫マグ	20					4.4
	5月上旬	イナワラ	全量					
		塩加カリ	10			6		
茎　肥	45日前	シリカ21	40				29.2	
	43日前	過石	20		3.4			
		硫マグ	20					4.4
	40日前	硫安	20	4.2				
穂肥	30日前	尿素	6.5	3				
実　肥	7日前	シリカ21	20				14.6	
	5日前	過石	20		3.4			
		硫マグ	20					4.4
	1日前	尿素	3.5	1.6				
味　肥	10日後	シリカ21	20				14.6	
	12日後	過石	10		1.7			
		硫マグ	10					2.2
合計成分量				12.9	21.1	9.6	204.4	20.2

注　茎肥〜味肥の施用時期は出穂日を0日とした場合

第2表　必要な肥料成分量の目安（単位：kg/10a）

目標反収 成分	100kg	600kg	800kg
窒　素	2	12	16
リン酸	1	6	8
カ　リ	2	12	16
ケイ酸	23	138	184
マグネシウム	2	12	16

注　実際の施肥設計では，窒素は土壌などから放出される4kg分を，ケイ酸は天然供給量46kg分を差し引く。土壌中のマグネシウムとリン酸は固定されて根が吸えないと考え，すべて肥料で補う

ない健康稲作を実現できるようになった（第3表）。イネが倒れる心配もなく，窒素を十分に施しても消化してくれるため，ますます良食味と増収を両立させられるようになったのである。

今では育苗から基肥，茎肥，穂肥，実肥，味

特集　稲作名人に学ぶ——大粒多収・省力，有利販売

第3表　私の防除暦

	量	対　象	時　期
種籾消毒	なし		
箱施用剤	なし		
殺菌剤	なし		
殺虫剤	なし		
ニーム （忌避剤）	1,000倍	コブノメイガ	出穂10日前
	2,000倍	カメムシ	出穂直前から1週間ごとに3回
除草剤 （中期一発剤）	1kg粒剤		田植え20〜25日後

注　殺虫剤，殺菌剤はまったく使わない。コブノメイガとカメムシは出穂前後に忌避効果のあるニームオイルを散布して避ける

第3図　田植え直前の苗（品種：あきだわら）

（写真撮影：依田賢吾）

6葉が展開中。不完全葉節からも分げつが出ている

肥とイネの一生を通してまず骨格肥料を施し，窒素施肥と組み合わせるようにしている。

3. 疎植水中栽培の実際

(1) 分げつ3本，5.5葉以上の成苗

目標とする苗の姿は，茎が太く分げつが3本以上，葉齢が5.5葉以上の強い苗である（第3図）。5.5葉以下では田植え後早々から思いきった深水にしにくく，ポット成苗の本当のよさは生かせない。

①ポット1穴2〜3粒の薄まき

1穴2〜3粒の薄まきが原則。発芽を揃えるため，購入した種籾を2.25mmの網目でグレーダー選別して大粒の種籾だけまくようにしている。

②種籾は60℃10分の温湯処理

種籾消毒は，60℃で10分間の温湯処理をする。タイガーカワシマと共同開発した「湯芽工房」を使い，処理後は10℃の冷水に2時間ほど浸したあと，14℃の水で7日間浸種する。8日目，32℃で15〜17時間催芽してから播種する。

③換気と保温で10〜32℃を維持

育苗管理では，灌水量はできるだけ少なくし，早期換気につとめ，腰の強いズングリ苗をめざす。換気の目安は，ハウス内気温と外気温の差を5℃以上にしないことである。

いっぽう夜間は，保温に万全を期す。とくに低温に弱い離乳期（2.2〜2.5葉期）の保温は大切で，保温が悪く地温が低くなると出葉スピードは遅れ，根張りも悪くなる。地温と葉先の温度が最高32℃，最低10℃の間で管理するのが原則である。

④1葉が展開するごとに追肥

養分については，1葉が展開するごとに灌水を兼ねて液肥を施している。初期から多肥とせず苗の生長に合わせて施肥量を増肥していく（第4表）。ポット育苗は生育がよく，ガッチリしたよい姿になるが，そこで養分の補給を怠ると栄養不足になる。

窒素が切れて，いったん色を落としてしまうと回復しにくく，それを回復させようと窒素を多くやると，今度は窒素過多の生育になる。とくに一般の箱育苗からポット成苗に切り換えた当初は，そんな失敗が多い。

⑤剪葉して株元へ光を当てる

1998年ころから温暖化の影響か育苗期間の

第4表　育苗期の施肥

	肥料名	倍　率	量	
			3葉まで	4葉以降
追　肥	ガッチリ育苗 (8-10-10)	200～ 300倍	0.5ℓ	1ℓ
	オリゴパワー (またはニガリ) (リン酸・苦土 補給)	500倍		
	リフレッシュ (ケイ酸補給)	1,000倍		
	食酢	100倍	葉色の薄い 部分のみ	
弁当肥	上記＋硫安	100倍	1ℓ	

注　床土は市販のポット専用培土（N：P：K=1.6g：
　　4g：2g/箱）を使用

気温が高くなり，苗丈が以前よりも伸びやすくなった。葉が繁るため，株元まで光が入らないと分げつ芽が発生しなくなるおそれがある。そこで4葉以降で葉先が曲がるほどに伸び過ぎた場合は，剪葉することにしている。ナイロンコードの刈払い機を使い，曲がった葉先だけ切り落とすように数cmカットするのである。

剪葉したら，必ず翌日には追肥する。追肥しないと，次に展開してくる葉が栄養失調になり，分げつ力も弱くなってしまうので注意しなければならない。剪葉と追肥をセットでやれば，苗丈が伸びても分げつ力の強い健苗に仕上げることができる。

(2) 坪33株の疎植，活着後の深水10cm

①うね間33cm，株間30cmで植付け

強い健苗ができれば，植付け株数は田植機の最低株数として，思いきった疎植ができる。私の場合，うね間33cm×株間30cmの坪33株である。株数は分げつ力の強い苗ほど疎植に，弱い苗はやや密にということになるが，疎植の威力が存分に発揮されるのは40株以下である。たとえば35株と45株では，茎の太さに明らかな違いが出る。

株数は田の力によっても多少変わってくる。

疎植というと地力のある田，きゅう肥を入れた肥沃な田に向く方法と考えられがちだが，むしろ逆である。やせ田はイネを育てる力が弱いということであり，多くの株を育てられないということだから，疎植にすることである。それで茎数が不足するなら，基肥を多少やるとか茎肥を10日ほど早くやるとかすればよい。

②温まった水を落とさずに田植え

一般には，田植え時に落水するのがふつうである。しかし，代かき後に入れられた太陽熱を受けて温まっている水を落とすのは，なんとももったいない。田植え後に温度の低い新しい水を入れるので活着は遅れてしまう。

その点，ポット成苗は，苗に土の錘があるために水の中でもラクラク田植えができる特徴をもっている。だから温まった水を活かして田植えができる。代かきをしたらすぐに畦畔ビニールを張り，水を落とさずに田植えまで温めてやる。

水温と地温の高まったところに健苗を植えれば，翌日には新根を出して活着する。こうして，田植え後早々に思いきった深水にできる。したがって田植えは好天の日を選び，強風・雨天は絶対に避けなければならない。また早朝からの田植え作業は，水温・地温が上がってないので避ける。

③水深は田植え時に5～6cmから

田植え時の水深は5～6cmであり，活着後の水深は約10cmとして深水が始まる（第4図）。

基肥窒素は2kg程度なので，しばらく葉色は淡く若竹色である。しかしイネの生育は，葉色ではなく出葉スピードである。深水で水による保温ができ，地温も安定していることから順調な出葉テンポとなる。

新しい葉が展開すれば，葉鞘と葉身の分かれ日より4～5cm上を目安に順次水位を上げていく。水の交換は絶対にしない。

(3) 出穂40日前に茎肥の施肥量を判断

①茎数30～50％，茎幅10mm以上

深水で養分の供給が活発となり，苗代でとれた分げつは親茎と同程度の大きさとなり，苗の

特集　稲作名人に学ぶ——大粒多収・省力，有利販売

第4図　田植え2日後ですでに約10cmの深水
（写真撮影：依田賢吾）
生長するにつれ，常に葉耳の4～5cm上になるよう水位を上げていく

第5図　出穂約40日前，茎数限定期のコシヒカリ
（写真撮影：依田賢吾）
茎数は14本で目標の約40％。水位は40cm近くまで上昇。ここから3段階に分けて落水していく

時代に発生した分げつの芽は伸長し，深水の最終期ごろ，すなわち出穂40日前の茎数限定期には分げつが8～10本となってくる（第5図）。これらの分げつは，その後に発生してくる分げつの親茎となるものであり，これらが太く充実していれば，のちの分げつも立派に育つ。

一般のイネの茎は初めから終わりまで細くてやや丸に近い楕円形だが，疎植水中栽培のイネは，初めは横に幅広く，のちに限りなく丸くて太い茎になっていく。

葉鞘が厚ければ，茎の幅は広い。そして深水が終わる茎数限定期には，茎数は目標の30～50％，茎の幅が10mm以上を目標とする。

この茎の太さと茎数はこれから茎肥を施すときに重要な目安となる。またこれまでの生育を占うためにも重要となる。茎幅が狭いときには骨格肥料の不足であり，このような田では基肥として骨格肥料を多めに施肥しなければならない。

茎数も茎幅も合格であれば茎肥として十分な肥料を施すことができる。骨格肥料と窒素をバランスよく施し，最高分げつに向かってイネ体を増体していくことになる。

さらに私の場合，この時期の草丈も重要視している。なぜなら葉は養分をつくる工場であり，葉鞘は養分を貯える貯蔵庫である。この工場と貯蔵庫が長く大きいことにより大きな穂を

つくることができるからである。茎数限定期の草丈はコシヒカリで70cmを目標とし，ほかの品種でも60cmはほしい。

②**茎肥は条件を満たせば反当3kg**

落水と同時に施す茎肥は，上記の茎数限定期のイネ姿の3つの条件をもとに施肥量を決める。すなわち茎数が目標茎数の30～50％，茎幅が10mm以上，草丈が70cm（コシヒカリ以外は60cm）以上である（第6図）。

これら3つの条件をすべて満たしていれば，骨格肥料のほかに反収600kgでは窒素を3kg（反収800kg狙いなら。私は4kg）やる。しかし1つ不合格であれば1kg減らし，条件が2つあれば2kg減らしと不合格ひとつごとに1kgずつ減らしてやらねばならない。茎数が多ければ過繁茂となり，茎幅が細ければデンプン蓄積量が少なく，草丈が低ければ窒素消化能力が低いということで，いずれも窒素をやりすぎるとイネの生育が乱れるからである。

ポット成苗坪33株，水深30cmの疎植水中栽培で850kgどり，防除いらずの健康稲作

第6図　茎肥を振り，完全落水したコシヒカリ
（写真撮影：依田賢吾）
株元までしっかりと日光が当たり，ここから茎数もどんどん増える

(4) 徐々に落水，作溝後に溝水管理

①出穂40日前から3段階で落水

深水栽培でとくに重要なのは，落水の仕方である。田植え後から深水で育ったイネは，一度も水の外に出たことがないため風に慣れておらず，急に空気中にさらされると激しく消耗する。このような悪化を招かないために，落水は三段階に分けて行なう。水深30cmであれば，出穂40日前になったら10cmだけ落水し，3日間おいてまた10cm落水，また3日間おいて最後の10cmを落水するという具合である。

②深さ15cm，幅20cmの溝を切る

落水後は一週間程度干し，土が羊かん状に固まってから4～5列に1本の溝を切る。深さ10～15cm，幅20cmの大きな溝を乗用の溝切り機でつくり，その後は溝に常時8割ほどの高さまで水を入れる溝水管理にする。

作溝は，溝水管理の用水溝として重要な役割があり，また秋雨前線の雨期から収穫期には排水溝として使用する。とくに，田が大きいと水溜まりができるいっぽうで，丘になって乾くところができる。土が乾けば根はいたむ。作溝することで田全体にまんべんなく水をひき，そこからの横浸透によって平均に土壌水分100％を維持できるからである（第7図）。

作溝の時期はいつでもよいように考えられているが，登熟期を生きつづける上根を切らないように，上根の伸長期前，11～12葉期には完了する。

(5) 出穂30日前に穂肥，直前に実肥

①穂肥は葉色が濃くても反当1～2kg

出穂30日前ころ，コシヒカリでは11～11.5葉期ころに2回目の追肥＝穂肥を施す。量は窒素成分（尿素）で1～2kg（反収800kg狙いの場合。私は3～4kg）が基準である。この出穂30日前の穂肥は，疎植水中栽培では不可欠な肥料である。出穂40日前に落水し茎肥を施すと，イネはどんどん変身し，葉色もグーンと濃くなってくるので，窒素を振っていいものかどうか心配になる。しかし，ここで窒素を供給しないと粒数不足を招くことになる。葉色は基準としない。

予定どおり茎肥を打てたイネは，その後分げつに，根づくりに，さらに一次枝梗づくりの準備へと活発に生長しており，その勢いを維持するために穂肥は必須である。茎肥をひかえたイネも同様である。茎肥は打てなくても，穂肥を1kgはやらなければ収量は上がらない。

出穂30日前の穂肥をやったあとは，出穂期の実肥まで窒素肥料はやらない。出穂前20～10日ごろは減数分裂期といわれ，生まれた枝梗や籾が退化していく時期とされている。これはイネが自分の力に応じて枝梗数や籾数を決定していく時期であり，この時期に穂肥を振れば退化が抑えられて確かに粒数は増える。しかしイネが自分の力で増やしたものでない分，登熟力に難がでてくる。疎植栽培は一穂粒数の多さで稼ぐといっても，出穂20～10日前の穂肥をやるとイネは粒数過剰となり登熟歩合が落ちる。

特集　稲作名人に学ぶ——大粒多収・省力，有利販売

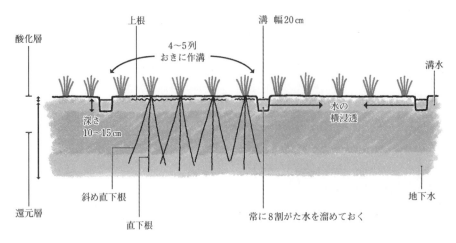

第7図　作溝の方法と溝水管理

第8図　出穂後のコシヒカリ
（写真撮影：依田賢吾）
茎数42本，草丈120cmの豪快な姿。下葉まで青々として活力がある

②実肥は葉色を見ながら反当1〜3kg

その後，窒素を施す7〜5日前に必ず骨格肥料を施し，第二の山である出穂直前に実肥を窒素で1〜3kg施す。この時期は，開花，結実に向けて窒素の要求量がグンと増える。近年は食味計によるタンパク値を気にするあまり実肥をやらないのが一般的になっているが，これがイネの凋落傾向につながり，収量を落とす一因となっている。

実肥の量は，主幹につく5枚の葉のコントラストを見て決める。上位葉と下位葉の葉色を見比べて，最下位の葉が薄かったら窒素1kg，下位2枚まで薄かったら2kgといった具合である。登熟期に活躍する上位葉が元気に働けるよう，下支えする下位葉の働きを助けてやるのが，実肥の目的なのである。

(6) 出穂10日後に味肥として骨格肥料

①骨格肥料のケイ酸，リン酸，苦土

濃緑の長い止葉が展開して，やがて出穂期を迎える。大柄の草姿からは大きな穂が顔を出し，見事な出穂となる（第8図）。籾がらは大きく，開花時の花粉の量も多く，おしべの数はほとんどが6本持っている。

受粉後，籾にはどんどんデンプンが送られ，傾穂期ころには止葉が上に立ってみえ，穂はすべて止葉の下という姿になる。

出穂10日後，玄米の外周（糊粉層）ができる時期を狙って骨格肥料を施すのが味肥である。食味をよくするミネラルなどの成分は，この糊粉層に含まれる。そこで出穂10日後にケイ酸（シリカ21），その2日後にリン酸と苦土（硫マグ，過石）を与え，ミネラルを補給する

ポット成苗坪33株，水深30cmの疎植水中栽培で850kgどり，防除いらずの健康稲作

と同時に光合成能力を高めることで食味をよくする。

　出穂30日後ころまでは止め葉の葉色が出穂時の色を保ち，登熟が進むにつれて下葉から窒素が抜けはじめ，やがて上位葉へとすすみ，収穫期には黄金色の紅葉となる。食味を良くしようと思えば光合成能力を高く維持しイネの生命を全うさせることであり，その間に施した肥料は消化して，刈取時には"紅葉"するようでなければ本物とはいえない。

②出穂60日後までイネを生かす

　私は出穂から収穫までを60日間とみている。一次枝梗の稔りが30〜35日，二次枝梗の稔りが40〜45日間かかり，出穂のバラツキを15日間とみて，60日間イネを元気に生かすよう

に努力をしていることになる。

　60日間刈り取らないと品質が落ちるとか，胴割れ米が発生すると心配する人もいるが，それはイネが死んだ場合に日数を過ぎれば問題を起こすということである。

　イネを最後まで生かすような光の環境，栄養管理，土壌水分管理が揃っていること。これらができれば，疎植水中栽培のイネつくりは完成である。

《住所など》福島県須賀川市大字江持字岩崎

薄井勝利（80歳）

TEL. 0248-76-0711

執筆　薄井勝利（福島県実際家）

改訂　依田賢吾（photofarmer）

2017年記

反射シート平置き出芽&プール育苗で作業競合改善，100gまき健苗育成

福島県須賀川市・藤田忠内

出芽処理は平置きした苗箱に反射シートをかけるだけ，育苗管理はプールに水を張るだけ，換気も灌水の心配も不要。マット形成，揃いがよく，茎が太くて葉幅も広く，病気の出ない，根張り抜群の健苗を育成。田植え適期幅が広く，活着がよく，倒伏せず安定多収。

（写真撮影：依田賢吾）

【目　次】

1. 誰でもラクして，いい苗ができる
2. 作業競合を解消し，苗質も改善
   (1) 積み重ね方式，育苗器の問題点
   (2) 育苗の苦労から解放，規模も拡大
   (3) 苗の姿・性質が大きく変わる
      ①マット形成が良好
      ②揃いがいい
      ③茎が太くて葉幅も広い
      ④病気が出ない
3. 反射シート平置き出芽のコツ
   (1) 播種量90〜100gの薄まきで
   (2) 覆土の持ち上がりに注意
   (3) 苗箱はダイヤカット箱がいい
   (4) 苗床は籾がらを敷いてならす
   (5) 播種時の灌水はたっぷりと
   (6) 通路も被覆，サイドぎわは二重に
   (7) シートは早めに剥がす
4. プール育苗のコツ
   (1) 1.5葉期までは底面給水で
   (2) 1.5葉期から湛水開始
5. 田植えしやすい健苗で安定多収

特集　稲作名人に学ぶ——大粒多収・省力，有利販売

1. 誰でもラクして，いい苗ができる

　私が反射シート（アルミ蒸着フィルム）を利用した平置き出芽に取り組んで約30年，プール育苗は約20年になる。反射シート平置き出芽は，播種した苗箱をすぐ育苗ハウスに並べ，シートをかけたらハウスを密閉，そのまま一週間ほど待つだけで薄緑色の芽が揃って出てくる（第1，2図）。以降はプール育苗。あらかじめ苗床に農ポリを張ってつくったプールに水を溜めて苗箱を浸す（第3図）。これで灌水の心配は不要。水の保温力で苗が守られるので，ハウスは昼も夜も全開にして換気の心配も不要。それでいて苗は揃いがよくて病気もなく，根っこ優先で育つので薄まきでもしっかりマット形成され田植えも安心してできる（第4図）。

　最初は「こんな銀紙かけるだけで芽が出るなら，逆立ちして村中歩いてやる」と笑った人もいたくらい，集落の誰もが半信半疑で私の苗づくりを見ていた。しかし，この30年，反射シートで出芽に失敗したことは一度もない。またプール育苗でできる苗は，仲間と集落内の苗を見て回って評価する「苗見会」でも表彰の常連となり，しだいに周囲の見る目も変わってきた。今では集落の9割方の農家が反射シート平置き出芽であり，プール育苗も半数以上の方が取り組むほど当たり前の育苗技術になっている。

　反射シート平置き出芽とプール育苗の組合わせで，集落内での育苗の失敗は極端に少なくなった。名人だけでなく，誰でもラクしていい苗ができる。これがホンモノの技術ではないかと私は思う。

経営の概要

経営面積	イネ 9ha（コシヒカリ 8ha, 酒米 1ha），ナシ 80a，ブドウ 35a
労　力	4人（本人夫妻，息子夫妻）

2. 作業競合を解消し，苗質も改善

(1) 積み重ね方式，育苗器の問題点

　私が暮らす須賀川市仁井田地区でも，かつては積み重ね方式で出芽したり，育苗器を利用したりする農家がほとんどだった。しかし，いずれも苗の出来は人による差が大きく，天候にも左右されやすかった。

　第一に積み重ね方式だと天候がよければハウス内の気温が50℃にもなり，上の何枚かを焼いたり，また焼かなくても障害を出したりする。逆に低温時には，上は出芽しても下は出ないとか，日数のかかり過ぎで箱にくもの巣病やかび病が発生したりした。

　いっぽう育苗器利用のほうは予定どおり出芽はするが，育苗器内では積み重ねのために箱の真ん中の部分に酸素欠乏による出芽不良がみられ，その場所に多くの病気が出た。また温度の上げすぎによるもみ枯細菌病や出芽時の徒長苗などにも気を使った。

　須賀川地域はキュウリをはじめとする野菜の作付けが多く，イネの育苗にはなかなか手が回らない。こういうなかで，誰でも手軽によい苗がつくれ，手間のかからない管理方法が求められていた。だからこそ反射シート平置き出芽とプール育苗が浸透したのではないかと思う。育苗の手間が減った分，田んぼやキュウリ栽培の規模を拡大する農家も現われ，近年は後継者も増えてきている。

(2) 育苗の苦労から解放，規模も拡大

　私の家も，耕作面積はかなり増えた。15年ほど前までは私と妻の2人で水田3haと日本ナシ80aを栽培していたが，息子が就農し，基盤整備もあって面積を拡大。今では水田9haとナシ80a，ブドウも35aつくっている。

　春の育苗期は，一番農作業が忙しい時期に当たる。田は基肥施肥，田起こし，あぜ塗り，代かきがあり，いっぽう果樹では薬剤による防

反射シート平置き出芽&プール育苗で作業競合改善，100gまき健苗育成

第1図　苗箱を平置きしてすぐ反射シート（商品名「太陽シート」）を張っていく
（写真撮影：依田賢吾）
鏡のように顔が映るほど反射率が高く，大部分の熱を反射してシート下の温度を一定に保つ

第3図　苗床に張った農ポリに水を溜め，プール育苗にする
（写真撮影：依田賢吾）

第2図　熱は反射しても光をわずかに通すので，最初から薄緑色の芽が出てくる
（写真撮影：依田賢吾）

第4図　丸めても問題ないくらいしっかりマット形成されるので扱いが簡単
（写真撮影：依田賢吾）

除，摘房，摘花，芽かき，交配，除草などの作業が集中する。そのなかでの播種日の設定と育苗管理は，反射シート平置き出芽とプール育苗を始めるまでは本当に大変であった。

最初は，育苗器に積み重ねで2昼夜入れ，新聞紙をかけトンネルで緑化する方法をとった。その後はハウスで緑化する方法，ハウス中央部にタルキを2本置いて15箱くらい積み重ね，それをビニールでくるんでハウス内の温度で出芽する方法など，いろいろ試みてきた。しかし，これはという育苗方法は見つからなかった。また，1,000箱くらいつくっていたが，育苗器には1回に350箱しか入らないので3回に分けて播種していた。このとき3日間は，育苗箱を育苗器に入れたり出したりで日が暮れてしまう有様だった。

芽が出てからも，灌水や換気にはかなりの神経を使った。スプリンクラーによる自動灌水装置を入れていたが，ハウスのサイドぎわやノズルの真下など，どうしても灌水量の少ない部分ができる。スプリンクラーの位置を調整したりスミサンスイを使ったり，いろいろと工夫したが，結局は常に手灌水でムラ直ししなければならなかった。

また，朝方天気が悪いからとハウスを閉めてナシ畑に向かっても，急に日が射してくることもある。慌てて帰ってハウスを開けたりと，畑にいても換気や灌水が心配で常にソワソワして

特集　稲作名人に学ぶ──大粒多収・省力，有利販売

いた。自然とナシ畑からは足が遠のき，管理不足でナシの収量や品質も上がらなかった。

しかし，反射シート平置き出芽とプール育苗にして以来，これらの苦労は一気に解消された。平置きなので一気に播種できるうえ，反射シートをかけるだけでムラなく出芽する。プールなら灌水にムラはなく，水に守られるので換気も心配ない。おかげで育苗枚数は，受託分も含めて3,000枚まで増加。さらにナシに加えてブドウもつくり始めたが，管理は以前よりも行き届いて収量や品質も上がるようになった。

(3) 苗の姿・性質が大きく変わる

反射シート平置き出芽とプール育苗の組合わせは，管理がラクなだけでなく，苗の姿もまったく変わる（第5図）。

①マット形成が良好

一番の利点は，マット形成が良好なことである。反射シートの下は常に30℃以下に抑えられるため，じっくり根優先で出芽する。さらにプールで常に水に浸った根は太く長く伸びるため，最後まで根張りがよい。

②揃いがいい

また，苗が揃って育つのも大きな利点である。育苗器や積み重ね方式に比べて出芽ムラが少なく，プール利用のため水やりにもムラができないためだ。

③茎が太くて葉幅も広い

さらに，茎が太く，葉幅も広くたくましい苗に育ちやすい。育苗器や積み重ねで出芽時から伸ばしてしまうと，最後までヒョロヒョロと伸びる性質が備わってしまう。しかし反射シートでじっくり出芽させた苗は伸びグセがなく，それでいて第一葉から幅広く育つ。これは薄まきであることと，出芽時から緑色をした状態なので，すぐに同化作用を始めるためだと思われる。

④病気が出ない

苗に病気が出ないのも，大きな特徴である。苗が丈夫に育つうえ，培土がプールに浸かることでカビや細菌などの病原菌が生きられなくなるためだと考えられる。反射シートを使い始めて育苗期のダコニール水和剤の散布などはやめていたが，プール育苗と組み合わせることで培土へのタチガレン混合などもやめてしまった。種子消毒も温湯処理が中心になってきているため，育苗期間は無農薬でもまったく問題なくなってきた。

3. 反射シート平置き出芽のコツ

(1) 播種量90～100gの薄まきで

薄まき太茎にするため，播種量を催芽籾で90～100gにしている（第6図）。これでも坪当

第5図　播種28日後，まもなく田植えする私の
　　　苗　　　　　　（写真撮影：依田賢吾）
3.5葉で草丈約15cm。茎が太くて葉幅も広く，たくましく育ってくれた

第6図　播種量は催芽籾で90～100g
　　　　　　　　　　（写真撮影：依田賢吾）
これだけ薄くても大丈夫

たり50株植えで15～17枚で十分植え付けられる。20枚も使ったら太植えになる。薄まきできる分，種子代金も安くすむ。

温湯処理，あるいは種子消毒ずみの種籾を購入するので，そのまま5kgずつ袋詰めして1,000lのタンクに入れて12～13日浸種する。この間2日に1回，夜間水を抜き換気，朝，入水をくり返し，籾に酸素を十分に与える。種子消毒した種籾はハト胸催芽器に移して28℃で一晩催芽。温湯処理した種籾は催芽なしでも芽が出やすいので，そのまま広げて3日間ほど陰干しして水気を切ってから播種する。

(2) 覆土の持ち上がりに注意

培土は，規模拡大して育苗枚数が増えてからは市販の培土を使っている。販売苗も増えたため，培土を買ってもコスト的には十分余裕がある。

平置き出芽の培土で注意しておきたいのは，出芽時の覆土の持ち上がりである。粒が細かく，軽い土ほど，覆土に使うと灌水した途端にせんべいのように固まり，出てきた芽にごっそり持ち上げられやすい。土が被さっていると，せっかく反射シートを使っても芽が白いままで，乾きやすくなってしまう。

幸い，私が地元の業者から買っている土は粒が粗めで，山土に田んぼの土も混ぜたやや重い培土であるため覆土にも使える。さらに覆土が粗くなるよう，播種時にひと工夫もしている。播種機の覆土ホッパーの出口に標準装備されている覆土板を外すことである（第7図）。この覆土板に土が当たって落ちると，細かい粒が上になるため覆土の見た目はキレイになるが，出芽で持ち上がりやすくなる。いっぽう覆土板を外してしまえば，土の粒子はバラバラに落ちるために覆土は粗くなり，出芽しても持ち上がりにくくなる（第8図）。

覆土板を外しても覆土が持ち上がりやすい場合は，土が細かすぎたり軽すぎる可能性がある。床土にはよくても覆土には不向きなので，覆土だけ粒状培土を使うなど対策を考えたほうがいいかもしれない。

第7図　覆土が当たって落ちるように標準装備されている覆土板。これを外してしまう
（写真撮影：依田賢吾）

第8図　覆土板なしのほうが粒が粗い。覆土が固まらず，持ち上がりにくい
（写真撮影：依田賢吾）

(3) 苗箱はダイヤカット箱がいい

苗箱は，ビニール製のダイヤカット箱を使用している（第9図）。この箱は土の量が多く入り，育苗日数が長くても丈夫で持ちがよい。また，根が箱下に出にくいため，プール育苗で長く伸びた根も植付けのときに切らなくてもすむ。箱底に新聞紙や根切りシートなども敷かなくてよいので，土詰めも簡単で水の持ちもよい。

(4) 苗床は籾がらを敷いてならす

育苗ハウスは，幅3間（5.4m）で奥行き50m。この全体をプールの苗床にする。プールにするには苗床に高低差がなく平らであるほどいいが，苗箱の高さである3cm程度の高低差なら問題ない。私のハウスは育苗のほかには端に

特集　稲作名人に学ぶ──大粒多収・省力，有利販売

第9図　ダイヤカット苗箱
（写真撮影：依田賢吾）
くぼみがあって根が箱下に出にくい

第11図　農ポリを敷き，サイドぎわの直管パイプにパッカーで留めてプールの縁にする
（写真撮影：依田賢吾）
農ポリは繰り返し使い，古い農ポリが下になるよう三重に敷く

第10図　籾がらを敷いてならした苗床
（写真撮影：依田賢吾）

植えたブドウを育てるだけなので，それほどデコボコになることはないが，多少の高低差はある。そこで最初に籾がらを敷き広げ，目見当で高低差3cm以内にならしていく（第10図）。軽い籾がらならば，土を動かすよりも簡単にならせる。

　籾がらでならしたら，上に農ポリを三重に敷いてプールにする（第11図）。ハウスの廃ビニールなどでも構わないが，重くて扱いにくいうえに買うと高い。安くて軽く扱いやすい農ポリを繰り返し使ったほうがいいと私は思う。

　プールの縁は，ハウスのサイドぎわの農ポリを持ち上げ，高さ約20cmに設置した直管パイプにパッカーで留めてつくる。これで，わざわざ枠を立てたりする必要もなく，ハウス全体をプールにできる。

（5）播種時の灌水はたっぷりと

　播種は4月中旬。1時間で400枚まける播種機を使い，1日で受託分も含めて3,000枚をまいてしまう。播種時に気をつけていることは，1箱90～100gの薄まきにすること，覆土板を外して粗めの覆土にすること，そして灌水量を1箱1ℓ以上と多めにすることである。

　反射シート平置き出芽では，播種した苗箱をすぐ苗床に平置きし，シートをかけたら出芽まで水はやれない。その分，水は播種時に十分やっておく必要がある。また，床土に撒いた水がすぐ覆土にあがって湿るくらいたっぷり灌水したほうが，床土と覆土がよくなじみ，出芽で持ち上がりにくくなるという利点もある。

（6）通路も被覆，サイドぎわは二重に

　出芽を揃えるには，反射シートのかけ方にもいくつかコツがある。まずはかけるタイミング。播種日の天候が晴れて気温がどんどん上がるようなら，播種した苗箱を並べながらすぐにシートをかけていったほうがいい。反射シートをかけてしまえば，ハウス内がどんなに暑くなっても苗箱の温度は30℃程度に抑えられるからだ。逆に播種日が寒くてなかなか気温が上がらないようなら，苗箱を並べたらハウスを閉め，少し温めてからシートをかけたほうがい

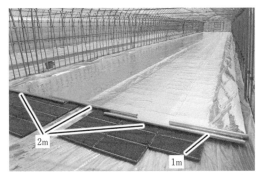

第12図 2mの反射シートを3本使って全面被覆し、さらにサイドぎわは1mに切った古いシートを重ねて二重被覆する
（写真撮影：依田賢吾）

第13図 反射シートは、芽がチラホラ顔を出してきたら早めに剥ぐ
（写真撮影：依田賢吾）

い。

　また、反射シートは苗箱の上だけでなく、苗床全面を覆うようにかける（第12図）。以前は苗箱の上だけ被覆し、通路は覆っていなかった。これだと通路の温度がグングン上がり、伝わった熱で通路ぎわの苗だけ伸びすぎることが多かった。そこで現在は、幅2mの反射シートを3本使い、幅5.4mのハウスを通路まで含めて全面被覆するようにしている。

　もうひとつ、ハウスのサイドぎわは、寒い外気温が伝わるために出芽が遅れやすい。そこでサイドぎわ1mは反射シートをもう一枚かけ、二重被覆している。反射シートには、地面からの放熱を反射して保温する効果もある。サイドぎわは二重被覆することで保温効果を高め、出芽の遅れを防いでやるのである。

（7）シートは早めに剥がす

　ここまで気をつけて被覆すれば、あとはハウスを閉め切って出芽を待つばかりである。反射シートはほとんどの熱を反射するため、ハウス内の気温が50℃を超えてもシートの下は出芽に適した30℃程度に抑えられる。

　通常は1週間程度で出芽するが、出芽までの日数はその年の気温に左右され、最短で3日、最長で15日かかった。時間がかかっても、種籾が死んで出ないということはない。逆に最近は、温暖化の影響か春先の気温が高すぎるほうが心配である。さすがに外気温が30℃を超えるような晴天の日は、シートが風で飛ばされない程度にハウスを換気するようにしている。

　芽が0.5～1cmぐらいチラホラ出てきたら、反射シートを剥がす（第13図）。いつまでも覆っておくと伸びグセがつくので、早めに剥がしたほうが徒長苗になりにくい。ちなみに剥がすのは、雨や曇りの日なら朝、晴天の日なら夕方にして、最初は芽を弱い光に当てて慣らしていったほうがいい。

4．プール育苗のコツ

（1）1.5葉期までは底面給水で

　シートを剥がした日は、まだ箱には十分に水分があるので、天気がよくても灌水はしない。2～3日後、表面が少し白くなった状態のときに第1回の灌水をする。剥がしてすぐ灌水すると水グセのついた苗になるし、急な温度変化で根がいじけて発達が悪くなる。だから多少の持ち上げがあっても灌水はしない。私の場合はほとんど土の持ち上げはないので、覆土のかけ直しなどもまったくしない。

特集　稲作名人に学ぶ——大粒多収・省力，有利販売

第14図　気温30℃以下でゆっくり出芽してくるため，芽は短くても根は長く伸びている
（写真撮影：依田賢吾）

第15図　1.5葉になったら，高いところの苗箱の底が浸かる程度に水を溜める
（写真撮影：依田賢吾）

　灌水は，従来1.5葉期まではプールであっても手灌水していた。あまり早く水を溜めると，遅れて出てくる芽が酸欠になったり，根の発達が遅れると思っていたからである。しかし最近，さらなる小力化を求めて第1回目の灌水からプールに1cmほど水を入れる底面給水を試してみたところ，問題なく生育した。反射シートで根優先の出芽にすると，見た目以上に土の中で根が伸びているためかもしれない（第14図）。
　プールには3cm程度の高低差があるので，水を1cm入れたら止める程度の底面給水では高いところが水に浸からない。その部分だけは手灌水してやるが，全面手灌水するのに比べれば手間はほとんどかからない。また底面給水のほうが，手灌水よりもずっと水持ちがいい。シートを剥いだ2〜3日後に1回底面給水するだけで，以降は1.5葉まで土が乾かず，灌水なしで乗り切れる。灌水の心配はますますなくなり，たいへんラクになった。
　ハウス内の気温は，本葉1葉が展開するまで昼間は25℃，夜間最低10℃以上をめどに管理するのが原則である。従来，この期間だけはこまめに換気していたが，最近は春先の気温が高

いため，ほとんどハウスは開けっ放しにしている。霜の降りるような夜はさすがにハウスを閉めるが，最近はそんなこともめったにない。苗は過保護にせず，若いうちから多少いじめてやったほうがたくましく育つと考えるようになった。

(2) 1.5葉期から湛水開始

　シートを剥いでから約1週間後，1.5葉期になったら本格的に水を溜める（第15図）。といっても，3cmの高低差があるプールでは，高いところの苗箱の底が浸かる程度の水位で十分である。苗箱の底が浸かっていれば，培土にはたっぷり水分が含まれる。水による保温効果も，病原菌から守る効果も十分にあると考えられるからだ。
　逆に水を深く溜めすぎると，最近の暑いほどの気候では水が温まりすぎ，苗が徒長するおそれがある。よっぽどの寒冷地でなければ，プールの水位は低めにしておいたほうがいいと私は思う。
　高いところのプールの底が出てきたら，再び入水してやる。水は深すぎず，乾きすぎず，培土が常に十分湿っている状態を保ってやるのが，プール育苗の水管理のコツである。
　そして，水を溜め始めたら，ハウスは昼も夜も開けっ放しでいい。水だけでも伸びすぎるおそれがあるほどの保温力があるので，過保護に

ならないよう注意したい。東北でも露地でプール育苗をしている人もたくさんいるので，ハウスは反射シートで出芽させるときだけに必要といってもいいかもしれない。

湛水以降，苗の管理は毎朝水が溜まっているのを確認するくらいで何もない。播種後30～40日もすれば，苗丈15～20cmのたくましい健苗が毎年できる。反射シート平置き出芽を始めるまでは各種の病気，障害にも悩まされたが，現在はまったく病気も障害もなく箱のむだもない。

5. 田植えしやすい健苗で安定多収

手間がかからず，減農薬でコストもかからず，丈夫でしっかりマット形成された苗は田植えもしやすく，その後の生育もいい。

私は田植え時の苗の全長が何cmで葉齢は何葉ということにこだわりは持っていないし，持っている余裕もないので，だいたい播種後30～40日を目標に田植えをすることにしている。田の準備ができれば早くても田植えをする。そのくらいに幅広く田植えのできる苗が，私の苗である。それは，反射シート平置き出芽とプール育苗によって幅が広がるのである。

根っこ優先で育った苗は活着もいい。ザッと1回代かきしただけで土の表面にわらがゴロゴロ見えるような田んぼに1～3本の細植えにしても，問題なく活着して順調に育つ。

若いころは「苗半作」という言葉を半信半疑で聞いていた私も，反射シートを使い始めて以来，苗の出来が最後までイネの生育を支配していくのをまざまざと見せつけられて考えが変わった。苗の出来がよければ追肥の量が多少多くても倒伏しないこともわかり，平成3年という不作の年に，'ひとめぼれ'で700kgの収量をあげることもできた。

忙しい春先，田んぼの作業効率もあがるうえ，イネが健全に育って収量もあがる。誰でもラクに育苗できるから，その分規模拡大もできるし，ほかの作物にも手が回る。そんな反射シート平置き出芽＆プール育苗は，この地域ではもちろん，多くの農家にとって画期的な育苗技術であると私は思う。

《住所など》福島県須賀川市大字仁井田字板屋130
藤田忠内（65歳）

執筆　藤田忠内（福島県実際家）

改訂　依田賢吾（photofarmer）

2017年記

品種の特性に合わせた多品種栽培，千粒重23g以上の売れる大粒米を反収660kg

山形県鶴岡市・菅原　進

7〜8品種栽培し，どれも千粒重23g以上，反収660kgあげる技術を追究。減葉しない生育を目指して生育中期を重視し，品種特性を穂相から見きわめて施肥設計。ガスが発生しにくく，根が働きやすい環境を整える水管理。鶏糞とケイ酸資材による土つくり。

（写真撮影：依田賢吾）

【目　次】

1. 多品種栽培で大粒米を多収
2. 米価低迷に負けない経営
   (1) ササニシキ一本から多品種栽培へ
   (2) 目指すは搗き減りの少ない大粒米
3. 成否を分けるイネの生育中期
   (1) 減葉しない生育で登熟をよくする
   (2) つなぎ肥で生育停滞させない
4. 品種特性に合わせた施肥設計
   (1) 穂相から品種特性を見極める
   (2) 穂数，一穂粒数を抑え気味に
   (3) 基肥は二次枝梗型ほど控えめに
   (4) つなぎ肥は一次枝梗型で不可欠
   (5) 穂肥は一次枝梗型で早めに打つ
5. 根づくりを意識した水管理
   (1) 総葉数が少ない分，根も少ない
   (2) 土中に酸素供給，ガス湧きを防ぐ
6. 未来を見据えた土つくり

1. 多品種栽培で大粒米を多収

食管法時代はササニシキのみを栽培，地域の稲作農家と技術を競い合い，毎年のように700kgを超える反収をあげていた菅原進さん。現在は，'つや姫''はえぬき''コシヒカリ''ミルキークイーン'など7～8品種を栽培，半分以上を米問屋に自主販売する経営に転換した。

米価の低迷に対応して自主販売に踏み切って以来，販売先のニーズに合わせて栽培する品種は多様化し，販売先からの要求も厳しくなった。そのなかで菅原さんは，どの品種でも千粒重23g以上にすれば売れる米として有利になることを実感。さらに反収660kgをあげれば稲作農家として存続できると考え，品種特性を見極めた栽培方法を追究してきた。

その技術のポイントは，以下の通りである。
・生育中期を重視，減葉しない生育で登熟をよくする
・穂相から品種特性を見極める
・品種特性に合わせた施肥設計
・根づくりを意識した水管理
・未来を見据えた土つくり

時代の変化を的確に捉え，変化してきた菅原さんの栽培技術を紹介する。

経営の概要

経営面積	13.8ha（うち転作として飼料用米398a，ダイズ39a。直播栽培4ha）
品　　種	はえぬき，つや姫，コシヒカリ，つくばSD1号，ミルキークイーン，山形95号（以上すべて特別栽培），夢あおば（飼料用米）
販　売　先	米問屋，JA（つや姫のみ）
労　働　力	3人（本人夫妻，息子）
稲作機械	トラクタ2台（54馬力，38馬力），田植機（8条，直播兼用），コンバイン（4条）

2. 米価低迷に負けない経営

（1）ササニシキ一本から多品種栽培へ

「あのころは本当にお祭りみたいなもんだったな」と語る菅原進さんは1983年，33歳にして農業技術大系『作物編』に水稲の栽培技術を執筆。水田5.1haを経営していた当時，栽培していた品種は'ササニシキ'のみ。年々米価が上がり，1俵1万8,000円を超えていた当時は，とにかく収量をあげて農協に出荷すれば余裕をもって経営できた。

しかし，30年以上が経過し，67歳になった現在，状況は大きく変わった。米価は大幅に下落。山形県のブランド米として人気を博す'つや姫'こそ1万5,000円台を維持しているものの，ほかの品種のJA米価格は1万円前後で低迷している。

10年前に息子さんも就農し，稲作経営の今後を考えたとき，菅原さんはひとつの指針を立てた。それが「経営面積15ha，米価1万5,000円で反収660kgを確保する」。この指針に沿って経営すれば，親子2人で十分に営農を続けていけるというものだ。

以来，面積は13.8haまで拡大，納得いく米価を求めて販売方法も多様化し，半分以上が米問屋への自主販売に。また販売先のニーズに合わせて栽培する品種も多様化し，現在は7品種を栽培。さらにどんな品種でも反収660kgを確保するため，品種特性に合わせた栽培技術も磨いてきた。

（2）目指すは搗き減りの少ない大粒米

取引先の米屋と直接話をするようになり，売れるお米の姿も見えてきた。それは「搗き減りの少ない米」。具体的には千粒重が23gを超えるような大粒の米ほど，精米時の搗き減りが少ないと喜ばれる。タンパク質含有量など食味にかかわるデータももちろんだが，米屋が真っ先に口にすることが，じつは品質と搗き減りが多いか少ないかだったのだ。

特集　稲作名人に学ぶ——大粒多収・省力，有利販売

また大粒の米は，食べてもうまい。食感がハッキリと違うため，食味値のデータ以上に実際に食べたときの満足感が大きい。大粒の米をつくることこそ，収量と食味を両立させる道だと考えた。こうして菅原さんの目指す稲作は，どんな品種でも千粒重23g以上，反収660kgと定まった。

3. 成否を分けるイネの生育中期

(1) 減葉しない生育で登熟をよくする

千粒重23g以上の大粒米を狙うとなると，とにかく登熟のいいイネに仕上げなければならない。そこでどの品種においても重視しているのが，イネを休ませず，減葉しない生育にすることである（第1図）。

'つや姫''はえぬき'など菅原さんが栽培する品種は，どれも庄内地方では主幹の総葉数が13枚になる（第2図）。ところが最近は，総葉数12枚で出穂を迎えてしまうイネが多い。葉が1枚少ないと光合成能力は低下し，発根量も減って登熟期に水や肥料を十分に吸えない。そんなイネでは，大粒の米を稔らせることはむずかしくなる。

減葉の要因はさまざまある。まずは天候。田植え後の寒さで葉の出るテンポが遅れたり，猛暑で出穂日が早まったりと，異常気象が常態化している昨今ではもっとも大きな原因である。しかし，それだけではない。苗質，植え込み本数，茎数の増え方など栽培管理によっても葉数は大きく変わる。生育が停滞する時間が長い，つまりイネの同化作用が低い時間が長くなる栽培管理であるほど，減葉して登熟が悪いイネになってしまう。

(2) つなぎ肥で生育停滞させない

イネを休ませず，減葉しない生育にするため，菅原さんがどの品種でもとくに気をつけているのが，第9葉が展開する生育中期（出穂40～30日前）のイネ姿である。

この時期，イネは出穂32日前の穂首分化期

第1図 イネが休まず健全に育つと，止葉の先端から4〜5cmのところにくびれができる
（写真撮影：依田賢吾）
根が順調に伸びてケイ酸などを十分に吸い，発達した葉耳が出葉途中の止葉をギュッと抱きしめていた証拠

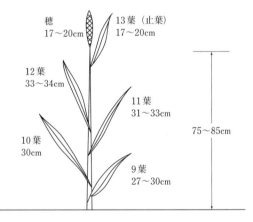

第2図 主幹総葉数13枚のイネが，順調に育ったときの姿
止葉がもっとも短く，光が下葉までまんべんなく当たる。減葉すると，長さ30cmを超える第12葉が止葉になる。止葉が長すぎて受光体勢が悪くなり，登熟にも悪影響を及ぼす

品種の特性に合わせた多品種栽培，千粒重23g以上の売れる大粒米を反収660kg

から始まる穂づくりに向けてどんどんデンプンを溜め，根量も増やしていく。窒素消費量の多い時期でもあり，一般的なイネは，基肥を使って茎数を十分に増やしたあとでいったん葉色が落ちやすい。

しかし，ここで窒素が不足して葉色が落ちると，イネの生育は停滞し，減葉する可能性が大きくなる。穂づくりも栄養不足で始めることになり，1穂着粒の数がつきにくい。

そこで菅原さんは，第9葉が出るころの葉色を見て，カラースケールで3.5以下になりそうならつなぎ肥（窒素成分は品種別に0.5～1.0kg/10a程度）をやる。田植えから出穂まで葉色を極端に落とさないようにすることが，減葉しない生育につながるのだ。

4．品種特性に合わせた施肥設計

(1) 穂相から品種特性を見極める

減葉しない生育にしたうえで，どう反収660kgを確保するかについては，品種によって対応を変える。品種それぞれの特性を見極めるうえで参考にしたのが，穂相（穂の形）。とくに一次枝梗と二次枝梗につく籾の割合である（第3，4図）。

菅原さんは，庄内地域の稲作技術を牽引してきた勉強会「荘内松柏会」の中心メンバーとして，地域の圃場を巡回してさまざまなイネを長年見続けてきた。毎年，収穫後の稲株を分解して草姿や穂数，穂相などを記録する調査にもかかわり，収量と品質がいいイネの姿を分析してきたところ，とくに穂相から品種特性を見極められることがわかってきた。

かつての主力品種'ササニシキ'は，穂の一次枝梗と二次枝梗につく籾の理想的な割合が5：5であった。しかし，現在の主力品種である'つや姫'は7：3，'はえぬき'は8：2と一次枝梗につく籾の割合が圧倒的に多い（第1表）。栽培方法，とくに穂肥のやり方によってこの割合は多少変化するものの，'つや姫'や'はえぬき'などは，たとえ穂肥の量を増やしたとしても二次枝梗の籾はつきにくかった。

```
品種   コシヒカリ
1穂枝梗数   8本
一次枝梗   籾数45粒
二次枝梗   籾数18粒
一穂粒数   63粒
一次枝梗籾数：二次枝梗籾数   約7：3
```

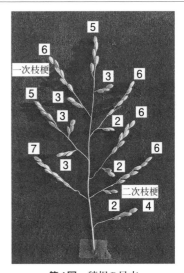

第4図　穂相の見方
コシヒカリの場合，一次枝梗と二次枝梗につく理想的な籾数の割合は6：4。写真の穂は二次枝梗の本数がやや少ないため，一穂粒数も少し足りない。穂肥をもう少し多めにやったほうがよかった

第3図　幼穂の枝梗数を見る菅原さん
（写真撮影：依田賢吾）
穂相を見れば品種特性がよくわかる

特集　稲作名人に学ぶ──大粒多収・省力，有利販売

そこで菅原さんは，便宜的に'ササニシキ'のようなイネは二次枝梗型の品種，'つや姫'や'はえぬき'などは一次枝梗型の品種と呼び，栽培方法を区別することにした。

(2) 穂数，一穂粒数は抑え気味に

第2表は，品種別に目標とする収量構成要素を表わしたものである。'ササニシキ'をつくっていた当時は700kg以上の収量を目標にしていたということもあるが，現在栽培する一次枝梗型の品種では，穂数や一穂粒数はやや低い。しかし，千粒重は23gと高めに設定している。

二次枝梗型の品種である'ササニシキ'は，穂数を多めにとっても二次枝梗に籾がつきやすい分，一穂粒数も多めに確保することができた。しかし一次枝梗型の品種では，二次枝梗に籾がつきにくいため，一穂粒数を多くすることがむずかしい。かといって穂数を増やそうとすると，過繁茂で生育が停滞して減葉したり，遅れ穂が増えたりして登熟歩合や千粒重が低下してしまう。そこで穂数も一穂粒数も二次枝梗型の品種よりも抑え気味にし，登熟歩合や千粒重を高めるほうが，栽培上も理に適うと考えたのだ。

(3) 基肥は二次枝梗型ほど控えめに

また一次枝梗型の品種は，比較的窒素施肥に対する反応が鈍く，短稈で倒伏に強い傾向があ

第1表　品種ごとの平均的な枝梗数，籾数

	一次枝梗の籾数	二次枝梗の籾数	一次枝梗籾数：二次枝梗籾数
はえぬき	約60粒	約15粒	8：2
つや姫	約52粒	約23粒	7：3
コシヒカリ	約48粒	約32粒	6：4
ササニシキ	約45粒	約45粒	5：5

第2表　品種ごとの目標収量構成要素

	品　種	一次枝梗籾数：二次枝梗籾数	栽植密度（株／坪）	坪当たり穂数（本）	平均一穂粒数（粒）	登熟歩合（％）	千粒重（g）
一次枝梗型	はえぬき	8：2	70	1,500〜1,600	75	90	23
	つや姫	7：3	70	1,500〜1,600	75	90	23
	コシヒカリ ひとめぼれ ミルキークイーン	6：4	50	1,300〜1,400	75〜80	90	23
	つくばSD1号 山形95号	6：4	70	1,500〜1,600	75〜80	90	23
二次枝梗型	ササニシキ	5：5	70	1,800	80〜90	90	22

第3表　品種ごとの施肥設計（反当窒素量）

品種名（一次枝梗籾数：二次枝梗籾数）	基　肥	つなぎ肥	穂　肥
はえぬき（8：2）	4kg＋鶏糞45kg	9葉期1kg	出穂30日前ころ 2kg
つや姫（7：3）	4kg＋鶏糞45kg	9葉期0〜1kg	出穂30日前ころ 1.5kg
コシヒカリ（6：4）	2kg＋鶏糞30kg	9葉期0〜1kg	出穂15〜18日前頃 1.2〜1.5kg
ササニシキ（5：5）	3kg	8葉期1.5kg	出穂10〜15日前頃 1.5kg

る。いっぽうで窒素施肥を控えすぎていったん葉色を落としてしまうと，追肥しても葉色がなかなか回復せず，生育停滞につながることもわかってきた。

そこで基肥は，二次枝梗型に近い‘コシヒカリ’などは窒素成分で反当2kg程度と控えめにやるのに対し，一次枝梗型の‘はえぬき’には約4kgと過繁茂にならない程度に施用。生育中期までに葉色が落ちすぎないように心がけている。

（4）つなぎ肥は一次枝梗型で不可欠

つなぎ肥については前述の通りだが，天候によっては第9葉の葉色がそれほど落ちず，つなぎ肥をやるのがためらわれる年もある。そんなとき，二次枝梗型の品種は，あとから穂肥によってある程度籾をつけることができるため，つなぎ肥は省略することもできる。しかし一次枝梗型の品種は，量を減らしてでもできるだけつなぎ肥をやるようにしている。一次枝梗型の場合，ここでつなぎ肥をやらずに穂づくりが始まる出穂32日前ころに向かって葉色が落ちていくような生育だと，あとから穂肥をやっても籾が付きにくく，一穂粒数を確保するのがむずかしくなるからだ。

（5）穂肥は一次枝梗型で早めに打つ

そしてもっとも違いが出るのが，穂肥のやり方である（第3表）。二次枝梗型の‘ササニシキ’では，つなぎ肥を十分に与えていれば，穂肥は出穂15日前に反当窒素1.5kg程度やれば二次枝梗に籾がついたため，一穂平均80〜90粒の大きな穂ができた。しかし一次枝梗型の品種では，このタイミングではおそすぎて籾の多くが退化してしてしまう。

そこで一次枝梗型の品種では，穂肥は出穂30〜25日前と早めに，量も1.5〜2kgと多めにやる。天候と作業の都合で一律にはいえないが，目安として一次枝梗と二次枝梗につく籾の割合が8：2の‘はえぬき’ほどタイミングは早めで多め，6：4の‘コシヒカリ’はおそめで少なめ，7：3の‘つや姫’などはその中間

といった具合に穂肥を振っていけば，どれも一穂平均75〜80粒の穂をつけられることがわかってきた。

5. 根づくりを意識した水管理

（1）総葉数が少ない分，根も少ない

もうひとつ，一次枝梗型の品種をつくるようになってから強く心がけているのが，「根づくり」を意識した水管理である。

二次枝梗型の‘ササニシキ’は，主幹総葉数が15枚あった。いっぽう一次枝梗型の品種は13枚と2枚も少ない分，どうしても根の量が少なくなる。さらに除草剤による薬害やガス湧きなどで根をいためてしまうと，生育が停滞して減葉し，ますます根の量が減りかねない。登熟をよくして大粒の米に仕上げるには，栄養成長期（第7〜8葉期末）に生育量に応じた根量を確保し，生殖成長期（第9葉期以降）の伸長根を確保する必要がある。そのため，できるだけ多くの根を活かす「根づくり」を意識して水管理する必要があると菅原さんは考えた。

（2）土中に酸素供給，ガス湧きを防ぐ

そこで，まず薬害を防ぐため，除草剤散布は田植え2週間後まで待ち，イネがしっかり活着してから初中期一発剤を振ることにした。このときは湛水状態だが，ガス湧きを防ぐために4日後には落水。2日後に再入水する。ガス湧きした田んぼでは，薬害も出やすいからだ。

その後は湛水管理だが，水はこまめに入れ替えて土中に酸素を供給，イネが根を出しやすく，ガスが湧きにくい環境を整えてやる。

そして第9葉が出るころには落水して作溝。給排水がすばやくできる田んぼにしたうえで，その後は収穫直前まで溝だけに水が溜まっている程度の飽水管理を続ける。穂づくりから登熟期間の養分吸収に活躍する側根は，土中の酸素が多いほどよく発達するからである。

特集　稲作名人に学ぶ──大粒多収・省力，有利販売

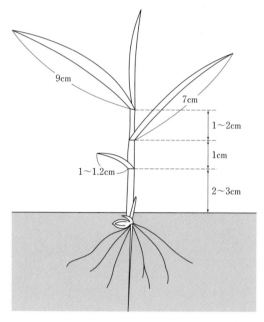

第5図　順調に育ったときの苗姿
苗丈は15cm前後。葉先がピンと立ち，葉身はやや淡く葉鞘の色のほうが濃い。どの品種でもほぼこのような姿になる

第4表　育苗方法

時　期	作　業	ポイント
3月15日〜	温湯処理	60℃，8〜10分
	浸種	水桶内，水中ポンプで循環
4月11日	催芽	ハト胸催芽器（32℃，一晩）
4月12日	播種	150〜170g（催芽籾）
	平置き出芽	育苗ハウス内，0.02mm透明マルチで被覆
4月20日ころ	被覆除去	5日後に一度マルチを剥いで酸素を入れ，出芽揃いを確認したら完全に剥ぐ
	温度管理	ハウス内が25℃以上にならないよう，換気や遮光ネット（ダイオシート）で調整する
1.2葉	追肥	N1g/箱
1.8葉	追肥	N1.5g/箱
5月12日（3.5葉）	田植え	

6. 未来を見据えた土つくり

イネを休ませない，減葉しない生育にするためには，健全な苗づくり（第5図，第4表）と土つくりも，欠かせない。

とくに土つくりについては，庄内全域で見ても最近は経費削減のために軽視されがちであると憂慮している。かつては菅原さんはじめどの農家も，堆肥やケイカル，熔リンなどを入れて土つくりをしていた。しかし今は省略されており，年々土がやせている。収穫前にイネが白く枯れたようになって登熟が悪くなる「秋落ち」現象がしばしば見られるのは，土つくりがおろそかになっているからだと菅原さんは感じている。

大粒米をつくるには，秋落ちさせるわけにはいかない。そこで菅原さんは，どの田んぼにも鶏糞とケイ酸資材（農力アップ）を入れて土つくりしている。鶏糞は，30〜45kgを基肥と一緒に散布。ケイ酸資材については，イネがもっともケイ酸を必要とする生育中期に効かせるため，第8〜9葉が出るころに振っている。

どんな品種でも千粒重23g以上，反収660kgの稲作を続け，今後も経営を存続していく。そのためには品種特性に対応した栽培技術だけでなく，先人が積み上げてきた田んぼの地力を守ることも非常に大事だと菅原さんは考えている。

執筆　依田賢吾（photofarmer）

2017年記

手づくりのボカシ肥でJAS有機認証の米を栽培し，低温貯蔵・炭酸ガス処理で販売

宮城県登米郡登米町・石井　稔

JAS有機認証の無農薬有機栽培米を生産。手づくりのボカシ肥を基肥にし，初期生育を抑えて粒張り向上。課題だった梅雨以降の食味低下を玄米の低温貯蔵，精米の炭酸ガス処理で克服。

棒掛けを終えて一呼吸

――――【目　次】――――

1. ボカシ肥で有機稲作
    (1) 登米町で減り続ける水稲の面積
    (2) 有機JAS認定，食味鑑定で受賞
    (3) 独自に開発したボカシ肥で
    (4) ボカシ種菌は周辺の野山から
2. 有機稲作のポイント
    (1) 自家採種した種籾を温湯消毒
    (2) 炭・くん炭で土壌・水質改善
    (3) 基肥を抑えて初期生育ゆっくり
    (4) 1か月近く遅れて最高分げつ期
    (5) 登熟の完了を見きわめてから刈取り
3. コメの貯蔵と販売
    (1) 無農薬有機栽培米を産直販売
    (2) 課題だった梅雨以降の食味低下
    (3) 低温貯蔵，炭酸ガス処理で販売
    (4) 常温でも食味を保つ「冬眠米」
    (5) 「命を救うコメ」を届けたい

特集　稲作名人に学ぶ——大粒多収・省力，有利販売

1. ボカシ肥で有機稲作

(1) 登米町で減り続ける水稲の面積

登米町は宮城県の北東部に位置し，東西に12km，南北に7km，総面積45.67km²で，一級河川の北上川が町の中央部を北から南へ貫流している。

町内を国道342号線が通過し，県道7路線（石森登米線は築館登米線と重複路線）が接続されている。三陸自動車道登米インターから約10分，東北縦貫自動車道を経由し仙台まで約1時間，首都圏まで約6時間の位置にある。

登米町は年平均最高気温15.1℃，年平均最低気温6.4℃，平均年間降水量991mm（アメダス：米山）と比較的温暖だが，中央部を北上川が貫流するため，東部山間地帯と西部平坦地とでは気温，降水量などの気象条件が多少異なる。降水量は比較的少なく，太平洋側に比べると冬期間は晴天乾燥の日が多めだが，春から夏にかけて偏東風（ヤマセ）とよばれる冷風が石巻湾方向から吹きつけ，しばしば農作物に被害を与える。

登米町の基幹作物は水稲であり，作付け面積は1969年の769haをピークに，その後生産調整，水田の改廃などにより減少し，2014年には690haほどになっている。

近年，水稲プラス畜産経営に複合作目としてニラ，ナス，キャベツ，ハクサイの作付け面積の拡大，ムギなどの効率栽培が進み，安定生産の推進をはかっている。

経営の概要

立　　地	北上川が貫流する平坦地
品　　種	ひとめぼれ
収　　量	10a 当たり 480kg
労　　力	本人夫婦，長男の3人
耕作面積	水田300a（無農薬有機栽培） 畑100a（ニラ・無農薬）
グループ	無農薬生産組合15名
広報事務	石井式無農薬有機米研究会（大阪）

(2) 有機 JAS 認定，食味鑑定で受賞

ボカシ肥で無農薬有機栽培に取り組み始めて五十余年。現在，水田300a，畑ニラ100aで，有機JAS認定の無農薬有機栽培米‘ひとめぼれ’と無農薬のニラを栽培している。また，指導を求めてくる近隣の生産者仲間とともに無農薬生産組合を設立し，勉強会を開催して栽培している。

また米・食味鑑定士協会が主催する米・食味分析鑑定コンクール：国際大会で，1998年から5年連続金賞を獲得し，ダイヤモンド褒賞を贈られた。これを契機に，食の安心・安全を求める全国の消費者，安心・安全な作物を生産したいと望む未来ある生産者を育てるため，2016年に石井式無農薬有機米研究会を設立し活動を始めている。

(3) 独自に開発したボカシ肥で

水田には毎年，長年にわたり試行錯誤を繰り返して研究開発してきた，独自の微生物調整をしてつくりあげた有機肥料を投入し，積極的に土つくりを行なってきた。農薬全盛だった1960年当時に私は，化学肥料，農薬浸けの農業に疑問をもち，これからは食味と安全を重視し，消費者に安心して喜んで食べてもらえるコメつくりでないと稲作農家は生き残れないと考え，有機物を主体としたボカシ肥で農法を試み，水稲を中心に積極的に取り組んだ。

収量の減少，食味が落ちるなど当初は試行錯誤のなかでの取組みだったが，いろいろなボカシ種菌を購入してテストを繰り返した。微生物による土つくりの大切さを信じ続け，周辺の野山で採種した菌なども使って肥料を開発してきた。そして，ある時期からイネの生育も食味もよくなり始め，病害虫の被害を受けにくいことを経験，それ以後，自分の田んぼは全反，微生物ボカシ肥での栽培に転向した。

(4) ボカシ種菌は周辺の野山から

最初のころのボカシ肥は，米ぬか，エビ殻，カニ殻，骨粉，ダイズ，くん炭，そのほか身近

手づくりのボカシ肥でJAS有機認証の米を栽培し,低温貯蔵・炭酸ガス処理で販売

第1図　20年前の堆肥・ボカシ肥づくりのようす

第1表　年間の作業スケジュール

1月	準備	農機具のメンテナンス
2月	土つくり	完熟微生物堆肥の準備
3月	耕起	入水までに浅耕を数回
	苗床	山土・くん炭・微生物混合
4月	種子	種子の温湯浸漬と塩水選
	代かき	(除草代かきを数回)
5月	育苗	無加温育苗を基本
6月	田植え	水管理
		田植え後,手押機除草
		病害虫防除・ガス発生防止
7月	除草	稲縦間の除草
8月	出穂	畦畔の除草,水・酸素管理
9月	登熟	田の落水・根・ガス管理
10月	イネ刈り	稲葉捻れ,黄金色確認
		バインダー・コンバイン
		棒掛け乾燥・籾低温乾燥
11月	検査	品質・食味などの自己検査
	保存	玄米低温庫保存
		精米窒素ガス充填真空保存
12月	耕うん	ひこばえが生えないか確認
		土の状況を検査して耕起

にある有機物を微生物菌と混ぜて発酵させたものだった(第1図)。当初は米ぬかや大豆かすなどを主体に使用してきたが,植物性のためか肥料切れが早く,食味もよくなかった。

その後,骨粉などの動物性のものを使用したところ食味もよくなり,ボカシ肥成分の半分以上に動物性のものを使用していた時期が続いた。

それも毎年,育ちや収量,食味などの違いを自分の目と舌で確認しながら,使用する有機物の種類や混合割合,混ぜ合わせる時期や施用時期を変えながら試行してきた。

現在は,田んぼの微生物活動もバランスも安定しているので,周辺の野山で採種した菌などを使って開発した有機肥料を,自分の目で田の状況を判断し,足りない分を補う程度の量を耕起時期に施している。

2. 有機稲作のポイント

2004年度の稲作のスケジュールを第1表に示した。

(1) 自家採種した種籾を温湯消毒

有機栽培の規則があり,種籾は自家採種である。収穫時に次年度の種子用に,田の中央付近の一番環境の良いイネから種籾を採取する。籾に付着しているさまざまな汚れを取り除き,次の年まで大切に低温保存をする。

翌年,60℃の湯に種籾を10分浸けて種子消毒を行ない,湯から上げたらすぐ冷水で冷やす(ばか苗病はこれで防げる)。

(2) 炭・くん炭で土壌・水質改善

無農薬有機栽培に試行錯誤をしていた時期には,土壌改良材としてボカシ肥のほかに炭とくん炭を使っていた。炭には次のような効果があり,10aに約200kg田んぼに入れていた。

1) 透水性および保水性に優れている。
2) 有害ガスを吸収し,植物の生長を助ける。
3) 土の表面温度を上げる。
4) 有用微生物が増加する。
5) 微量要素(ミネラル)の補給。
6) ボカシ肥として基肥と追肥に使用できる。

一方,炭は水質も改善してくれるので,取水口に炭を置き,水を炭に通し濾過・殺菌してから田んぼに入れることを試みていた。そうすることでイネの根張りが良くなり,丈夫な茎をつくる原動力となるからだった。

現在は炭は使用せずくん炭のみであるが,炭と同じ効果があり,しかもその効果は大きく,近年ではたくさんの微生物が驚くほどの働きを見せてくれている。

特集　稲作名人に学ぶ——大粒多収・省力，有利販売

(3) 基肥を抑えて初期生育ゆっくり

当時から基肥として窒素は使わず，微生物のボカシ肥に重点を置いた。そのため私のイネは初期生育が悪く，ほかの圃場のイネと比べて貧弱に見える。もちろん現在もほぼ同じだが，田植えの時期も収穫の時期も，ほかの田んぼより1か月以上おそいので，田植え直後の私の田は，本当に大丈夫かと思われ，恥ずかしいくらいみすぼらしく見えるのは当たり前かもしれない（第2図）。

しかし食味の良いコメをつくるためには，茎の太いイネでつくられる粒張りのよい穂に仕上げなければならない。早くから茎数を取ってしまうと，茎が細くなって粒張りが悪く，乳白が多くなり食味が落ちてしまう。

これらの考え方と効果から，耕起前にボカシ肥を10a当たり1.5t程度施していた時期がある。基本的な考えは今も違っていないが，私の経験と田んぼの経年効果から土壌改良は，ほぼ完成に近く，間断灌水による用水のかけ流しなどにより流れ出たと思われる程度を補う考えでよい。耕起前に有機微生物肥料と自家製造の籾がらくん炭を前後して施肥している。

(4) 1か月近く遅れて最高分げつ期

この地域の'ひとめぼれ'は6月下旬には最高分げつを終えるが，私の田では7月20日ころの最高分げつを目標に施肥している（第3，4図）。イネは自分の力で土から十分な養分を吸収できるようにし，穂ができる一番大切な時期に青々としたイネになるように生育させることが，粒張りのよいコメにするための条件である。幼穂形成期から出穂期に黄金色に近い葉色になってしまうと，実が登熟しないで乳白が多くなったり，完全に登熟しないコメとなったりして，食味を落とすことになってしまう。

とくに'ひとめぼれ'は，茎数が少なく穂が小さいとのことで，基肥を多くする早期茎数確保の指導がなされ，茎も細く倒伏の原因となる。この時期に栄養バランスがよくないと，大きな穂がつくれないし，粒張りのよいコメとな

第2図　1か月遅れの田植え（左）で隣の田より生長が遅れている

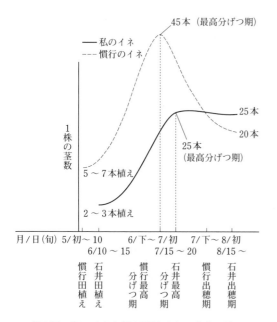

第3図　私のイネと慣行栽培イネの生育の違い

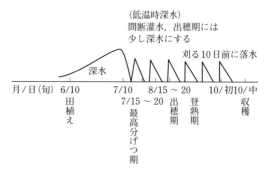

第4図　私の水管理

らない。

農業指導では減数分裂期に、葉緑素計値で31、カラースケール値で3.5と、収穫期の葉色になるよう指導されているので、栄養バランスが悪く、小さい穂で粒張りの悪いコメとなっている。'ひとめぼれ'本来の特徴を消してしまうことになる。

ボカシ肥を用いてからは冷害の影響もなく、安定収量が得られるようになった。1993年などは、冷害でいもち病が激発した年であったが、いもち病の被害も少なく平均10a当たり580kgの収穫量で、平年を上まわる大豊作となった。

(5) 登熟の完了を見きわめてから刈取り

収穫については、登熟が完了する時期を見きわめることが一番大切と考えている。つまり、この登熟が中途半端になると食味が良くないのはもちろん、硝酸態窒素が残ってしまう危険性があるからだ。

ここ登米は、10月に入ると一日の気温の寒暖差が10℃以上になるので登熟が進み、食味がぐんと上がってくる。登熟が完了すると、刈取り後の田の株には一切、ひこばえは生えない（第5図）。それは安全なお米の一番簡単な見分け方と考えている。

乾燥は半分が棒掛けによる天日干しである（第6図）。残り半分は、熱風強制乾燥などのように玄米を殺すことがないように遠赤外線乾燥機を使用して、低温で一昼夜以上をかけてゆっくり乾燥をする。

お米が生きている状態で籾すりし、通常1.7～1.8mmのところを1.9mmの篩にかけ、未成粒や欠け粒を除いている。その後の冷温庫貯蔵で玄米の熟成が進み、さらに食味が良くなってくる。

3. コメの貯蔵と販売

(1) 無農薬有機栽培米を産直販売

平成に入ると「特別栽培米」として産直販売を始めた。その後、口コミで私のつくる無農薬有機栽培米が口コミで広がり、お客様が増えてきた。初年度は契約世帯数6世帯、消費者数23人だったが、次年度からは20世帯、消費者数80人に増加し、現在では全国的に広がり、数百世帯を超えるまでになっている。

契約者のほとんどは、私のコメつくりの説明を聞いてくれたり実際に見に来たりして、納得して買ってくれる人が多く、一度買ったら続けて買ってくれるリピーターが多い。

地域的な分布は県内と県外が半々になっており、なかでも本人がアトピーであるとか、家族にアトピー患者がいるといった消費者も増加している。

(2) 課題だった梅雨以降の食味低下

当時、販売面で一番苦労したのが、梅雨以降の食味低下という一般米の現実だった。顧客が

第5図 私の田（左）にはひこばえは一切生えない。隣の田には青々と生えている

第6図 バインダーで刈り取り、棒掛けをする

特集　稲作名人に学ぶ——大粒多収・省力，有利販売

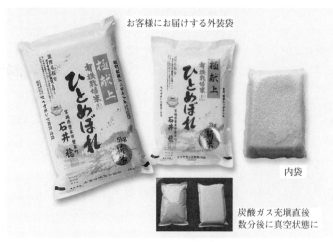

第7図　炭酸ガスを利用した真空包装と外装袋

蓄を目的として開発した保存法である。開封しなければ常温で食味が長持ちするのが特徴だ。

私の場合は，低温倉庫に玄米保存をして，注文を頂いたものを白米に精米して同時に「冬眠」加工している。三層ラミネート専用密封袋を使用して，さらにその外包装にダイヤモンド褒賞の石井デザイン袋に入れており，お客様に届けるときも，カチカチの真空パック状態で「冬眠」させている（第7図）。

(4) 常温でも食味を保つ「冬眠米」

「冬眠米」の販売を開始してからは，これが口コミで伝わって，予想以上の反響があった。おもしろいことに，当初の予約注文以上に数が増えてくる。不思議に思って何人かに聞いてみると「おいしいので家族で食べる量が増えたのと，近所の人から分けてくれと言われ，その分を余分に頼むようになった」とのことだった。

注文は黙っていても増えてきた。贈りものに使いたいとか，東京に住んでいる子どもにまとめて送ってほしいとかいう注文も入った。開封しなければ常温で長持ちする「冬眠米」ならではの注文があいついだ。

私のコメがとっくになくなってしまったころ，「石井さんが指導してできたコメなら買います」と言ってくる米卸店もあり，1,000俵ほどの「冬眠」処理したコメを予約注文してもらった年もある。私の稲作に興味をもって集まってくれた無農薬生産組合に，私が指導して同じ生産方法での無農薬有機栽培を始め，これらの消費者の要望に応えている。無農薬生産組合の仲間は，手間暇をかけて育てた安全なお米を，理解していただいたうえで適正な価格で買い取ってもらえるので，皆喜んでいる。

また店頭の陳列棚に，ある程度の期間置かれても食味が変わらないことは，米屋さんにとって大きなメリットとなる。これからは玄米低温

増えてくると，多少でも味が悪いと「おいしくない。後は要らない」とキャンセルされることもあった。一般米の，収穫期の新米でないといけない，精米したてでないとダメという思い込み，その対策に為す術がなかった。

そこで私は古い物置を改造して4,5坪の予冷庫を設置し，季節を越えて起こる食味低下を固定概念とともに防止することを考えた。

とはいっても，消費者の，梅雨時期から7月，8月と夏場の高温時期をすぎるとおいしくなくなるという固定概念は根強かった。当たり前のように低温設備がない保管庫で保管していたコメが流通している以上，その払拭がむずかしかった。消費者の皆さんに，何か形で見える対策が必要だった。

(3) 低温貯蔵，炭酸ガス処理で販売

1994年の秋，満永食品新技術研究所の後藤さんから電話があり，コメの袋に炭酸ガスを吹き込むと，コメ自身がガスを吸い込んで，袋が真空状態になり，常温でも食味が低下しないことを聞いた。それで1年間，私のコメで試験してみたところ，結果は予想以上に良好で効果に確信を深めた。1995年産米から本格的に「冬眠米」に取り組み，販売を始めた。

この方法は，故・満田久輝氏（元・日本学士院会員，京都大学名誉教授）が，食糧の国家備

庫保存と「冬眠米」精米窒素ガス充填真空パック加工を希望される米屋さんも多くなることであろう。

(5)「命を救うコメ」を届けたい

　化学肥料や農薬に対する評価は賛否両論である。長年農薬を使用していた農地が，有機栽培を始めて数年以内には（残留農薬の）安全基準をクリアした例もあり，農薬の大半のものは，その使用を控えれば土壌を浄化しうるという見通しが立てられている。

　ただこの場合，有機物を施用しなかった土壌では，数年経過後も農薬の残留が確認された例が多くみられ，微生物の活動と農薬の分解に強い相関が認められているということも聞いている。

　特別栽培米などの減農薬栽培では，除草の手間を省くために除草剤を使用しているにもかかわらず，微生物が残留農薬を分解することから，コメに残留農薬が数値として出現せず，安全基準がクリアできるという考え方もある。

　しかし私は，有機JAS認定も完全な形で取得した農法，今後も微生物を利用した無農薬有機栽培で，消費者に，どこで誰がどのようにつくったのかがわかり，安心で，安全な，また食べることで「命を救うコメ」として喜んでもらえるコメつくりを続けたい。そして私と同じ考え方でコメつくりをする生産者を1人でも増やし，また安心なコメを売ることのできるお米屋さんを育てていきたい。消費者の皆さんには，硝酸態窒素をまったく含まない安全なコメであることや，活性酸素を消去する力をほかのどのコメよりも大きく強くもっているコメであることも理解してもらえるように説明していきたいと考えている。

　≪住所など≫宮城県登米郡登米町寺池馬場埣200
　　　―1
　　　石井　稔（75歳）
　　　石井式無農薬有機米研究会
　　　事務局：大阪市中央区東高麗橋2-5-503
　　　TEL（FAX）．06-6948-8131
　　　http://munouyaku-organic.com
　執筆　石井　稔（石井式無農薬有機米研究会）
　　　　　　　　　　　　　　　2017年記

地域で生まれ育まれた米「龍の瞳」，その理念と販売戦略

岐阜県下呂市　株式会社龍の瞳（今井　隆）

コシヒカリの棚田で見つかった品種「龍の瞳」は，玄米千粒重32gの大粒で，甘く粘りがあり，香ばしい食味。
生産組合を立ち上げ，特有の発芽不良，苗の徒長，胴割れなど栽培課題を克服。食味コンクールで入賞，お客様アンケートを重視，グローバルGAPも取得。

―――【目　次】―――

1. 新品種「龍の瞳」の衝撃
   (1) コシヒカリの棚田から見つかった
   (2) 甘く粘りがあり，香ばしく大粒
   (3) 8人衆で立ち上げた生産組合
   (4) 食味向上，無農薬へのこだわり
2. 龍の瞳に込めた理念
   (1) 環境・文化に恵まれた下呂市
   (2) 農薬でミミズがのたうちまわる
   (3) 理念を表現した「龍の瞳物語」
3. 龍の瞳の販売戦略
   (1) 食味コンクールへの応募
   (2) 冊子「龍の瞳早わかり手帳」
   (3) お客様へのアンケートを重視
   (4) 文句を言うお客様は貴重な存在
   (5) テーマソング，絵本の制作
   (6) 売上げ2億円超，新たな挑戦
4. グローバルGAPの取得
   (1) 世界的な「良い農業の規範」
   (2) 管理水準の担保，国外アピール
   (3) 認証取得の手順とポイント
   (4) 試行錯誤と取得のメリット
5. 地域資源の再生と中山間地の活性化

1. 新品種「龍の瞳」の衝撃

(1) コシヒカリの棚田から見つかった

2000年9月，面積がわずか2aほどの棚田で栽培している‘コシヒカリ’の圃場を見回っていたときのことであった。ふと私の目にとまったのは，草丈が異様に高い十数本のイネであった。近づいてみると，籾が異様に大きい。当時，農林水産省で統計情報の職場に勤めていた私は，「なぜこんなところに‘ひだほまれ’のタネが混じったのだろう」と思った。‘ひだほまれ’は飛騨地域でつくられている酒米で，栽培面積は全国で計約120haなのであるが，この地区ではまったく栽培されていなかったことから不思議に思った。

長年，イネを見てきた私は，それでも‘ひだほまれ’とは違うと直感した。‘ひだほまれ’も大粒であるが，見た目でそれをはるかに上回っていたし，茎も太かったからである。

私は興味本位でひとにぎりの籾を取り分け，15m²ほどで翌年試験栽培を行なった。まず驚いたことは，苗の生長が速くて，しかも太いことであった（第1図）。

そして本田での生長たるや，まるで葦のような感じで，野性味にあふれ古代のイネを見るようであった。龍の瞳のイネの特徴は，1) 分げつがやや少ない，2) 背丈が‘コシヒカリ’よりも10cmほど高い，3) 稈（茎）が太いので倒伏しない，4) 出穂から収穫までの期間が‘コシヒカリ’よりも10日近く長い，5) 玄米千粒重は32gと大粒（第2図），などであった。

(2) 甘く粘りがあり，香ばしく大粒

私は自家の精米機で精米をしてみた。白米を握るとごわごわとしていて，キュキュと音がした。どんな味がするのだろうと，さっそく米を研いでみたが，やはり存在を誇示しているように重量感があった。

炊飯器で炊いてみると，部屋中に香ばしい香りが漂ってきた。釜のふたを開けてみて驚いた。「蟹の穴」がたくさん開いて，ご飯がピカピカに光っていた。釜の周りには糊がびっしりと張り付き，混ぜてみると糊がまるでオブラートのように釜に付着している。

食べてみて衝撃を受けた。ご飯が甘い。粘りがある。大粒でしっかりとした噛み応えがあった。私が新品種の米であると確信した一瞬でもあった。

翌年，品種登録を前提にして試験栽培を始めた。国の統計情報にかかわっていたことから品種特性の記入については比較的わかっていたので，一人ですべて行なうことができた。2002年，2003年の試験栽培でも，変異株が出ず品種として固定していることを確認。2003年4月に農林水産省に品種登録を出願して，2006年7月に品種登録が完了している。

品種名は‘いのちの壱’である。田んぼを命のめぐりめぐるところにしたいという願いと，

第1図　龍の瞳の幼苗

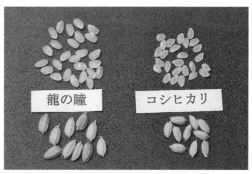

第2図　龍の瞳とコシヒカリの比較
上：精白米，下：籾

特集　稲作名人に学ぶ——大粒多収・省力，有利販売

イネの命をいただいて自分たちの命を存えているという意味がある。「壱」は，「元」の意味でもある。

そして，商品名は「龍の瞳」と名付けた（商標登録ずみ）。「龍」が水の神様であり新品種のコンセプトにぴったりだったからである。「瞳」は，米粒が龍の瞳のように大きいこと，輝く米であってほしいという願いを込めた。

(3) 8人衆で立ち上げた生産組合

龍の瞳は民間育種された品種であり，千粒重が32gという大粒であったことから，栽培技術は自らの力で確立する必要があった。まず問題となったのは，胴割れである。圃場を干しすぎると立毛中に胴割れが始まる。また，乾燥にも工夫が必要である。

試験栽培を終え，品種登録を申請したあと，2004年に龍の瞳生産組合を生産者8人で立ち上げた。龍の瞳を食べていて，その味に感動し，私の提唱する「龍の瞳を地域活性化のために生かす」ことに賛同してくださった人たちである。

（株）龍の瞳と生産者が販売と栽培に関する契約を結び，自家用を除いて全量の龍の瞳を（株）龍の瞳が買い上げ，販売している。買上げ価格は，有機JAS米よりも高く設定している。

当初から栽培マニュアルを決め，その後は変更を加えて進化したマニュアルとなっている。おもな栽培技術は，公開できない部分もあるが，概略を記す。

1）発芽性が非常に難であり，冷水で十分に発芽抑制物質（アブシジン酸）を取り除く必要がある。
2）苗の生長が速いので，ローラーで踏むなどして苗の伸びを抑えなければならない。
3）背丈が高いので，植付けの間隔はある程度広げなければならない。
4）肥料は完全に有機肥料を使用する。
5）胴割れしやすいので乾燥には注意が必要。

現在，岐阜県下には生産組合が18団体あり，それぞれが組合費を徴収し，おいしくて安全なコメつくりのために努力していただいている。

生産者全員が集まる生産組合の生産者大会（栽培技術研究会）を年1回行なうほか，組合長会議を年2回行なう。（株）龍の瞳からは各生産組合に年3回程度出かけていき，懇談や圃場見回りを行なって意思疎通をはかるとともに，肥料の効き方や除草対策のアドバイス，刈取り時期の決定などを行なっている（第3図）。

(4) 食味向上，無農薬へのこだわり

龍の瞳は，大粒であること，良食味米であること，突然変異で生まれたことなど，米の常識を覆す品種である。私が想像するに，ジャポニカでもインディカでもなく大粒で粘りがあるというジャワニカ（ジャバニカ）の特性を色濃くもっている。

食味の向上と胴割れ対策のため肥料会社に相談してきたが，現在はカルシウムとマグネシウ

第3図　生産者大会（左）と圃場の巡回調査（右）

ムが主体の2種類の土壌改良剤と，独自に製造した基肥と追肥の2種類の専用肥料を使用している。

また新たな取組みとして，2017年から微生物資材，ケイ酸資材，発根促進剤などを導入して食味の向上をはかっている。

さらに，無農薬・無施肥栽培にも取り組んでいる。技術の体系としてはかなり進んできたものの，実践を通したさまざまな改善を行ないながら広めていくことにしている。除草剤を使わない農法の研修旅行や無農薬・無施肥栽培の現場研修なども実施して生産者の意欲の向上をはかっている。

いもち病の防除は，食酢の散布を行なうことで農薬散布回数を減らしている。

2. 龍の瞳に込めた理念

(1) 環境・文化に恵まれた下呂市

下呂市は日本のほぼ中央部に位置し，岐阜県では中東部に位置する。中央を飛騨川が南に，西にはアユで有名な馬瀬川が流れ，周囲には霊峰・御嶽山をはじめ1,000mを超える急峻な山々がそびえ，飛騨木曽川国定公園や県立自然公園などもある自然豊かな地域である。また，飛騨川に沿って国道41号線やJR高山本線が走っている。南北に長く，車で下呂市内を通り抜けようとすると1時間以上を要する。

2004年に小坂町，萩原町，下呂町，金山町，馬瀬村が合併して下呂市が誕生し，人口は3万3,300人（2017年8月）である。

総面積は851km^{2}で山林が全体の9割を占め，河川に沿った平坦部とゆるやかな斜面を利用した農業地（1.9％），商業地，住宅地などが混在している。最低標高は220m，最高標高は御嶽山の3,052mと，標高差がかなりあるのが特徴である。気候の特徴は，年間を通じて霧が発生することが多く（金山地区），「益田風」とよばれる風が強い地域（萩原地区）でもある。雨量は年間約2,400mm（萩原観測所）と多い。

下呂温泉をはじめ，濁河温泉，湯屋温泉など

の温泉地があり，下呂温泉だけで年間104万人（2015年度）の観光客が宿泊している。下呂温泉は天下の三大名泉と称され，すべすべとしたアルカリ性単純泉の温泉は多くの人に賞賛されている。

農畜産物では，飛騨牛，トマト，ホウレンソウ，シイタケのほか，下呂で発見された「龍の瞳」が今や米では全国的なブランドに成長しつつある。

郷土料理として，鶏肉とキャベツを炒めた「ケイちゃん」や「朴葉みそ」などがある。日本一のアユの称を得ている清流・馬瀬川のアユも有名である。また，2008年の飛騨・美濃じまん大会で第1号の「飛騨・美濃じまん」に認定されている「小坂の200滝」も大切な下呂市の観光資源である。ちなみに，ケイちゃん，龍の瞳も飛騨・美濃じまんに選定されている。

飛騨・美濃じまんは，地域の名勝，伝統産業，産物などを，県民が誇れる「宝物」へ磨き上げていく原石として認定するもの（主催・岐阜県）。小坂の200滝は，御嶽山麓の小坂地区に滝が非常に多いことから，日本一滝の多い町としてアピールしている。

(2) 農薬でミミズがのたうちまわる

そのような下呂市で，私が低農薬栽培を始めたきっかけは，今から30年ほど前のある出来事にさかのぼる。当時は，農薬の散布に疑問を感じてはいたものの，一斉消毒というしくみを守っていた。

いつものように出穂後，いもち病と害虫の防除で粉剤を散布していたときのことである。消毒を終えて帰ろうとしたときに，ミミズが2匹，クルクルと回転しながらのたうちまわって苦しんでいる光景を見た。益虫で土の状態を良くしてくれているミミズが，死の苦しみを味わっている。農薬散布で本当に悪いことをしているんだ，という気持ちになった。

同時に，ミミズが死ぬような毒をイネと大地に振りまいているとの後悔の念にとらわれた。きっと人間の体にも悪いし，地下に浸透したり流れ出したりして，環境にも負荷を与えている

特集　稲作名人に学ぶ──大粒多収・省力，有利販売

のだとあらためて思い知らされたのである。

　それ以来，私は農薬をできるだけ少なくする農法を考え始めた。龍の瞳と出会った私は，通常の農薬使用量の3分の1以下での栽培を追求することになる。究極は無農薬・無肥料栽培である。

(3) 理念を表現した「龍の瞳物語」

　農林水産省に勤務していたころ，私は農村と農業の現状に危機感をもち，行政や農家がいま何を必要としているのかを考えていた。広報・分析の仕事をしていたときには，そういう視点で「分析書」をつくり一定の評価を得た。「公務員らしからぬ公務員」として，年2回ほど農家の人との泊まりがけ交流会なども企画し，合計15回ほど回数を重ねた。

　龍の瞳のコンセプトの基本は，人にも自然にも優しいイネつくりである。

　イネには水が必要。栄養分に富んだ水を引くには，山が混交林になっていて落ち葉が積もっていなければならない。だから，山を古（いにしえ）の状態に変えたいと思っている。

　栄養に富んだ水が低農薬で有機肥料を投入した水田に入り，昆虫や貝，小動物が発生する。水田のきれいな水を川に流して，海まで届くようになれば，海の魚介類も豊富になる。

　第4図のような「龍の瞳物語」を2005年ころに作成して，コンセプトの柱にしている。それを絵図にしたものが第5図である。

　龍の瞳は，契約生産農家には所得補償を，消費者には高価だけれども安全でおいしく，しかも栄養に富んだ米を届けて喜んでもらうことを使命としている。頑張っているお米屋さんにも感謝されている。何よりも環境にできるだけ負荷を与えていないという自負がある。

龍の瞳物語

　森と田んぼ，人をつなぐ一握りの籾（もみ）を，天が与えてくれました。その籾は偶然に一人の男に発見され，育てられました。男は毎日，田んぼに通って稲を見つめました。大きな籾，太い茎，ピンと立った葉，頼もしい稲です。

　雨は木々の葉に当たって，落ち葉の積み重なった柔らかな山肌を流れます。地中深く染み込んで，何十年も経った後に清水となって湧き出てきます。山の栄養分をふんだんに含んだ冷たい水が，わさびの育っている用水路を駆け下りて，水田に入ります。

　美味しい空気，澄んだ太陽の光，そして，そよ風が稲を育てます。養分がお米に蓄えられます。

　農薬を減らした田んぼには，ミジンコ，トンボ，ホタル，ドジョウなど，さまざまな虫が住むようになりました。稲は昆虫が大好きです。昆虫の糞は稲の栄養になり，稲は昆虫の住みかを提供します。微生物が土を耕し，稲の根が白く輝きます。田んぼが一つの生き物になりました。もっと田んぼを元気にしたい村人たちは，広葉樹の苗木を持って山に登るようになりました。

　命がたくさん集まったお米は，だから，粘りがあって，甘くて大きくて，美味しいのです。

　棚田を通った水は村に入り，そのうちに街にたどり着きます。川には全てのものが流れ込んでいきます。そこには魚や昆虫，動物が住んでいます。人々は川のことを考えて，悪い生活排水を流さないようになります。町の人は美味しくて綺麗な水が安心して飲めるようになりました。そして，綺麗な流れが海まで届くので，アジやサンマなどの魚たちや，貝のシジミたちは，とても喜びました。

　田舎の人は，「俺たちが低農薬で頑張っていることを，都会の人は知っているのか」と思っています。しかし，都会の人が安らぎを求めていることはあまり分かりません。都会の人は，「田舎はのんびりして良いなあ」と思っています。農林業がいかに大変なことか，が分かりません。

　田舎は水と空気を作り出しているところです。

　国土の崩壊を，根っこのところで支えています。

　人々は田舎を大切にするようになります。そして，子どもたちは，田んぼで遊ぶようになりました。

　「おいしいね。おいしいね」　お米を食べた人たちには，活力がみなぎります。豊かな自然の恵みが体の中に入ったので，心が豊かになりました。

　日本が変わるのです。「龍の瞳」は，それを願っているのです。

第4図　龍の瞳物語

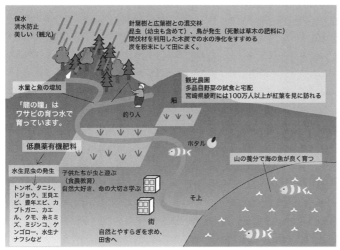

第5図 龍の瞳コンセプトの絵図

第6図 龍の瞳の荷姿
飛騨産5kg，税込み5,443円

3. 龍の瞳の販売戦略

(1) 食味コンクールへの応募

　消費者の龍の瞳の認知度はまったくなかったので，いかにして認知度の向上をはかるか，に知恵をめぐらせた。友人が「全国米・食味分析鑑定コンクール」を紹介してくれたので，さっそく応募することにした。2004年に初めて応募した龍の瞳は，入賞はしなかったものの，米・食味鑑定士協会の鈴木会長の目にとまり，おいしい米という評価が下された。

　その後，2005年の千葉での大会では契約栽培農家の龍の瞳が，品種栽培部門で特別優秀賞を受賞し，2006年からは4年連続して金賞を受賞した。また，2007，2008年と「あなたが選ぶ日本一おいしい米コンテスト」では，契約栽培農家の龍の瞳が，2年連続して日本一となるなど，おいしい米としての地位を固めてきた（第6図）。

(2) 冊子「龍の瞳早わかり手帳」

　龍の瞳はこだわって栽培しているのであるが，それを今まであまり外部に対してアピールしてこなかったという反省に立ち，2016年秋に販売店さん向けに「龍の瞳早わかり手帳」という冊子をつくった。

　胴割れ試験　パーレストで4gを9秒精米して，胴割れの状況を検査している（第7図）。これらは写真を撮り，契約農家に還元するとともに，注意喚起をはかってきた。

　千粒重計測　龍の瞳の最大の特徴は千粒重（玄米1,000粒の重さ）の大きさにある。一般的な'コシヒカリ'は千粒重が22g程度であるのに対して，龍の瞳は約32gである。このため弊社では，契約農家一人ひとりの千粒重を計測して管理している（第8図）。

　粒厚調査　弊社では契約農家に玄米が大粒になるような栽培法を指導している。そこで，すべての契約農家の篩の網目の調査を行ない（第9図），次年度の栽培指導に生かしている。

　異品種混入　異品種混入は前述の計数板で検査している。万一，異品種が発見された場合は，契約農家に対して原因の究明を行ない，対策を立てている。

　食味試験　食味については，食味計による分析と官能検査を実施している。食味計はクボタ製のものを使用し，官能検査は全社員で行なう（第10図）。統計を取ったうえで，食味計での分析と官能検査の相関についても調べている。

　残留農薬分析　残留農薬分析は，くじ引きの

特集　稲作名人に学ぶ——大粒多収・省力，有利販売

第7図　パーレスト（上）と胴割れの状況（下）

第8図　計数板で千粒重を計測
（500粒×2）

第9図　段篩調査

第10図　全社員で官能検査を実施

方法で契約農家の1割に当たる該当者を決めて毎年行なう。その結果，すべて残留農薬は検出せず，あるいは基準以下となっている。

ヒ素・カドミウム分析　国際的に見て必要との判断から，地区を決めて分析している。すべて基準以下である。

元素分析　マグネシウム，亜鉛，カルシウム，鉄など旨味に関するおもな元素を分析している。その結果，日本食品標準成分表の一般米の数値と比較して玄米でマグネシウムが120％，亜鉛が116％，マンガンが105％と多く，龍の瞳の大きな特徴となっている。亜鉛には解毒作用があるので「セールスポイント」になり得る。

(3) お客様へのアンケートを重視

創業以来，お客様へのアンケートを重視してきた。当初はアンケート用紙を返信してもらっていたが，第11図のようにインターネットでの回答（5段階評価）に変えてから返信が飛躍的に増えて，現在2,200人以上のお客様から回答が寄せられている。

54

地域で生まれ育まれた米「龍の瞳」，その理念と販売戦略

```
龍の瞳の種類を選択ください：1：飛騨産
その他の商品名：
精米日をご記入ください：
①【香り】はどうでしたか？：5：良い
②【粘り】はどうでしたか？：4：やや強い
③【甘み】はどうでしたか？：5：強い
④【硬さ】はどうでしたか？：3：普通
⑤【つや】はどうでしたか？：5：良い
⑥【口当たり】はどうでしたか？：4：やや，もちもち
【総合評価】：5：美味しい
【粒の大きさ】はどうでしたか？：5：大きい
【お米の色】はどうでしたか？：5：白い
龍の瞳以外で，よく使われるお米は？（商品名）：
龍の瞳以外で，よく使われるお米は？（産地）：
龍の瞳以外で，よく使われるお米は？（金額など）：
普段，使われるお米の数量は？：2kg
龍の瞳を弊社以外でお求めになられた所はありますか？（住所・店名な
   ど）：東京　○○
その他，ご感想をご記入ください：粒が大きいので，一粒ずつ味わって
   楽しめる気がして，日本のコメの素晴らしさを再確認しながら食べ
   ています。
   文句なしに旨いコメです。大変気に入りました。
お名前：○○○○
性別：男性
生年月日：1940/10/07
郵便番号：
都道府県：埼玉県
住所：所沢市
電話番号：
メールアドレス：
```

第11図 インターネットを利用した龍の瞳の食味アンケートへの
回答事例

第1表 龍の瞳の味に対するアンケートの回答
結果（2004年11月〜2017年7月までの集計）

	実人員（人）	比率（％）
非常においしい	1,759	79.8
まあまあおいしい	358	16.2
同じ程度	67	3.0
やや悪い	15	0.7
非常に悪い	5	0.2
合　計	2,204	100

龍の瞳の味についてのアンケートの結果を第1表に示した。これを見ると，「非常においしい」という回答が79.8％を占めていて，評価の高さがうかがえる。お客様が日ごろ食べている米は魚沼産‘コシヒカリ’をはじめ名だたるコメつくり名人の米なのであるが，そういう米と比べても非常においしいとの回答が多い（龍の瞳は飛騨産税込み1kg1,188円）。

アンケートの感想には，味については「こんなおいしい米を食べることができて日本人でよかったとつくづく思います」「今まで食べたなかで一番おいしかったです」「衝撃的な味で，ただただ驚きました。家族も大満足です」など喜びの声が詰まっている。

また龍の瞳のコンセプトについても，好感をもって受け入れられている。

さらに，入手システムなどのご提案については，「真空パックをつくってほしい」，「白米のレトルトご飯はないの」などたくさん書かれていて，採用したものもある。

お客様のなかには，わざわざ訪ねてきた人や，「死んだ親父にこの米を食べさせてあげたかった」と電話口でオイオイ泣いた人もいたし，「余命1か月と宣告された癌になった叔父が，最後に龍の瞳の新米を食べたいというので何とか早めに新米を売ってほしい」とのメールが入り，特別に新米を提供したお客様もいて，本当に販売者冥利につきる。

（4）文句を言うお客様は貴重な存在

アンケートに回答を寄せた人に電話をかけてセールスをすると，2〜3年前に龍の瞳を購入した人でも味を覚えていることに感激するのであるが，とくに虫がいたなどの理由で龍の瞳の購入を見合わせていた消費者が再び購入するようなこともある。「母がコクゾウムシにびっくりして，米びつごと捨ててしまったが，味が良

いので内緒で私（娘さん）が買います」などという電話が入る。

今後の課題としては，いかに消費者とのつながりをつくっていくか，いかに名簿の整理と的確な情報発信をするか，がカギとなる。また，下呂温泉とのつながりをつくって，消費者に下呂市を第2の故郷にしていただくような取組みを考えている。

私は，お客様からのクレームも最重視している。1人のクレームは，多くのお客様の声を代弁していると考えるからである。「虫が入っていた」「石が入っていた」「米がまずい」「商品が間違っていた」などさまざまである。結果には必ず原因があるので，それを調査して解決しなければならない。弊社ではクレーム処理表というのをつくり，整理している。

消費者は，商品を信頼していても一度まずかったりすると離れていく。「文句」をいう人は非常にありがたい。まだ，龍の瞳を気にかけていただき，次も購入する意思がある人なのである。クレーム対応は売り手と買い手の心と心がつながるチャンスでもある。事実，「もう龍の瞳など買わない」と憤慨していた消費者が，礼を尽くしてお詫びし，説明すると，それならとまた買い続けてくれる例は多い。

（5）テーマソング，絵本の制作

販売促進のグッズとして，のぼり旗，ポスターの作製，龍の瞳のテーマソング制作（作詞・今井隆，作曲・二村文康），龍の瞳をテーマにした童話『カエル太郎の冒険』の制作（文・今井隆，絵・金森亜紀）がある（第12，13図）。

とりわけ龍の瞳のテーマソングはお年寄りから子どもまで評判がよく，コンセプトの普及にも役立っている。

報道機関へは積極的に情報を伝えてきた。コンクールの入賞，（株）龍の瞳の地域起こしに関する行事などである。その結果，今までに新聞では200回以上，雑誌では約50誌で紹介され，テレビでも20回程度は放送されている。行政にも積極的にかかわり，2008年には岐阜県の「飛騨・美濃じまん」の一品に選定されて

第12図　龍の瞳のテーマソングCD

第13図　絵本『カエル太郎の冒険』

いる（第2表）。

（6）売上げ2億円超，新たな挑戦

2005年10月設立以降，1期目1,200万円だった売上げは，現在では2億円を超えるようになった。

個人顧客の都道府県別販売先では，愛知県と東京都がほぼ同じくらいでどちらも24％程度と高く，次いで岐阜県と大阪府がどちらも10％弱となっている。

龍の瞳を使った商品開発にも果敢に挑戦しており，2010年までに，ぽん菓子，麺，発芽玄米，米粉，粥，味噌，どぶ酒，レトルトご飯を商品化した。その後，焼酎，純米吟醸酒，龍の瞳みりん，玄米茶，米煎餅などを商品化してきた。化粧品開発にも力を入れたいと思っている。

これらは，当然のことであるが海外輸出も視野に入れている。アメリカ，中国，台湾，韓国に対して'いのちの壱'の品種登録が完了して

地域で生まれ育まれた米「龍の瞳」，その理念と販売戦略

第2表　龍の瞳を取り巻くおもな出来事・受賞歴

	内　容	主催者など
2006年11月	全国米・食味分析鑑定コンクール金賞受賞（計4回）	米・食味鑑定士協会
2007年11月	あなたが選ぶ日本一おいしい米コンテスト最優秀賞受賞（計3回）	山形県庄内町
2008年8月	「飛騨・美濃じまんの原石」に認定	岐阜県
2008年10月	朝日放送「旅サラダ」で全国放送	朝日放送
2010年5月	東京六本木ヒルズ屋上で「龍の瞳」栽培	森ビル
2010年11月	「NHKたべもの一直線」で全国放送	NHK
2011年9月	「飛騨・美濃すぐれもの」商品認定	岐阜県
2012年3月	岐阜県観光連盟推奨観光土産品グランプリを受賞	岐阜県観光連盟
2012年8月	龍の瞳研究所を開設	（株）龍の瞳
2012年11月	「全国推奨観光土産品」に推奨	全国観光土産品連盟
2013年1月	大手航空会社国際便ファーストクラス機内食に採用	大手航空会社
2014年8月	フードエキスポに出展（香港、海外初参加）	岐阜県産業経済振興センター
2014年12月	中小企業EXPO（香港）に出展	中小企業基盤整備機構
2015年1月	「料理王国100選」に選定（米は龍の瞳のみ）	料理王国
2015年2月	ヤフーで厳選米100選の第一位に	ヤフージャパン
2015年2月	第55回全国推奨観光土産品入賞	全国観光土産品連盟
2015年6月	ビジネス・サミット2015ステージイベントの和食食材に採用される	北陸銀行、大垣共立銀行
2015年9月	朝日放送「最後の晩餐」で龍の瞳塩むすびが称賛を浴びる	朝日放送（9月21日関西地方で放映）
2015年10月	おにぎり龍の瞳高山駅前店開店	（株）龍の瞳
2015年9月	新社屋完成	（株）龍の瞳
2017年3月	アメリカに初輸出	（株）龍の瞳
2017年3月	グローバルGAP取得	（株）龍の瞳

おり，今後，積極的に精米輸出および現地での生産を検討している。日本発の「環境宣言」としてコンセプトとともに龍の瞳を普及させていく考えである。

　（株）龍の瞳として，さまざまな資格取得にも力を入れていて，これまでに登録検査機関（玄米），有機JAS小分け免許，酒類卸・小売業免許などを取得してきたが，2017年3月にはグローバルGAPの認証を岐阜県内で初めて取得した。

4. グローバルGAPの取得

(1) 世界的な「良い農業の規範」

　グローバルGAP（Good Agricultural Practice）はヨーロッパから始まった制度である。デパートやスーパーが食の安全性を確認するために，生産者にどのようにつくられた作物なのかを証明させたことが始まりで，日本語でいうと「世界的な良い農業の規範」となる。グローバルGAPの認証を受けるためには農業生産工程管理

をしっかりとしなければならない。

　グローバルGAPは，オリンピック・ロンドン大会から農産物供給に必須とされた。東京オリンピックでも，グローバルGAP水準の農産物供給が望ましいということになっている。

　日本では，合計400の農家，企業が参加しているようである。岐阜県では，（株）龍の瞳が最初の認証取得となった。稲作の分野では全国でも30農家程度だと聞き及んでいる（2016年度）。

　認証を取得した証としてのステッカーなどは貼付できない。これはヨーロッパでは当たり前の流通となっていることや，スーパーなどからの要請で始まった制度であるために，いわばお店が知っていればそれで良いというしくみになっているからだと推察している。生産する側からするとメリットの少ない制度ではあるが，生産の安全性を担保するにはとても良い方法だという判断で挑戦してきた。

　また，そもそもの考えとして「悪いものをなくしていけば自然と良くなる」という思想が気に入ったこともある。生き方や経営にも一脈通

特集　稲作名人に学ぶ――大粒多収・省力，有利販売

じるものがあると感じた。

(2) 管理水準の担保，国外アピール

(株) 龍の瞳は，以下の方針のもとグローバルGAP取得を目指してきた（第14図）。

1) 契約農家が栽培している龍の瞳が，きちんとした栽培管理のもとに生産できているか担保を取る

それまで弊社では，龍の瞳栽培マニュアルと栽培暦を作成して，それをもとに龍の瞳の生産指導をしていた。使用法をきちんと守って農薬が使用されているか，自然に対する配慮がされているか，栽培履歴を提出してもらうことで確認し，契約農家との信頼関係の上に経営が成り立っていた。また，労働の安全性，籾すりの状況などについては現場に行くこともなく，きちんとした把握ができていなかったのが実情であった。

グローバルGAPの認証を取得することで，これらの安全性の担保を取ることができ，消費者にさらに安心して龍の瞳を提供できると考えた。

2) 日本の安全でおいしい龍の瞳を海外でも食べてもらいたい

2013年10月，「和食」がユネスコ世界無形文化遺産に登録された。いまや，世界が和食に注目する時代を迎えている。和食の中心は何といってもお米，世界中の人にもっと龍の瞳を食べてもらいたい，との想いが強くなったのである。輸出には「働く人の安全」，「生産物の安全」，「環境への配慮」など，世界が認めたグローバルGAPの国際認証を取得するほうが有利に働く。

また，世界の人がたくさん来日する東京オリンピックの選手村の食材に，グローバルGAP水準の食品が求められることを知り，何としても取得したいとの想いを強くした。

(3) 認証取得の手順とポイント

(株) 龍の瞳の認定　グローバルGAPは，指導機関としての (株) 龍の瞳と，生産者の両方の取得が必要である。(株) 龍の瞳は，生産者

第14図　グローバルGAPの認証状

を指導できる能力があるかが問われるのである。文書管理規定，農場管理マニュアル，栽培マニュアル，水質基準，土地の汚染地図などを整備しなければならない（第15図）。

生産者の認定　生産者は，労働安全の担保，生産工程の記帳と農薬・肥料管理，農機具整備，環境への配慮，各種資材などのリスク評価などについて，170程度の検査を受けなければならない。

内部監査・検査　本監査・検査を受けるまでに内部監査機関が指導して，認定できる水準までに整備することになっている。弊社は内部監査・検査機関と一体になり，生産者を指導し認定ができるようにもっていかなければならない。

監査・検査　収穫が終わった時点で監査・検査を受ける。(株) 龍の瞳が監査を，農家が検査を受け入れる。監査には約10時間，検査には1生産者で約7時間かかった。その年の生産者合計を$\sqrt{\ }$で開いた数を切り上げ検査数となる。

中間監査・検査　その後，1年以内に中間監査・検査を受ける。自動更新ではなく，毎年監査・検査を受けなければならない。

費用　監査・検査にとても費用がかかり，このことが生産者にとって取得が困難な一つの理

地域で生まれ育まれた米「龍の瞳」，その理念と販売戦略

第15図 グローバルGAP取得までの流れ（2015年）
①1月14日：岐阜県主催の研修会，②4月9日：（株）AGIC（GAPに関する指導・コンサルティングを行なう）評価委員5名による模擬農場評価，③6月14日：内部検査，④7月13日：内部検査，⑤8月10日：記載指導および消防署から熱中症対策など指導，⑥8月27日：農場実施トレーニング（つくば市，弊社から2名受講），⑦9月7日：（株）龍の瞳審査（計11時間），⑧10月6日：農家検査（1か所7時間程度），⑨11月18日：修正報告の作業

由になっている。今後は，（株）龍の瞳が内部検査機関の資格を取得し費用の低減をはかることにしている。

（4）試行錯誤と取得のメリット

監査で修正すべき点が指摘された場合，初回は修正申告のための猶予期間が3か月与えられる（2回目からは1か月以内に短縮）が，2014年は残念ながら認定に至らなかった。その原因として次のことが考えられる。

1) 修正報告を出した時点以降，「取得できる」という安心感を抱いていた。

2) 1月に認定会社であるテュフズードジャパンから問い合わせがきたが，弊社の担当者は内部監査機関が対応しているものと勘違いして，修正報告を提出しなかった。私にも報告がなく，なぜ認定がこないのだろうと待っていた。結果的に時間切れとなってしまった。

3) 70％程度完成していれば認証されるだろうという認識の甘さがあった。実はかなり完成度が高くないとダメ。

4) 生産者は高齢者が多く，理解度が不足している傾向があるが，適切に指導ができなかった。

GAP認証に取り組んで良かった点として次のことがあげられる。

1) 生産者の安全意識の向上（フォークリフトにナンバーを付けるなど）

2) 私自身の危険予知への対応能力の向上

3) 生産者と弊社の作業場が整理されて，き

特集　稲作名人に学ぶ——大粒多収・省力，有利販売

れいになった

　4）生産者への支払金額のアップ

　5）生産者の生産意欲の高まり（優越感），知識欲の向上

　6）注目度のアップ（すごいことをしているという実需者の声）

　7）商品の差別化⇒今後の課題

　なお，農林水産省からの補助金（初回のみ）があるので利用することができる。

5. 地域資源の再生と中山間地の活性化

　龍の瞳は，地域から愛される存在でなければならないと考えている。そして地域は環境が豊かで人々の生活水準もそこそこ高く，第一に心の豊かな人々が多く住んでいるということが理想である。

　中山間地の新規卒業者は，大学に就職にと都会に出て行く。地方には大学が少ないので進学は仕方がないとしても，働き口が少なく所得水準も低い場合が多いので，どうしても都会で仕事を探すことになる。

　田舎に仕事があれば，しかも賃金水準が高くなれば必ず人口が増えるはずである。もともと自然環境はすばらしいので子育てには最適である。

　長い間，中山間地をいかに活性化したらよいのか考えてきた。

　地域にある資源を生かす，ということが今の結論である。

　狩猟採集民族である縄文人は1日3時間働けば生活に必要な物資を調達できたという。山には木の実や山菜があり，狩猟の対象となる動物は多く，小さな小川であっても魚がたくさん棲んでいたとなれば，それもうなずける。

　翻って現状を見れば，山は針葉樹に覆い尽くされ表土は流されて，下草も生えていない。生物のいない世界が広がっている。木の価値が低下して，人々の心は完全に山から切り離されている。

　私は山に価値を見出している。混交林に変えることで，山菜やキノコが生えてきて，薬草，薬木の類も利用できる。下草も生えてきて落ち葉の降り積もった表土は保水性が高まり，洪水の防止にもなる。山が再生すれば植物によって二酸化炭素の吸着効率が高まり，地球温暖化対策にも寄与するのである。

　田んぼでは低農薬栽培を徹底することにより，トンボ，ホタル，クモ，カエル，ヘビなどがたくさん生息するようになる。もちろん，タニシ，ドジョウなど食べることのできる生物が湧くように生まれてくる。これらは地域資源にならないはずがない。

　都市の人々は憩いを求めて，こうした田舎を目指すようになる。

　下呂市内で売られるお土産物は，そのほとんどが県外から入ってくるという。原材料たるや外国産である。龍の瞳は地域で生産し，地域で加工し，地域で販売していくことを目指す。地域から発信された産物が，都会の人に受け入れられて広まっていく。

　生ごみは地域で飼料や肥料として循環していき，ごみから資源に生まれ変わる。旬の山菜やキノコを採取して都市住民に販売したり，加工したりで人々の生活が成り立っていく。

　輸送にかかる石油資源も少なくてすむし，身土不二的な生活がすばらしいと感じる住民が増加すれば必ず地域は変わるのである。

　下呂温泉という格好の地域資源があり，黙っていてもお客様に全国から来てもらえる地域だからこそ，それを生かさない手はない。

　下呂市で生まれて，下呂市ないし飛騨のブランドとしての龍の瞳が地域再生につながって，人々にますます喜ばれることを願っている。

《住所など》岐阜県下呂市萩原町大ヶ洞1068

　　　　　　株式会社龍の瞳

　　　　　　TEL. 0576-54-1801

　　　　　　FAX. 0576-54-1836

執筆　今井　隆（株式会社龍の瞳）

2017年記

品種の持ち味
を活かす

米の食味ポテンシャルを発揮させる栽培管理技術

米の食味は，品種がもつ遺伝的能力と物理的環境（土壌，気象），生産者の栽培技術が互いに作用し，水稲の生育と収量形成過程に複合的に影響したあと，適期に収穫され，適正な乾燥・調製が行なわれることで，決定される。そのなかでも，極良食味米は，与えられた環境下において，品種が遺伝的に備えている米の食味官能特性や理化学的特性などの食味ポテンシャルが生産者の栽培管理技術により最大限発揮された生産物であると考えられる。

これまでの水稲の品種育成に関して，戦後の米不足時代から1960年代後半までは収量性，耐病性，耐冷性などが育種目標として重視された。その後，米生産過剰時代の1970年以降は量から質への転換，1980年ころからは品質だけでなく食味に重点がおかれるようになり，数多くの良食味品種が登場した。また，1971年から毎年全国規模の産地品種について，(財)日本穀物検定協会による複数産地コシヒカリのブレンド米を基準米とし，これと試験対象産地品種を比較した食味試験による米の食味ランキングが公表された。基準米より食味がとくに良好な最高ランクを示す特A米の登場により，消費者の良質・良食味米へのニーズがさらに強くなり，販売面での産地間競争が激しさを増す時代を迎えた。

このような背景を受けて，米の食味に関連する作物学的研究が精力的に展開し，松江(1992)による食味官能試験方法の改良や理化学的機器分析法が確立された。それにより個々の栽培技術や環境条件と米の食味，品質に関する研究は著しく進展し‘つや姫’‘ゆめぴりか’‘さがびより’など極良食味品種の開発も加速している。近年は米の食味ランキングにおいて，北海道から九州までさまざまな品種が最高評価である特Aを獲得するようになり，良食味

米における産地間競争はいっそう激しさを増している。

また，米の国際的な市場動向に関して，貿易のグローバル化に伴う米貿易の進展は国内の米生産に大きな影響を及ぼすことが懸念される。したがって，今後，外国産米と国産米の市場競争が強まることが予想され，価格競争力だけでなく高度な品質，食味など非価格競争力の向上も重要になると考えられる。このような国内外の米をとり巻く状況の変化に対応していくためには，良食味米あるいは極良食味米の安定生産技術を確立することが重要である。一方，生産現場では気候風土的な特徴と個々の栽培技術要素を組み合わせることで極良食味米を安定生産する篤農家が多く存在するが，その卓越した米つくり技術に関してはいまだ十分に解明されていない。これらのことから，今後は，食味ポテンシャルを発揮させるための栽培技術の体系化やおいしい米を栽培するための稲の理想型に関する栽培学的研究のさらなる進展が期待される。

そこで，本稿では，食味ポテンシャルを発揮させるための栽培技術要素に関するこれまでの知見を整理し体系化するとともに，良食味米の食味に差をもたらす要因や良食味米生産圃場の水稲の生育の特徴について紹介する。

1. おいしい米をつくるための栽培技術要素

米の食味は官能試験により炊飯米の外観（白さ，光沢など），香り，味，粘り，硬さなどの特性から，総合的に評価される（福井・小林，1996）。そして，近年のおいしい米は，白さや光沢などの外観が優れ，粘りが強く，さらに味も優れるという特徴がみられる（松波，2015）。また，このように食味評価が優れる米を理化

学的に説明すると以下のようにいえる。炊飯米は白色に優れ（＝白く），米粒表面は平滑で凹凸が少なく（＝光沢が優れ），炊飯時に糊化し始める温度が低く，その後の米飯粒内部の組織崩壊度が大きく高い粘性を示す（＝軟らかく，よく粘り）とともに，多くの呈味成分を含んだ被膜物質を溶出し（＝味が良く），粘性の持続力に優れる性質をもつ。このような理化学的性質を発現するためには，アミロース含有率とタンパク質含有率が低いことが前提になると考えられている。

このようなおいしい米をつくるためには，与えられた環境下において品種が遺伝的にもつ食味ポテンシャルを栽培技術により最大限発揮させることが重要である。しかし，これまで個々の食味評価項目に関して，どのような要因で変動するのか，どのような栽培技術で評価が向上するのかを直接検討した報告は少ない。一方，米の成分であるアミロース含有率やタンパク質含有率と官能評価項目との関係については研究の進展が著しい。

精米のアミロース含有率は，品種や登熟期間の温度条件によって左右され，アミロース含有率が低いほど良食味であることが知られている。一方，栽培条件が同じ場合の同一品種内では，アミロース含有率が高いほど良食味であり，食味との関係は一定の傾向を示さない。品種が同一の場合，食味に対しては精米中のタンパク質含有率が支配的な役割を果たし，精米中のタンパク質含有率が高くなると食味は低下する。さらに，タンパク質含有率は，肥培管理や土壌条件に左右される。また，近年は登熟期間の高温による米の外観品質の低下が問題となり（寺島ら，2001），白未熟粒の混入割合の増加により食味が低下することが数多く報告されている。

このように，近年における米の食味ポテンシャルを発揮させるためのキーワードとして，タンパク質含有率の低下，気象変動に伴う白未熟粒の発生抑制があげられるので，これらの点に着目し，生育時期別の食味ポテンシャルを発揮させるための技術要素について紹介する。

(1) 育苗～移植期

イネは葉齢の進展に伴い，分げつを発生させ，そのうち約7割以上が穂になり1株または1m²当たりの収量，品質，食味を構成していく。そのなかでも，稈長＋穂長の長い主茎および低次・低節位分げつの食味がほかの分げつに比べ優れている。稚苗移植栽培では，主茎や第3～6節一次分げつがほかの分げつと比較して玄米の窒素濃度が低く，中苗移植栽培では，主茎と第4～6節一次分げつの精米タンパク質含有率が低くなる。これらのことから，米の食味ポテンシャルを発揮させるためには，米のタンパク質含有率が低い低次・低節位分げつを安定的に確保する栽培管理を実践することが重要である。

低次・低節位分げつを安定的に確保するためには，移植後の活着が遅延するほど分げつの出現節位が上昇することから，移植後の活着を良好にすることが重要である。このため，充実度が優れ，移植後の発根力が旺盛な苗を選び，播種量を少なくし，苗代日数をかけずに葉数を多くすることで，苗長が短く，茎葉重が重い健苗を育成することが大切である。

良好な活着を得るための植付け深は2～3cmとされ，深植えは苗の長短にかかわらず，活着が劣ることから，適正な植付け深で移植することが重要である。さらに，移植時の天候に関しては，気温が高いほど苗の発根能力は優れるが，機械移植の場合，苗取り時の断根率は40％以上になるため，平年に比べ著しい高温・多照下での移植作業は避けることが望ましい。したがって，活着を促進するためには移植日の天候に注意し，極端な高温や低温を避けて移植することが重要である。

このほか，気象や土壌などの環境要因により低次・低節位分げつの発生が不安定な地域では下位節位分げつの発生が促進される側条施肥が有効な技術となる。その他の活着の促進技術としては，苗箱へのシリカゲル施用により苗質が向上し，良好な活着が得られることが知られている。また，畑苗は水苗よりも発根能力が優れ，茎葉が充実していることから，活着および初期

生育が優れる。

栽植密度に関して，極端な疎植栽培にした水稲では，1株当たりの根量が多く，葉色も濃い旺盛な生育を示し，1m²当たり穂数を補うため二次枝梗着生籾の増加に伴い，一穂籾数が多くなる。また，高節位・高次位分げつも多く発生する。高節位・高次位分げつから生産される玄米や二次枝梗着生籾の玄米は高タンパクで稔実障害も発生しやすく，極端な疎植栽培により生産された米は標準栽培されたものより食味が劣る場合がある。これらのことから，極端な栽植密度の低下は避けることが望ましいと考えられる。

また，近年，夏季の異常高温による米の品質低下が顕著化していることから，登熟期間の高温による白未熟粒の発生を回避するための技術として，出穂期を遅らせる晩植え，移植時期の見直しによる高温登熟の影響緩和対策が推奨されている。

(2) 分げつ期

'あきたこまち'の中苗移植栽培において，有効茎歩合の高い水稲は玄米タンパク質含有率が低い傾向を示す。また，穂への有効化率が低い第8節一次分げつや二次分げつなど高次・高節位分げつの発生時期に深水栽培を行なうことで有効茎歩合が向上し，精玄米タンパク質含有率は低下する。一方，土壌水分の低下が分げつ発生を抑制することから，分げつ期の中干しも有効茎歩合の向上に有効である。また，分げつ盛期から最高分げつ期にかけての深水処理により二次分げつおよび上位一次分げつの発生が抑制され，下位一次分げつの穂を中心とした分げつ構成となり，有効茎歩合が高まり乳白粒の発生が著しく抑制される。

このように，分げつ期において食味ポテンシャルを発揮させるためには有効茎歩合を向上させることが重要であり，穂への有効化率の低い高次・高節位分げつの発生を抑制するためには有効茎決定期以降の深水処理や中干しが有効な栽培技術である。このほかにも，分げつ期の技術ではないが，育苗箱全量施肥と密植栽培を組み合わせることで第5〜7節の一次分げつを主

体に穂数が確保され，有効茎歩合が向上することで米のタンパク質含有率が低下することが知られている。

(3) 幼穂形成期〜穂揃期

穂肥や実肥などの窒素追肥は，米のタンパク質含有率を高める。このため生産現場では窒素追肥量を減じる傾向にある。しかし，このことが高温登熟年の白未熟粒の発生を助長している可能性が指摘されている（寺島ら，2001）。一方，米粒中の窒素含有率は1m²当たり籾数が多いほど高まり，登熟期間の高温登熟条件で1m²当たり籾数が多いほど乳白粒が多発する。このため，籾数の過剰は品質と食味を著しく低下させると考えられる。

幼穂形成期の栄養診断値（草丈×1m²当たり茎数×葉緑素計値）と1m²当たり籾数の間には密接な正の相関関係が認められ，幼穂形成期の栄養診断図に基づいて追肥量を調整することで1m²当たり籾数が制御できる。これらのことから，幼穂形成期から穂揃期にかけて食味ポテンシャルを発揮させるためには，幼穂形成期の栄養診断に基づいた穂肥の施用により目標とする籾数を確保し，籾数の過剰による乳白粒の増加や精玄米タンパク質含有率の上昇を予防することが重要である。

以上のように，出穂期までの栄養生長期間に関して，育苗・移植期から分げつ期にかけては，良好な活着を得るための健苗を育成し，高温登熟を緩和できる適期に適切な栽植密度で移植を行ない，米のタンパク質含有率が低い低次・低節位分げつを主体に穂数を確保する。それとともに，有効茎歩合を高める栽培管理技術を実践し，食味ポテンシャルを発揮させる稲体の基礎をつくることが重要である。

そして，幼穂形成期からは米のタンパク質含有率を高めずに，食味の低下をもたらす乳白粒などの白未熟粒の発生を抑制するための幼穂形成期の栄養診断に基づく穂肥の施用により籾数を適正に制御する。以上のことが食味ポテンシャルを発現させるために有効であるとまとめられる。

（4）登熟期

食味低下の一因となる高温登熟条件下での乳白粒の発生は，高温下での光合成能力の低下に起因する同化産物（光合成により生産された栄養分）の供給不足により発生する。また，高温登熟下では穂の同化産物の受容能力も低下する。つまり，高温登熟下でも玄米を充実させるためには，葉などのソース側の同化産物供給能力と穂などのシンク側のデンプン合成・蓄積能力の維持，強化が重要である。

①根の吸水能力，葉の窒素含有率

水稲は，根の吸水が葉の蒸散に追いつかず葉の水分が低下すると，気孔を閉じて蒸散を抑制する。このため，多照・高温・低湿度環境など飽差が大きくなる条件では，気孔の閉鎖に伴って光合成能力が低下する。また，高温年における出穂後15日間の飽差の増加は完全米率を低下させる。これらのことから，高温登熟下でも光合成能力を維持し，乳白粒の発生を抑制するためには，根の吸水能力が重要である。

また，根の呼吸速度の高い水稲は飽差当たりの蒸散量が多く，高温条件下でも光合成の低下はみられない。根の呼吸速度は，根の窒素含有率と全糖含有率に影響され，根と葉の窒素含有率の間に正の相関関係が認められる。つまり，根の呼吸速度を維持するためには，葉の窒素含有率を維持することが重要である。

しかし，登熟期間中は葉の老化に伴い葉の窒素含有率は低下することから，根の呼吸速度の低下は避けられない。そして葉の光合成能の低下により，根への光合成産物の転流量が減少し，根の呼吸速度のさらなる低下をもたらす。このことが，根の窒素吸収量を減少させ，葉の窒素含有率の低下につながり，さらに光合成能を低下させるといった悪循環となる。したがって，登熟期間中の光合成能を維持するためには，根の吸水能力を維持する必要があり，そのためには葉の窒素含有率の低下を抑制することが重要となる。

穂肥や実肥などの窒素追肥により登熟期間中の葉の窒素含有率を維持することは可能であ

る。しかし，穂揃期以降の窒素追肥は米のタンパク質含有率を高めることから，生産現場では推奨されていない。このため，前述のように栄養診断に基づいた適度な穂肥による窒素追肥が重要である。また，$1m^2$当たり籾数が多い状態で高温登熟になると乳白粒が多発する。これらをふまえると，栄養生長期において過剰な分げつを抑制し，1茎当たりの同化産物の蓄積とソース能を充実させ，ソース能に余力をもたせた状態で適正なシンク量を確保することが食味ポテンシャルの発揮のために重要である。

②間断灌漑，かけ流し

さらに，乳白粒などの発生を防ぐため，出穂期から20日間は間断灌漑を励行し，21～30日は間断灌漑を継続するとともに土壌水分がpF1.5を超えないように水管理し，早期に落水しないことが重要である。また，高温登熟時の冷水かけ流しで白未熟粒の発生が減少し，出穂前から登熟期にかけての冷水灌漑により根の生理活性の低下と葉の老化が抑制される。このように，適正な水準量を確保した籾を十分に稔らせ，食味の低下を防ぐためには登熟期間の水管理はきわめて重要であると考えられる。

しかし，かけ流しは多量の用水量を必要とすることから，用水需給のアンバランスが表面化しやすい営農地域や1ha以上の大区画圃場では，高温障害対策としての効果はやや劣るが飽水・保水管理の実施，あるいは地下水位制御システムなどを導入した節水的な用水管理体系を組み合わせたかけ流しの実施など，節水に留意する必要がある。2010年現在，1ha以上の大区画水田圃場の整備率は8％であるが，将来的な水田農業の営農変化に対応した用水管理体系について，今後，地域ごとに普及指導課などの普及側と土地改良区などの用水供給側が連携し，検討していく必要があると考えられる。

（5）収穫期

良食味米生産のために，収穫時期は栽培管理上重要な要因の一つである。成熟期以前の早期収穫では青米の混入が多く，刈り遅れると茶米および胴割れ米が増加し，品質が低下する。こ

のため，各産地において銘柄品種ごとに出穂後の積算気温に基づいた収穫適期の基準が設定されている。

一般的に収穫期において黄化籾割合が85～90％で食味は安定して優れる。しかし，早刈りの場合，青未熟粒や青死米の混入により胚芽残存率が高くなるため，精米白度の低下や炊飯米の外観，粘りの低下が起こる。一方，刈り遅れた場合には胴割れ米が増加し，味や粘りが低下する。また，早刈りではタンパク質，アミロース含有率の増加と最高粘度，ブレークダウンの低下により，おそ刈りではブレークダウンの低下により食味が低下する。しかし，おそ刈りによる食味の低下程度には品種間差が認められている。また，玄米のタンパク質含有量が高まりやすい有機栽培では，おそ刈りにより青米が減少し，玄米タンパク質含有量が減少する。

このように品種や栽培法で収穫時期が食味に及ぼす影響は異なるものの，収穫時期の判断は品質，食味を保持するための重要な要素の一つである。したがって，食味ポテンシャルを発揮させるためには，適期刈取りはきわめて重要であると考えられる。

(6) 乾燥・調製

収穫された生籾は火力乾燥されるが，乾燥の方法によっては，その効果が米飯の食味に大きく影響を及ぼす。とくに乾燥過程では胴割れや50℃前後の高温乾燥に起因する搗精時の砕米の発生，炊飯時の米粒亀裂，米の成分変化などが食味の低下に関係している。

新米では砕粒が30％以上，古米では10％以上混入すると食味が低下する。食味の低下を防ぐためには砕米の発生原因である胴割れ発生を可能な限り防止する必要がある。また，水分の低い米は硬いため搗精がむずかしく，炊飯時の加水量により食味が大きく変動する。さらに搗精時の玄米水分が14％以下になると水分が低いほど食味が低下する。乾燥による食味の低下は米粒表皮の糊粉層の劣化による脂質の分解が原因とされている。

また，40℃以上の高温の場合，還元糖量，α・

βアミラーゼ活性が減少し，食味に影響を及ぼす可能性が指摘されている（岡村ら，1968）。さらに，米の加熱はデンプン細胞膜を弱め，煮ると粒表面が膨潤し粘りのない米飯になる。貯留温度および籾水分が高いほど貯留時間の経過に伴う食味の低下が著しい。

これらのことから，乾燥温度および籾水分が高いほど米の変質の進行が速く，食味が低下しやすい条件になると推察される。したがって，乾燥・調製過程で食味を損なわないためには，送風温度をできるだけ低めに設定し，かつ胴割れが発生しない程度に素早く乾燥させることが重要である。

(7) 土つくり

①土壌環境の整備と根系の発達

土つくりとは，排水性の向上や土壌養分の均一化，地力の増強や深耕によって根を健全に保ち根域を深く拡大させ，生育途中の急激な葉色の低下や生育の停滞を防ぎ，登熟後半まで根の養水分吸収能力や光合成能力を高く持続させる技術である。

前述のように，葉の光合成能と根の吸水能は密接な関係にある。窒素追肥や窒素肥沃度の高い土壌で葉の窒素濃度が高くなると光合成能力は向上するが，その効果は温度や湿度などの影響を強く受ける。土壌に可溶性デンプンを加えることで根腐れを生じた水稲や，地上部に比べて根の発達が劣る水稲の光合成能力は，飽差が大きくなると著しく低下する。また，出穂前の高温により地上部の生長が促進されることで根／地上部重比が低下した水稲は根群全体の活力が低く，出穂後に高温に遭遇すると白未熟粒の発生が多くなる。つまり，晴天の日中や高温時において高い光合成能力を維持するためには，葉の窒素濃度を高く保つことに加えて，土壌環境を整備し根系をよく発達させ，根の生理活性を高く維持することが不可欠であるといえる。

②土壌の透水性，耕起深，地力の増強

根系をよく発達させ，根の生理活性を高く維持するためには，新根の発生や伸長を抑制する有機酸や根の吸水を阻害する硫化水素を根の

近傍から除去するために適度な土壌の透水性が必要とされる。また，浅耕に比べ，深耕では表層から10cm以下に分布する下層根重が増加し，背白，基白，心白粒の発生が減少する。さらに，作土深が16cmから24cmの範囲では作土深が深いほど整粒歩合が高いとされている（松村，2011）。このほかに，根系をよく発達させ，根の生理活性を高く維持する技術として，ケイ酸質肥料の施用，土壌還元が少ない不耕起または無代かき移植栽培法による根系機能と稲の体質強化があげられる。

登熟期間中の葉の窒素濃度の低下を抑制するためには，穂肥の施用だけでなく，地力の増強により土壌の可給態窒素を増すことも重要である。しかし，土壌の可給態窒素が過剰になると玄米のタンパク質含有率は高くなり，倒伏した場合，タンパク質含有率は増加し，アミログラム特性も劣化するため，食味が低下する。これらのことから，地力の増強については土壌種類ごとに適正な範囲があり，この点に関しては，食味向上の観点から今後検討する必要がある。

このように，食味ポテンシャルを発揮させるためには，登熟後半まで葉の窒素濃度を高く保つことに加えて，土壌環境を整備し根系をよく発達させ，根の生理活性を高く維持することが重要であり，適度な土壌の透水性や耕起深の確保，地力の増強などの土つくりは食味ポテンシャルを発揮させる生産基盤として重要な管理技術である。

近年，米価の下落や米生産者の高齢化，圃場の大規模化に伴い十分な土つくりが実施されていない圃場が散見される。また，基盤整備による圃場の大規模化により耕盤の圧密化や透水不良化が進み，作土層下への根の伸長が抑制され作土層に根の分布が集中することが懸念される。今後，農地集積や営農規模の拡大は加速し，基盤整備による圃場の大区画化が進展することが予想される。したがって，大型機械などを用いた先進的大規模稲作においても食味の充実をはかるためには，耕盤の維持と下層への根の伸長を両立させる技術の開発が切望される。

(8) 栽培技術要素の統合

以上のようなおいしい米をつくるための栽培技術要素を積み上げることで，低節位・次位から発生した強勢茎からなる分げつ構成で，窒素過剰な生育とならず必要最低限の籾数を確保したイネとなり，土つくりや深水，中干しなどの水管理により出穂期以降も養水分吸収能に優れた根系が形成され，生育後半まで高い光合成能が維持されることで良好な登熟を迎え，一穂が充実する（第1，2図）。その結果，低タンパクかつデンプン蓄積が良好で，呈味成分も充実した米となる。

また，高温を回避する作期の選択や適期収穫，適正な乾燥・調製を実施することで光沢や白さなどの外観も優れ，アミロース含有率も少ない米となる。さらに，松江（2012）は食味からみた理想型イネは，強勢茎を早期に確保することに加え，穂型が二次枝梗粒着生上位優勢を有している稲体であり，これを実現することで千粒重が重く，粒厚の厚い玄米の安定生産が可能となり，収量性と食味の向上が両立する道筋を提示している。

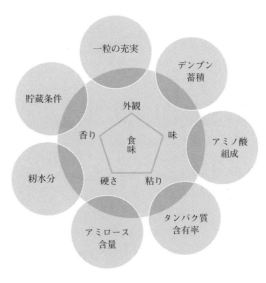

第1図 米の官能食味試験の評価項目とそれにかかわる因子

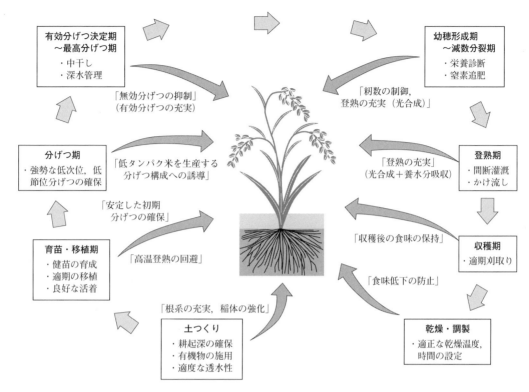

第2図　米の食味ポテンシャルを発揮させるための栽培技術体系

(松波ら，2016を改変)

図中の四角囲み内は各生育ステージに応じた栽培技術要素やその目的を示し，カギカッコ内は各栽培技術要素が稲体および収穫物に及ぼす影響を記す

2. 良食味米の食味に差をもたらす要因

　近年，消費者の良食味米への嗜好の高まりとともに米の販路拡大における産地間競争が激化するなかで，水稲の新品種育成や良質米生産技術の開発にさいして，食味は具備すべき重要な形質の一つである．とくに，特A米など良食味銘柄品種のなかでも極良食味の米の評価が販路獲得に向けて重要視されている．
　一方，貿易のグローバル化に伴い，将来的に外国産米の流入による国産米への影響が懸念される．この点に関して，世界の農産物市場において，高度な品質（外観，食味，鮮度，均一性）など非価格要因が国際競争力に強い影響を及ぼし，米に関しては外国産米と同品質のプレミアムなしの国産米は競争力が弱く，外国産米との市場競争の主体となる可能性が指摘されている（荒幡，2001）．また，品質に大きな差がない場合，品種銘柄間の代替関係は強まり，代替弾力性が高まることも示唆されている（田家，2015）．つまり，外国産米による影響は食味が低い米ほど大きく，それらは輸入米に代替される可能性も否定できないと考えられる．
　このような国内外の米市場の変化に対応して，国産米の競争力を向上させるためには，安全で品質が均一な最高の味を誇る米を生産する技術を確立し，差別化をはかることで非価格競争力を強化していくことが重要である．したがって，良食味米のなかでも食味がもっとも優れる極良食味米の存在とその産地を特定し，極良食味米産地の水稲の収量形成過程と地理的，気候風土的な交互作用を解析し，極良食味米を栽

品種の持ち味を活かす

第1表　異なる産地の篤農家により生産された銘柄品種AKの食味関連形質

(松波ら，2016を改変)

産地	精米白度	アミロース含有率(%)	玄米タンパク質含有率(%)	良質粒率(粒数%)	遊離アミノ酸含量（μg/g）				遊離アミノ酸含有率（%）		
					総量	アスパラギン酸(Asp)	グルタミン酸(Glu)	Asp/Glu	アスパラギン酸(Asp)	グルタミン酸(Glu)	Asp+Glu
A	**44.3**	16.4	**5.86**	94.6	**370**	**78.2**	**97.3**	**0.80**	21.2	26.3	47.5
B	43.5	14.4	6.59	95.2	273	51.6	69.5	0.74	18.9	25.5	44.4
C	40.7	15.4	5.93	93.6	269	50.6	87.1	0.58	18.8	**32.3**	51.1
D	43.4	17.1	6.59	94.7	288	57.6	72.2	**0.80**	20.0	25.0	45.0
E	43.8	**17.9**	6.18	**98.0**	241	46.3	63.9	0.72	19.2	26.5	45.7
コシヒカリ	43.8	15.3	5.77	83.9	265	64.6	93.1	0.69	24.4	35.2	59.6
産地平均	43.1	16.2	6.23	95.2	288	56.9	78.0	0.73	19.6	27.1	46.8

注　表中において玄米タンパク質含有率は最小値，そのほかの項目は最大値を太字で示した。産地平均はコシヒカリを除いた産地AからEの平均値を示す。コシヒカリは関東産を供試した。精米白度は玄米・精米白度計C-300（ケット科学研究所製），アミロース含有率はオートアナライザー（BLTEC社製）による。アミロース含有率は乾物換算，玄米タンパク質含有率はケルダール法による玄米窒素含有率に5.95を乗じて水分15%で換算した値を示す。良質粒率は品質判定機RS-2000（静岡製機社製）で測定した。アミノ酸分析は350メッシュ以下の精米粉を高速アミノ酸分析計L-8900（日立ハイテクサイエンス社製）で行なった

第2表　異なる産地の篤農家により生産された銘柄品種AKの食味官能評価

(松波ら，2016を改変)

産地	総合	外観	香り	味	粘り	硬さ	水分(%)
A	0.54**	1.07**	0.39**	0.46**	0.29*	0.18	14.6
B	0.15	0.75**	0.05	0.00	−0.05	−0.10	13.5
C	0.52*	1.04**	0.32*	0.24	−0.12	0.40*	13.8
D	0.43*	0.76**	0.33*	0.19	0.00	0.38	14.4
E	0.91**	1.33**	0.24	0.57**	0.14	0.38	14.1

注　基準は関東産コシヒカリとして，食味評価は，基準品種と比較して7段階で行なった。総合，外観，香り，味は+3（かなり良い）～−3（かなり不良），粘りは+3（かなり強い）～−3（かなり弱い），硬さは+3（かなり硬い）～−3（かなり軟らかい）として評価し，*，**はそれぞれ，5%，1%水準で基準と有意差があることを示す。表は16～29名の秋田県農業試験場職員および関係者で構成した。水分は米穀水分計ライスタf5（ケット科学研究所社製）で測定した

培する技術要素をあきらかにすることが極良食味米生産技術の確立に向けて重要である。

これまで，産地間で米の食味が異なることが複数報告されている。北部九州地域では食味が良く安定性のある地域と食味が低く安定性が低い産地に分類することができ，黒ボク土産地では可給態窒素が多く，土壌窒素無機化量が生育後期に増加してくるため，米のタンパク質含有率が高まり，食味が劣る。また，生育後期の窒素過剰は，直接的に米粒中の窒素含有率を高

め食味の低下に関与するとともに，間接的には多量の頴果の着生と受光態勢の悪化を生じて同化量が不足し，米粒内のデンプン蓄積が低下し，食味を低下させる。

一方，三重県の好評米地帯の米は粒が大きく，外観，食味が安定し優れている。さらに，わが国の代表的な銘柄品種の主産県において，産地の異なる特Aクラスの極良食味米集団のなかでも，玄米タンパクが低く，遊離アミノ酸含量が多く，アスパラギン酸含有率が高い産地Aの米は，炊飯米の味が優れ，粘りも良く食味官能評価がきわめて優れていた（第1，2表）。しかし，アミノ酸の成分特性に特徴はなくアミロース含有率が高く，良質粒率が優れる産地Eの食味官能評価は産地Aとほぼ同等の値を示した。

このように，良食味米のなかでも食味官能評価がきわめて優れる極良食味米が存在するものの，科学的に分析した呈味特性と食味官能評価に統一的な傾向はいまだ見出せていない。しかし，各産地における篤農家の水稲は一般農家の

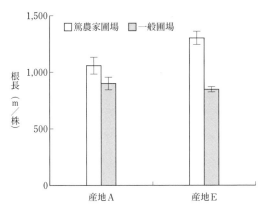

第3図 篤農家圃場と一般圃場の銘柄品種AKの根の長さ
図中の縦棒は標準誤差（n＝3）を表わす

水稲に比べ，穂と止葉が群落上層に分布し，受光態勢も良く，茎が太く，根の発達が優れる特徴がみられた（第3，4図）。したがって，篤農家の米の生産技術や生産環境と水稲の生育を科学的に検証し，極良食味米を生産するための技術要素や成立条件をあきらかにすることで極良食味米の栽培管理法を提示できると考えられる。

3. 良食味米生産圃場の水稲の特徴

上記のように極良食味米の存在があきらかとなり，極良食味米の生産技術および生産環境を科学的に検証し，極良食味米を生産するための技術要素や成立条件を明確化できる可能性が示唆された。しかし，極良食味米産地は主産地のなかでも一部の限定的な地域に限られる可能性が考えられる。そこで，代表的な米の主産地において広域的な範囲での良食味米生産者と一般生産者の圃場における主要銘柄品種の生育経過，収量，品質，食味関連形質を解析し，良食味米を生産するための水稲の生育と収量構成要素を生産現場レベルで検討した。ここで紹介する事例は，作況解析の基礎データをモニタリングする定点調査圃場（29定点）における銘柄品種AKの生育，収量および収量構成要素，玄

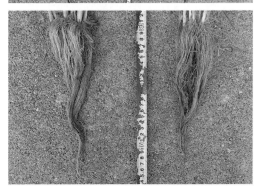

第4図 篤農家圃場（左）と一般圃場（右）の銘柄品種AKの稲体と根系
穂揃期において穂数が同数の株を撮影した

米外観品質，食味関連特性（良質粒率，味度値，アミロース含有率，玄米タンパク質含有率）を調査し，食味関連特性が優れる上位3圃場を良食味米生産圃場，その他を一般圃場として，各調査項目を比較，検討したものである。

食味関連特性が優れる米を生産している良食味米生産圃場の水稲の葉数，葉色は一般圃場の水稲とほぼ同様の推移を示す一方，茎数は一般圃場の水稲よりも低く推移した（第5図）。しかし，良食味米生産圃場の水稲では有効茎歩合

品種の持ち味を活かす

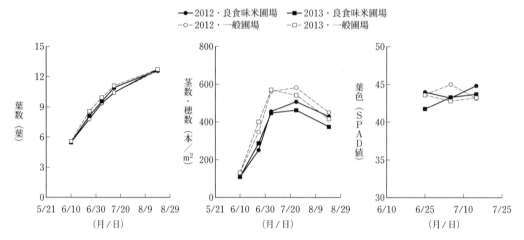

第5図 良食味米生産圃場と一般圃場の葉数，茎数・穂数，葉色の推移
図中の値は平均値（良食味米生産圃場：n＝3，一般圃場：n＝26）を示す

は高かった（第3表）。有効茎歩合が高い水稲は玄米タンパク質含有率が低い傾向を示し，分げつ盛期から最高分げつ期にかけての中干しや深水管理により弱勢な分げつの発生が抑制され，強勢分げつの穂を中心とした分げつ構成となり，有効茎歩合も高まり乳白粒の発生が著しく抑制される。つまり，良食味米生産者は，経験的に過剰な分げつを発生させず，効率よく強勢な穂数を確保し，米の食味ポテンシャルを発揮させる栽培管理を実践していることがあきらかとなった。

収量構成要素についてみると，良食味米生産圃場の水稲は，一般圃場の水稲に比べ，最高茎数が少ないため穂数はやや少なく，1m²当たりの総籾数も少ないことから収量性は若干劣った（第3表）。しかし，玄米の味度値と良質粒率は優れ，タンパク質含有率も低く，外観品質はほぼ同等という特徴がみられた。一般的に，籾数の過剰は整粒歩合の低下や精玄米のタンパク質含有率の上昇を引き起こし，食味を低下させる。また，1m²当たり籾数が多い状態で高温や寡照など登熟期のソース能が制限された場合，乳白粒が多発する。これらのことから，籾数の過剰は品質および食味低下のリスクを助長すると考えられる。したがって，食味を重視した栽培を実践する場合は，籾数の過剰に注意した分げつ制御と幼穂形成期の栄養診断に基づく追肥量の調整による1m²当たり籾数の制御が重要である。つまり，一般的な生育経過よりも最高茎数を少なく設定し，有効茎歩合を高めて穂数を

第3表 良食味米生産圃場と一般圃場における食味関連項目，収量，収量構

圃　場	味度値	アミロース含有率(DW%)	玄米タンパク質含有率(%)	良質粒率(粒数%)	最高茎数(本/m²)	穂　数(本/m²)	有効茎歩合(%)	一穂籾数(粒/穂)
良食味米	80.2	17.9	5.78	93.0	490	405	83.2	72.0
一　般	75.6	17.2	6.05	90.9	581	435	75.9	71.4

注　表中の値は2か年の平均値（良食味米生産圃場：n＝3，一般圃場：n＝26）を示す
　　味度値はトーヨー味度メーター（MA-90R2型），アミロース含有率はオートアナライザー（BLTEC社製）による
　　アミロース含有率は乾物換算，玄米タンパク質含有率は近赤外分光分析法により測定し，水分15％で換算した値を示す
　　良質粒率は品質判定器RS-2000（静岡製機社製）により測定し，未熟粒，被害粒，着色粒，胴割粒を除いた良質粒の割
　　玄米外観品質は（財）日本穀物検定協会東北支部による（1：1等上～9：3等下，カメムシの被害粒，胴割は除く）
　　精玄米重のカッコ内の数値は一般圃場を100％とした時の良食味米生産圃場の相対値を表す

若干減じた生育目標値とそれに対応した追肥基準を策定することで，広域的な生産現場において食味が優れる良食味米の安定生産が可能であることが示された。

*

おいしい米をつくるためには，健全な根を発達させるための土をつくり，活着が良好となる健苗の育成や高温登熟を緩和できる適期に適切な移植を行ない，低タンパクな玄米を生産する低次位・節位分げつを確保したあと，深水管理や中干しにより速やかに過剰な分げつを抑制する。また，幼穂形成期の栄養診断に基づく穂肥施用で籾数を適正に制御し，出穂期以降は高温対策と根の機能維持のための水管理（かけ流し，間断灌漑）を行ない，適期収穫したあとは，低めの温度設定で素早く乾燥・調製することが重要である。

しかし，現在，米の食味官能試験の評価項目で重要視されている炊飯米の白さや光沢などの外観，味，粘り，硬さ，香りと栽培環境（土壌，気象，水質など）や栽培技術との具体的な関連性はあきらかにされていない。このため，食味向上のための栽培技術は，米のタンパク質含有率の低下や白未熟粒の発生抑制など間接的な技術開発にとどまっている。今後，米の食味ポテンシャルを最大限発揮させる栽培技術の開発やこれまでにない極良食味米品種の育成を効率的に行なうためには，良食味米の生産環境（土壌，気象など）と水稲の生育や収量構成要素の交互作用を理解することが重要である。そして，良食味米産地の地理的，気候風土的な成立条件が

成要素，品質

総籾数 ($\times 10^3/m^2$)	登熟歩合 (%)	千粒重 (g)	精玄米重 (kg/a)	玄米外観品質 (1〜9)
29.2	89.9	22.5	55.2 (97)	2.8
30.8	88.2	22.4	56.9	3.0

合を示す

あきらかとなることで，極良食味米産地または広域的な良食味米産地の形成に向けた具体的な栽培指針を提示することが可能であると考えられる。

最後に，米の食味ポテンシャルを発揮させる栽培技術の進展は，わが国の米つくり技術のさらなる向上だけでなく，これまで培ってきた稲作文化の継承にも結びつくと考えられる。そして，世界のなかでも最高味を誇る米の産地としてその地位をわが国が確立することで，外国産のジャポニカ米との明確な差別化がはかられ，わが国が今後も世界の米つくりを牽引していくことを期待される。

執筆　松波寿典（農研機構東北農業研究センター）・金　和裕（秋田県農林水産部）

参 考 文 献

荒幡克己．2001．長期視点から見た日本農業の競争力―固有の要素と非価格競争の可能性―．農業経済研究．**73**，36―44．

福井清美・小林陽．1996．食味官能検査．山本隆一・堀末登・池田良一共編．イネ育種マニュアル．養賢堂，東京．74―76．

松江勇次．1992．少数パネル，多数試料による米飯の官能検査．日本家政学会誌．**43**，1027―1032．

松江勇次．2012．作物生産からみた米の食味学．養賢堂，東京．37―126．

松村修．2011．特集，2010年夏季の異常高温と農業被害―水稲を中心として―：3．高温による米品質被害の発生メカニズムと助長要因，ならびに技術対策．自然災害科学．**30**，178―182．

松波寿典．2015．国産ジャポニカ米の美味しさと競争力向上に向けた栽培学的アプローチ．伊東正一編．世界のジャポニカ米市場と日本産米の競争力．農林統計出版，東京．172―177．

松波寿典・児玉徹・佐野広伸・金和裕，2016．美しい米作りのための栽培学的アプローチ．日作紀．**85**，231―240．

岡村保・松永次雄・芦田憲義．1968．籾の乾燥と米の理化学性（第1報）．栄養と食糧．**21**，203―207．

田家邦明．2015．価格戦略とコメ市場の特性．農業研究．**28**，135―165．

品種の持ち味を活かす

寺島一男・齋藤祐幸・酒井長雄・渡部富男・尾形武
　文・秋田重誠. 2001. 1999年の夏期高温が水稲の
　登熟と米品質に及ぼした影響. 日作紀. 70, 449
　—458.

多収水稲品種北陸193号の早植栽培に適した育苗法

現在，農地の集積により大規模面積を扱う農業経営体が増加してきている。大規模な経営体で低コスト化をはかる方法の一つとして，作期拡大により作業分散を行なうことで農業機械の利用率を高めることがあげられる。そのため，今後は早植栽培や晩植栽培への関心がより高まっていくと考えられる。

水稲品種'北陸193号'は，寒冷地南部～暖地の広い範囲で1,000kg/10aほどの単収を記録している収量性に優れた品種である。育成地の寒冷地南部では出穂期が晩生の晩に属し，早植を行なうことで出穂が早まり，秋口の低温を避けることで登熟が向上する。このため，'北陸193号'は主力品種よりも早く移植し，おそく収穫できるような作期分散に適用可能な品種である。

しかし，早植栽培では育苗を慣行栽培より早い春先の低温時に行なうため，苗の草丈が短くなるなどの生育不良が生じやすくなる。'北陸193号'の苗の草丈は十分な移植精度を維持するのに必要とされるような7cm（桐山，1991）を下まわることもあり，移植後に苗が土に埋没し枯死に至ったり，それを回避するための浅植えや植付け姿勢の悪化により浮苗が増加したりすることが栽培上の問題となっている。さらに移植後も低温となる早植栽培では，分げつ不足で減収になることもある。

そこで，育苗期間が低温の条件でもとくに苗の長さや，移植後の初期生育を確保できるような苗の育成法について紹介する。

(1) 低温時の苗質改善のための考え方とポイント

'北陸193号'や'タカナリ'などの多収のインド型品種には，低温に弱い品種が多い。インド型品種で，低温により生育不良をきたしたさいの苗に共通する特徴として，葉色が薄くなり，苗が短く，茎葉重が小さくなることがあげられる。茎葉重の減少には，葉色の低下に伴う光合成能力の低下と，光合成反応そのものの低温抑制が関与していると推察される。こうした点に着目すれば，苗質の改善法としては，増肥により窒素吸収量を高め，低温条件での葉色の維持をはかることや，何らかの方法で保温や加温を行なうことが考えられる。

苗を伸ばすことを主目的とすると，追肥や温度処理を行なうべき時期は，目標となる苗の葉齢により異なる（第1図）。これは，追肥・温度処理ともに，とくに急生長中の葉身や葉鞘の長さに影響するためである。たとえば，稚苗の草丈はおよそ第3葉（不完全葉を含む）の葉身と葉鞘の長さで決まることから，出芽から第2葉の抽出期ころまでの間の処理が重要となる。一方で，第4葉の葉身と葉鞘長で決まる中苗以上の苗を伸ばすには，出芽期以降の処理が必要と考えればよい。

気温の影響を直接的に受ける露地育苗において，低温に弱いインド型品種の苗の茎葉重を十分に確保できる温度処理法は確立されていない。そのため，以下に示す処理法はビニールハウスなどの設備内で行なうことを前提としている点に注意してほしい。

(2) 浸種から出芽期までの温度処理の影響

①浸種時の水温

'北陸193号'などのインド型品種では，あまり低水温で浸種を行なわないように注意が必

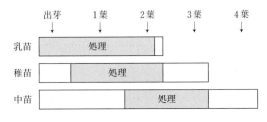

第1図 苗を伸ばすためにとくに重要と考えられる追肥や温度の処理時期（不完全葉も数える）

品種の持ち味を活かす

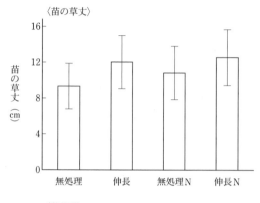

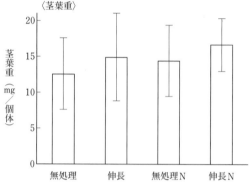

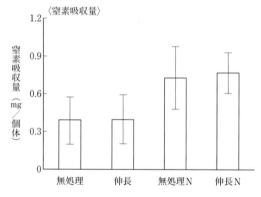

第2図　出芽期伸長処理と育苗期追肥による苗の重量と草丈の変化
(Ohsumi et al., 2015をもとに作図)
Nは追肥を行なったことを示す

要である。10℃程度の低水温で長期間にわたって浸漬を行なうと，十分に休眠打破処理を行なった種子でも休眠が戻ってしまうことがある。これを2次休眠と呼ぶが，インド型品種には2次休眠を誘導しやすい品種が多い。とくに浸種初期が低温の場合に2次休眠により発芽率が低下しやすくなる。

反対に浸種時の温度が高すぎると発芽が不揃いになりやすいが，13〜15℃の適度な範囲であれば温度は高いほど，播種2週間後の苗の草丈や茎葉重が大きくなることも報告されている。

②出芽期伸長処理の方法

播種後の加温処理法として，乳苗移植のための育苗法（姫田，1994）が参考となる。乳苗の育苗では，密播した苗箱を加温出芽器で出芽させ，移植に必要な7〜9cmの長さに伸ばしたのち，数日以内に移植を行なうのが基本となる。ここで紹介する出芽期伸長処理も，加温出芽器を用いた育苗法である。

まず目標の苗の適量を播種した苗箱を育苗器に棚置きし，28℃で苗長が5cm以上となるまで伸ばす。適切に催芽を行なった'北陸193号'の種子であれば，出芽器内の温度を28℃に設定すると，およそ2日後に出芽し，さらに3日ほどおくと5cm以上となる。その後ビニールハウス内に搬入し，慣行栽培どおりの育苗を行なうこととなる。

出芽期伸長処理は，乳苗育苗と比べると長い育苗期間が必要であり手間はかかるが，期間が長いので根張りやマット強度を確保しやすく，苗の老化の心配も少ない利点がある。ただし，低温に弱いインド型品種では出芽期伸長処理後にビニールハウス内で低温が続く場合に葉色が濃くなりにくいため，日本型品種よりも緑化に長い期間を要する。

③出芽期伸長処理の効果

出芽期伸長処理により，育苗日数が同じであっても'北陸193号'の苗を2cm以上伸ばすことができる（第2図）。出芽期伸長処理を行なうと，緑化開始時の茎葉重が無処理よりも大きくなっている。播種後が高温なことで種子の胚乳が多く消費され茎葉部の生長に利用されたことが要因である（第3図）。出芽器内で加温される期間は2葉抽出期までであり，第3葉葉身＋葉鞘が長くなるので草丈は大きくなるが，4葉にはあまり影響しないので葉齢はかえって小

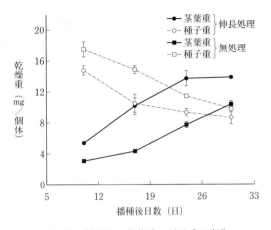

第3図 播種後の茎葉重と種子重の変化

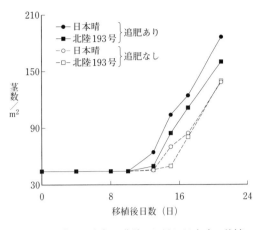

第4図 追肥の有無が北陸193号と日本晴の移植後の分げつ発生に及ぼす影響
(Ohsumi et al., 2015をもとに未発表データを追加)

さくなってしまう。さらに，強制的に苗を伸ばす処理であるため，健苗の目安とされる苗の充実度（茎葉重／草丈）が低下するが，移植後の活着や乾物生産も無処理苗と比較して低下することはない。

出芽期伸長処理は，'北陸193号'の苗の草丈を長くするのに有効ではあるものの，育苗器内では苗箱を積み重ねることができないため，一度に多量の苗箱を処理できない問題がある。代替となる方法として，慣行法で出芽させたあとに保温シートを長期間かけ，緑化させながら草丈を通常より長く伸ばしたのちにシートを取り払うことで，苗を伸ばすことも検討されている。

(3) 追肥による苗質の改善

先に述べたとおり，低温育苗時の葉色の低下は窒素追肥を行なうことで改善できる可能性がある。また，健苗であっても移植後の低温や低日射で生育不足となる場合には，最終的に穂数不足となり減収になることもある。本田では，基肥を増やすことで初期生育量を向上させれば，穂数の減少を軽減できることが知られている。そのため，育苗期の追肥により移植時の苗の窒素含有率を高め，苗質だけでなく移植後の初期生育も改善できればより良いと考えられる。

そこで，苗質改善とともに移植後の生育改善をねらい，一般に育苗で推奨されるよりも多い追肥量を設定した試験について紹介する。試験で行なった追肥処理では，2葉期と3葉期の2回に分け，それぞれ苗箱当たり窒素成分量で1.5gと2.5gずつ硫安を水に溶かし施用している。

いくつかの'北陸193号'の試験結果を平均すると，追肥処理による苗の草丈増加効果は1～2cm程度であり，出芽期伸長処理を行なうよりも効果は小さい（第2図）。茎葉重の増加程度は13％ほどで，出芽期伸長処理と同等の効果が認められ，苗の窒素吸収量は2倍に高まった。このような窒素含有量の多い苗を移植すると，'北陸193号'だけでなく'日本晴'でも葉齢の進展が早まり，分げつ発生も早まる（第4図）。すなわち，育苗期の追肥は低温条件での移植後の活着促進に有効と考えられる。

ただし，'北陸193号'の分げつ発生は葉齢に依存したものであり，生育が進むにつれ茎数の差は小さくなる。育苗期追肥は，晩生で生育期間の長い'北陸193号'のような品種よりも，穂数確保の点では早生の品種でより有効であろう。

追肥を2回に分けて行なうことは，育苗・播種期を複数回設定している大規模農家ではとくに煩雑であるし，追肥の回数や施肥量についてはまだ検討の余地があると考えられる。また，

品種の持ち味を活かす

苗の窒素吸収量の増加は，追肥を行なうだけでなく，もとの育苗培土に窒素肥料を多く含ませておくことでも可能である。実際に，窒素成分量の多い寒地や寒冷地用の培土を利用することで，育苗期が低温の条件でも苗の草丈や茎葉重が多くなることを確認している。

(4) マルチ被覆による保温

①ビニールハウスと天候の影響

ビニールハウスは日中の生育温度を上げるのに有効であるが，どうしても天候の影響を受けてしまう。生育温度をより高めるには，ビニールハウスの側面を閉じたままにしておくのが有効であるが，日による温度変動が大きくなることで苗の生育予想がむずかしくなる。ハウス内の温度は日射に依存するため，晴天日は過剰なほど温度が上がってしまう一方で，曇天日の温度上昇は小さくなるからである。

また，ハウス育苗での夜の保温効果はあまり期待できない。夜間は，ビニールにより外気との空気の移動が遮断され，風もないので放射冷却が起きやすく，外気温よりもビニールハウス内のほうが温度が低下することもある。さらに低温の日にはハウス内で霜が発生し苗に降りることで，茎葉が低温により黄化したり，葉先が枯れたりすることもある。

こうした放射冷却やそれに伴う降霜の回避には，ハウス内で保温資材をかけることや，扇風機や暖房器具により空気の撹拌を行なうことが有効とされる。

②マルチ被覆の方法と苗の周辺温度

ビニールハウスの被覆資材は，二重にすることで保温効果を高めることができる。ここでは，ビニールハウス内に置かれた育苗箱にビニールマルチをかける方法（マルチ被覆）を紹介する。この試験で用いたビニールハウスは苗箱付近の気温が20℃以上になると側面が開き，10℃以下で閉じる自動開閉式であった。晴れた日の多くは朝に開き，夕方に閉じるので，手動で管理するのと同様の条件である。

マルチ被覆処理では，苗を慣行法で出芽させ，ビニールハウス内で緑化したあとに，苗箱

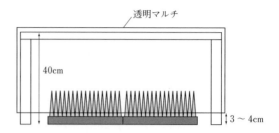

第5図　マルチ被覆処理の模式図
40cm高の枠から無色の透明マルチを設置し，側面は地面から3～4cm開ける

から40cmの高さに組んだ枠から無色の透明マルチを垂れかける（第5図）。マルチは側面を地面まで覆うと，温度が過剰に高くなり苗に障害がでることも予想されるので，側面は地面と透明マルチの間に高さ3～4cmの隙間をあけ，自然に空気の交換が起こるようにした。処理期間中，透明マルチの側面位置は上下させることなく，定位置で固定したままとするので，日々の管理はビニールハウスの側面の開閉と水やりのみで特別な管理は必要としない。

枠を組むことや側面下を3～4cmあける設定は簡便ではないかもしれないが，たとえばアーチでトンネル育苗を組み，マルチを上から地面まで張ったあとに側面下方に穴をあけることでも同様の効果が得られると予想される。

マルチ被覆処理での苗の周辺温度は，被覆を行なわない条件と比べて日平均で4℃高く，夜間の最低温度も3℃以上高くなっていた（第6図）。結果として，'北陸193号'の葉齢の進みに差は生じなかったが，マルチ被覆により第3葉の葉鞘長が長くなり，苗の草丈は3.5cm増加していたので（第7図），出芽期伸長処理と同等以上に苗の草丈を増加させる効果があることがわかる。また，マルチ被覆を行なった条件でも，追肥を行なうことで苗はさらに伸び，無処理にくらべ5cmも長くなっているが，年次でいくらか変動するとも思われる。また，マルチ被覆を行なった苗の茎葉重は，無処理と比べ10％程度高まる結果が得られており，温度環境を改善できれば苗の生育量は向上することが確認されている。

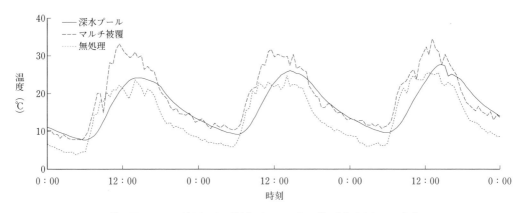

第6図　マルチ被覆および深水プールによる苗の周辺温度の日変化
(大角ら，2017を改変)

無処理とマルチ被覆は気温，深水プールは水温の値

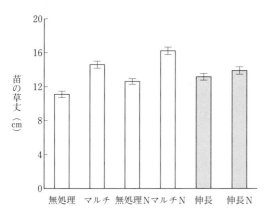

第7図　マルチ被覆による苗の草丈増加効果と
　　　出芽期伸長処理との比較
(大角ら，2017をもとに作図)

Nは追肥を行なったことを示す

(5) 深水プール育苗の効果

①プール内の水の保温性

育苗管理を行なううえで簡単な保温方法として水深を高めたプール育苗が考えられ，苗の生育反応は水深によって異なる。試験で行なったプール育苗では，葉齢が2に達する（不完全葉を含む）までは地面から1cm以下の低水位とし，それ以降に水位を上げ，苗箱の上面から2cm（浅水プール）と5cm（深水プール）の2水準に水位を設定し，比較を行なった。水位を上げるときに苗の草丈が5cmに満たない場合，深水プール処理では苗が水没してしまうことになるが，そうならないよう苗の上端がちょうど水面に相当する深さに水位を設定し，苗の生育に合わせて草丈が5cmとなるまで徐々に水位を引き上げた。水位の目安としては，表面張力で葉先が水面から点々と顔を出す程度の深さでよい。

それぞれのプール処理は同一のプールで行なっており，浅水プール処理では苗箱の下に厚み3cmの板を敷くことで深水プール処理と水深差をつけていた。このため，試験での浅水プール処理と深水プール処理に水温差はなかった。

最高温度を比較するとプール内の水温はハウス内の気温とそれほど変わらなかった（第6図）。水のもつ高い保温性により，朝方の最低水温は気温ほど下がらないため，日平均水温はハウス内の気温よりも3℃以上高くなっていた。

結果として，どちらの処理も生長点が気温よりも平均温度の高い水面下にあるため，浅水プールでも無処理苗（水位1cm以下の底面給水で育成）に比べ1cmほど‘北陸193号’の苗を長くすることが可能である（第8図）。いっぽう，深水プールでの苗の増加長は2.9cmと，浅水プールによる増加長より大きく，水深が深いほど苗を長く伸ばせることになる。

品種の持ち味を活かす

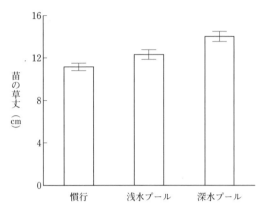

第8図　浅水プール（箱上水位2cm）と深水プール(5cm)による苗の草丈増加効果
（大角ら，2017をもとに作図）

②注意点と適用品種

深水プール処理とマルチ被覆処理，効果を比較すれば，マルチ被覆処理では茎葉重が増加するのに対し，深水プール処理では減少する傾向があり，生育量に及ぼす影響は異なる。深水プール処理により，根量も含めた生育量が減少するため，深水プールでは年によりマット強度が低下することもあるので注意が必要である。このため深水プール処理については，移植作業に必要なマット強度を維持する処理時期や期間の短縮を検討する余地がある。

深水プール育苗の品種適用性を確認するため，'北陸193号'以外の品種で苗が短いとされるインド型の'オオナリ'（'タカナリ'の脱

粒性を改善した突然変異系統）や日本型の'ひとめぼれ'や'あきだわら'などについても調査を行なった（第9図）。結果として，いずれの品種でも2.0〜2.8cm苗の草丈を長くできたことから，さまざまな品種で適用可能な方法であると推察される。

③追肥との組合わせ

プール育苗中に培土面を空気中に露出させると，籾枯れ細菌病などの発生を助長することになるため，途中で落水を行ない二度の追肥を行なうことは推奨できない。ただし，一度目の追肥を省略し，移植の数日前に落水し窒素追肥を行なうだけでも，ある程度窒素含有量を高めることが可能である。第1表で示す試験では，深水プールに加え移植4日前に箱当たり2.5gの窒素を追肥したものであり，苗の窒素含有量は3割増加している。深水プールと追肥を組み合わせ育成した苗は無処理苗より6cmほど長く，出芽期伸長処理と同様に苗の充実度（茎葉重/苗の草丈）は大きく低下したものの，機械移植3週間後の生育量は向上していた。そのため，'北陸193号'では窒素含有量が減少していなければ，苗の充実度は移植後の生育にあまり影響しないとも考えられる。

この試験での無処理苗の草丈は8.2cmであり，精度よく移植を行なうことができるとされる長さより長かったものの，欠株率は6.2％で小さくなかった。これに対し，深水プールと追肥を組み合わせた方法で育成した苗では，欠株率はおよそ半減しており，苗の草丈増加は植付け精度の向上に有効なことが再確認された。

*

育苗期や移植後初期が低温となる早植栽培において，'北陸193号'では苗の草丈を伸ばし，窒素含有量を高めることが移植後の活着や初期生育の改善に重要である。ここで紹介した出芽期伸長，マルチ被覆処理，深水プール処理のそれぞれで苗の草丈増加効果はいくらか異なるか

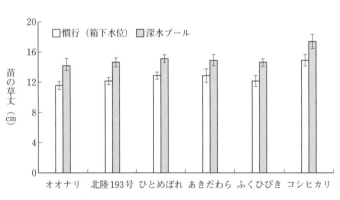

第9図　さまざまな品種における深水プール処理の苗の草丈増加効果

第1表　実証試験での苗の特性と移植後の生育量および欠株率

（大角ら，2017をもとに作成）

	移植時			移植3週間後		出穂期
	草　丈 （cm）	茎葉重 （mg/個体）	窒素含有量 （mg/個体）	茎葉重 （mg/個体）	窒素含有量 （mg/個体）	欠株率 （%）
無処理	8.2	19.4	0.53	100.7	3.1	6.2
深水プール＋追肥	14.2	18.8	0.68	126.6	3.8	3.3

注　移植は田植機により行なった。追肥は移植4日前に落水し，箱当たり2.5gの窒素を水に溶かし施用

もしれないが，いずれの方法も苗の草丈確保に十分な効果があると考えられる。なお，深水プールの試験では，追肥を移植前に一度行なうだけでも初期生育が改善されたことから，適切な追肥量や育苗培土の窒素含量についてはさらに検討が必要であろう。

　　執筆　大角壮弘（農研機構中央農業研究センター
　　　　北陸研究拠点）

参 考 文 献

姫田正美. 1994. 水稲の乳苗移植栽培技術［1］―そ
の研究成果と今後の課題―. 農業および園芸. **69**,
679―683.

桐山隆. 1991. 乳苗移植における植付け精度. 北陸
作報. **26**, 20―21.

Ohsumi, A., H. Heinai and S. Yoshinaga. 2015.
Nursery management for improving seedling length
and early growth after transplanting in a semi-
dwarf rice cultivar Hokuriku 193. Plant Prod. Sci.
18, 407―413.

大角壮弘・平内央紀・吉永悟志. 2017. 半矮性イン
ド型水稲品種北陸193号の早植栽培における苗の
伸長法. 日作紀. **86**, 50―55.

北海道の酒造好適米（酒米）の農業特性と酒造適性

　北海道は高緯度に位置し，東北以南の府県に比べて夏の日長が長いため，感光性が強く，感温性の弱い府県の水稲品種が適応しない。たとえば，北海道で'コシヒカリ'や'山田錦'を栽培すると出穂期が大きく遅れて未成熟になるか，未出穂のまま秋を迎える。したがって，北海道では，独自に北海道の自然環境に適応する，感光性が弱く，感温性の強い水稲品種を開発しなければならない。

　府県では，民間育種家の手によって'雄町'（1908年，岡山県の優良品種に認定）などの酒造好適米（酒米）品種が選出され，これらを用いて，'山田錦'（1936年育成）をはじめ，'五百万石'（1957年育成），'美山錦'（1978年育成）などの酒造適性に優れる多くの酒米品種が育成された。

　一方，北海道では，米の生産過剰と高い減反率を背景に，1970年以降は，主食用米の品質改善，とくに食味改善に力点をおいて育種を行なってきたため，酒米育種は府県に比べて大きく遅れた。しかし，1990年から酒米育種に着手し，これまで4つの酒米品種（'初雫''吟風''彗星'および'きたしずく'）が育成された。

1. 北海道で育成した酒米品種

（1）初　雫

　大粒，多収品種の'マツマエ'と韓国稲間の交配により育成された多収系統'上116'のF₁を母親に，耐冷性の強い多収系統の'北海258号'を父親にした交配により，1998年に農林水産省北海道農業試験場（現，独立行政法人農業・食品産業技術総合研究機構北海道農業研究センター）で育成された（第1図）。

　大粒で，耐冷性が強く，いもち病抵抗性が強い多収品種で，北海道の優良品種に酒米専用品種として初めて認定された。酒質は端麗辛口の傾向がある（第2図）。

　'初雫'は当初の育種目標が酒米ではなかったため，F₆世代までは酒造適性に関する試験は行なわれず，心白発現率が主食用米品種並に低かった（荒木ら，2002）。さらに，主食用米品種の'きらら397'に比べて玄米品質と吸水性が劣った。そのため最大作付け面積は2001年の32haにとどまり，2006年以降は作付けされていない（第3図）。

（2）吟　風

　広島県の酒米品種'八反錦2号'（1983年育成）と北海道の多収系統'上育404号'のF₁を

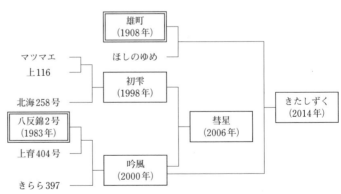

第1図　北海道の酒米品種の系譜
（田中ら，2015を一部改変）

一重囲みは北海道の酒米品種，二重囲みは府県の酒米品種を示し，その他は主食用米品種または系統を示す。囲み中の（　）は育成年または優良品種認定年を示す

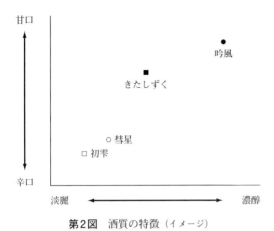

第2図 酒質の特徴（イメージ）

母親に，主食用米品種'きらら397'を父親にした交配により，1999年に北海道立中央農業試験場（現，北海道立総合研究機構農業研究本部中央農業試験場）で育成され，2000年に北海道の優良品種に認定された（第1図）。

北海道で初めての心白発現率が高く，大粒である代表的な酒米品種で，いもち病抵抗性が強い。酒質は濃醇甘口の傾向がある（第2図）。作付け面積は北海道の酒米品種の中でもっとも大きく，220ha（北海道の酒米全作付け面積の74.0％，2014年）である（第3図）。

栽培上の注意として，穂ばらみ期耐冷性が他の酒米品種に比べて劣るため，冷害年での不稔の多発によるタンパク質含有率の上昇を招きやすいので，作付け地域の選択や深水灌漑などの冷害対策の徹底が重要である（丹野ら，2002）。また，多窒素栽培はタンパク質含有率を上昇させ酒造用原料としての品質を低下させるとともに，耐冷性を低下させるので，北海道の「施肥標準」を厳守する。初期分げつの発生が劣るので，北海道の水稲栽培基準の栽植密度を守り，初期生育を促進させる。

（3）彗 星

'初雫'と'吟風'の交配により，2006年に北海道立中央農業試験場（現，北海道立総合研究機構農業研究本部中央農業試験場）で育成され，北海道の優良品種に認定された（第1図）。収量性，耐冷性に優れ，いもち病抵抗性が強く，'吟風'が作付けできない地域でも生産が可能である（田中ら，2011）。心白の発現率は'吟風'より低い。'吟風'に比べて，穂ばらみ期耐冷性が強く優れるが，開花期耐冷性は'吟風'並に弱い"極弱"である。タンパク質含有率は'吟風'に比べて低い。酒質は淡麗辛口の傾向がある（第2図）。作付け面積は'吟風'に次いで大きく，55ha（同18.5％，2014年）である（第3図）。

栽培上の注意として，タンパク質含有率が高いと酒質を低下させる要因となるので，多肥栽培は避ける。初期分げつが少ない傾向にあるので，北海道の水稲栽培基準の栽植密度を守り，初期生育を促進させる。

（4）きたしずく

岡山県の酒米品種'雄町'と北海道の耐冷性の強い主食用米品種'ほしのゆめ'とのF₁を母親に，'吟風'を父親にした交配により，2010年に北海道立総合研究機構農業研究本部中央農業試験場で育成され，2014年に北海道の優良品種に認定された（第1図）。止葉は傾斜し，穂首の位置が交配親の'雄町'と同様に止葉に対して上部にくる傾向があ

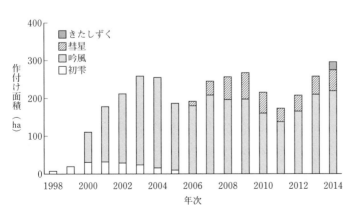

第3図　北海道の酒米品種作付け面積の推移
（北海道酒造組合調べ）

品種の持ち味を活かす

第4図　成熟期の草姿

撮影場所：北海道立総合研究機構農業研究本部上川農業試験場（2017）
左：吟風，中：彗星，右：きたしずく

り，受光体勢は'吟風''彗星'に比べて劣る（第4図）。大粒で心白発現が良好な酒米品種である（第5図）。また，千粒重が重く多収であり，障害型耐冷性が強く，冷害年のリスク軽減に貢献できる。酒質は'吟風''彗星'と異なり，雑味が少なく柔らかい味となる（第2図）。作付け面積は22ha（同7.5％，2014年）である（第3図）。栽培上の注意として，タンパク質含有率が高いと酒質を低下させる要因となるので，多肥栽培は避ける。

2. 北海道の酒米の生産概況

北海道産米が清酒生産に本格的に使用されるようになったのは，'吟風'の作付け面積が増えた2000年以降である。北海道の酒米品種の作付け面積は，日本酒の需要減の影響で2010年から減少傾向にあったが，特定名称酒（純米酒や吟醸酒など）の需要が伸び，2012年から再び増加に転じた（第3図）。北海道の酒造会社での酒造原料に占める北海道の酒米の使用割合は1999年以降に増加し，2008年には府県の酒米使用割合と同等となり，2013年には府県の酒米使用割合を上回った（第6図）。

また，北海道の酒米の約30％が府県の酒造会社に出荷されている（ホクレン農業協同組合連

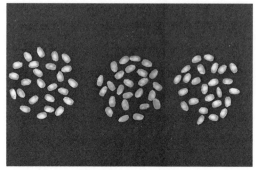

第5図　玄米の形状

写真提供：北海道立総合研究機構農業研究本部中央農業試験場
左：吟風，中：彗星，右：きたしずく

合会からの聞き取り，2015年）。2003年から，北海道の酒造会社の北海道産酒米を100％使用した清酒が全国新酒鑑評会で金賞を受賞している（酒類総合研究所，日本酒造組合，2003～2013年）。

3. 府県の酒米品種との比較

今後，北海道の酒米の評価を高めて需要量を増やすためには，北海道の酒米の酒造適性を府県の酒米以上に向上させる必要がある。そこで，2008～2012年の北海道と府県の酒米品種における農業特性と酒造適性の比較を行ない，

北海道の酒造好適米（酒米）の農業特性と酒造適性

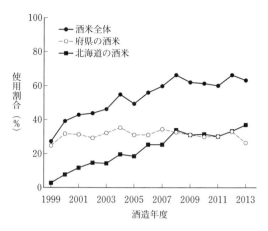

第6図 北海道の酒造会社での酒造原料米（主食用米含む）に占める酒米の使用割合の推移

第8図 府県の酒米品種と吟風の稲株サンプル
（写真提供：旭川市「男山酒造り資料館」）
右端の吟風は府県の酒米品種に比べて稈長があきらかに短い

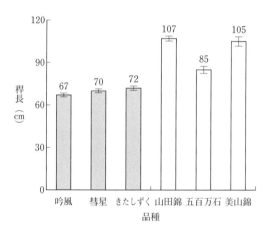
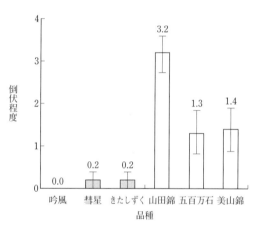

第7図 稈長と倒伏程度

北海道の酒米3品種は現北海道立総合研究機構中央農業試験場，山田錦は兵庫県農林水産技術総合センター，五百万石は石川県農林総合研究センター，美山錦は長野県農事試験場における，それぞれ2008〜2012年の水稲奨励品種決定基本調査成績データベース（農業・食品産業技術総合研究機構作物研究所稲研究領域）の値による。縦棒は標準誤差（n＝5）を示す。第9〜11図も同様
倒伏程度は発生程度を0（無）〜5（甚発生）の6段階で評価したスコアの値

品種間の差異をあきらかにした。

(1) 農業特性

稈長では，北海道のいずれの酒米品種も80cm以下で，府県のいずれの酒米品種に比べてもあきらかに短かった（第7図左，第8図参考）。北海道の酒米品種間の差異は小さかったが，府県の'五百万石'は'山田錦''美山錦'に比べて短かった。

倒伏程度では，北海道のいずれの酒米品種も無〜なびき程度で，府県のいずれの酒米品種に比べてもあきらかに小さかった。北海道の酒米品種間の差異は小さかったが，府県の'山田錦'は'五百万石''美山錦'に比べてあきらかに大きかった（第7図右）。

穂長では，北海道のいずれの酒米品種も

85

品種の持ち味を活かす

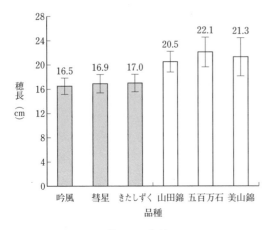

第9図　穂長

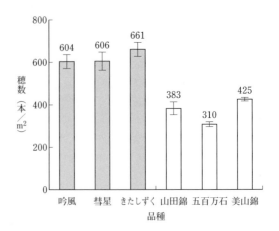

第10図　穂数

20cm以下で，府県のいずれの酒米品種に比べても短い傾向があった（第9図）。北海道と府県はともに，それぞれの酒米品種間の差異が小さかった。

　穂数では，北海道のいずれの酒米品種も600本/m²以上で，府県のいずれの酒米品種に比べても，あきらかに多かった（第10図）。北海道の'きたしずく'は'吟風''彗星'に比べて，府県の'美山錦'は'山田錦''五百万石'に比べて，それぞれ多い傾向があった（第10図）。

　玄米収量では，北海道の酒米品種は592～613kg/10aで，府県の'山田錦''五百万石'に比べてあきらかに多く，'美山錦'に比べてもやや多い傾向があった（第11図）。北海道の'吟風'は'彗星''きたしずく'に比べてやや少なく，'美山錦'は'山田錦''五百万石'に比べて多い傾向があった。

　このように，北海道の酒米品種は短稈で穂長が短く，穂数が多い中間型または偏穂数型であるのに対して，府県の酒米品種は長稈で穂長が長く穂数が少ない穂重型であり，両地域で酒米品種の草型は大きく異なる。北海道のいずれの酒米品種の系譜にも'きらら397'や'ほしのゆめ'などの穂数型の主食用米品種があり，府県の酒米品種の'八反錦2号'や'雄町'に，これらの主食用米品種を交配し選抜することによって，酒造適性を導入してきた（第1図）。このような両地域の酒米品種の系譜の違いが草

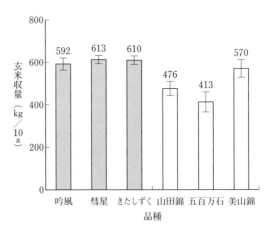

第11図　玄米収量

型の違いに反映していると考えられる。

　また，北海道の酒米品種は府県の酒米品種に比べて，稈長が短かったことが関係して倒伏程度が小さく，穂数が多いことが関係して玄米収量が多い傾向があったと推察される。農業特性に関しては，総じて北海道の酒米品種はこれらの府県の酒米品種に比べて優ると考えられる。

(2) 酒造適性

　酒類総合研究所（広島県東広島市）に事務局がある酒米研究会では毎年，日本全国から酒造用原料米を集めて，酒造適性に関する15項目を酒造原料米全国統一分析法（酒米研究会 http://www.sakamai.jp/，1996年）で分析し，

結果をデータベース化して会員に公開している。

このデータベースのうち，とくに重要と考えられる7項目の2008～2012年のデータと同年の水稲奨励品種決定基本調査の心白発現率の結果を利用して，北海道と府県の酒米品種の酒造適性を比較した。これらの酒造適性に関する項目は清酒の製造過程にさまざまな影響を及ぼす（第12図）。酒造適性に関する各項目の説明は第1表に示した。

①千粒重

酒米は粒大が大きく千粒重が重いほど搗精歩留りが高く，吸水特性が良い（前重・小林，2000）。千粒重では，北海道の'吟風'が23.7gでもっとも軽かったが，'彗星'（25.4g），'きたしずく'（25.9g）は府県の'五百万石'，'美山錦'に比べてやや重い傾向があった。しかし，'山田錦'に比べると軽かった（第13図）。北海道の酒米品種内では'きたしずく'が，府県の酒米品種内では'山田錦'がもっとも重かった。

②砕米率

砕米率では，北海道のいずれの酒米品種も府県のいずれの酒米品種に比べても，あきらかに低かった（第14図）。北海道と府県はともに，それぞれの酒米品種間の差異が小さかった。

③心白発現率

心白発現率では，北海道の'彗星'が59.6％でもっとも低かったが'吟風'（84.8％），'きたしずく'（88.0％）は府県の'山田錦'に比べて高かった（第15図）。

酒米は，粒大が大きく心白発現率が高くなると，砕米率が高くなる傾向があり，吟醸酒などの製造時のような精米歩合50％以下での高度精白適性が低下する（池上・世古，1995）。第16図に'吟風'の高度精白のようすを示した。

'吟風''きたしずく'は'山田錦'に比べて心白発現率がやや高かったにもかかわらず，砕米率は低かった。'吟風''きたしずく'の高度精白適性は'山田錦'に比べて高いと考えられる。また，砕米率は心白の形状や米粒中で

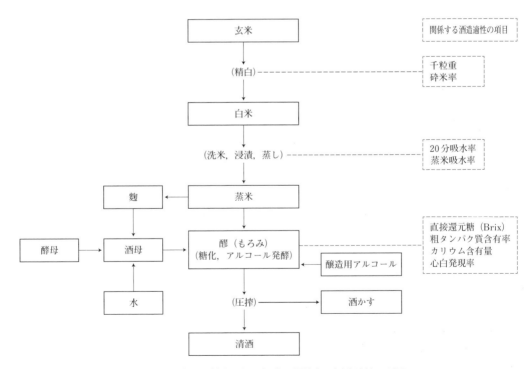

第12図　清酒の製造工程の概略と関係する酒造適性の項目

（兵庫県酒米研究グループ，2010を一部改変）

品種の持ち味を活かす

第1表　酒造適性に関する項目

項　目	説　明
千粒重	値が大きいほうが良い。24.5g以上が酒米の目安とされ，値が大きいと精米時間が短く，精米歩留りが高い
砕米率	値が小さいほうが良い。値が小さいと精米歩留りが高く，精米の粗タンパク質含有率が相対的に低い
20分吸水率，蒸米吸水率	値が大きいほうが良い。白米および蒸米の吸水性を表わし，値が大きいと作業性に優れ，消化性（溶解性）が高い
直接還元糖（Brix）	値が大きいほうが良い。値が大きいと消化性（溶解性）が良い
粗タンパク質含有率	値が小さいほうが良い。値が大きいと酒に雑味が生じたり着色の原因になる
カリウム含有量	値が小さいほうが良い。値が大きいと麴菌の増殖が過進するため麴をつくりにくい
心白発現率	値が大きいほうが良い。心白の発現頻度を示し，心白発現率の高い米は，麴菌の菌糸のハゼ込みが良好で，良い麴になる

注　北海道農業試験会議（成績会議）水稲新品種候補'空育酒177号' 2014年から抜粋し改変

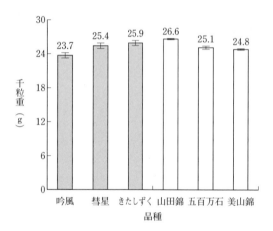

第13図　千粒重
2008〜2012年の酒造原料米全国統一分析結果（酒類総合研究所：酒米研究会）の値を用いた。
供試品種の産地は以下のとおりである。北海道3品種（岩見沢市），山田錦（兵庫県加東市），五百万石（石川県白山市），美山錦（長野県安曇野市または伊那市）。縦棒は標準誤差（n＝5）を示す。第14, 17〜21図も同様

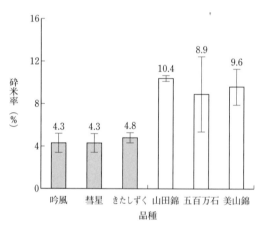

第14図　砕米率

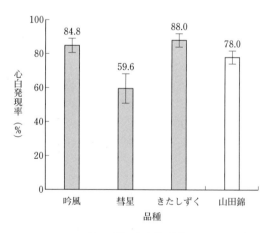

第15図　心白発現率
2008〜2012年の水稲奨励品種決定基本調査の値を用いた。心白発現率：心白発現粒数/全粒数から算出した。五百万石と美山錦のデータは欠測

の発現位置の影響を受けるとされるが（畠山，1994），'吟風''きたしずく'の心白の形状は，観察によると眼状であった。したがって，北海道の酒米品種における心白の形状を育種によって'山田錦'のような線状に改良することにより，さらに北海道の酒米は砕米率が低下し，高度精白適性が向上する可能性がある。

④ **20分吸水率**

20分吸水率は白米の吸水速度の指標であり，

北海道の酒造好適米（酒米）の農業特性と酒造適性

第16図　吟風の玄米（左）と高度精白米（中：70％，右：50％）
（写真提供：北海道立総合研究機構農業研究本部上川農業試験場）

精米歩合50％（大吟醸用）まで削ると，小さくビーズのように丸くなる

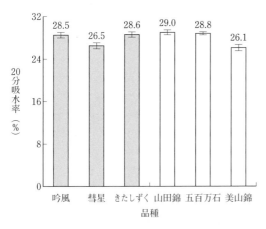

第17図　20分吸水率

20分吸水率の高い酒米は，白米の吸水速度が大きく，作業性に優れる（前重・小林，2000）。20分吸水率では，北海道の'吟風'（28.5％），'きたしずく'（28.6％）は府県の'山田錦''五百万石'並かやや低く，北海道の'彗星'（26.5％）は府県の'山田錦'に比べて低く府県の'美山錦'並であった（第17図）。北海道の酒米品種内では'彗星'が，府県の酒米品種内では'美山錦'がもっとも低かった。

20分吸水率は心白粒が無心白粒に比べて高く，この差は米粒内部組織構造において，心白粒ではデンプン粒子間の大きな間隙へ急速な吸水が起こっていることに起因するとされる（柳内，1996）。'彗星'の20分吸水率，心白発現率はともに，北海道の酒米品種間でもっとも低か

ったことから，北海道の酒米品種の20分吸水率にも心白発現率が関係していると考えられる。

⑤蒸米吸水率

醪（もろみ）の溶解性などの酒米の消化性は，蒸米吸水率と密接に関係し，蒸米吸水率の高い酒米は蒸米の消化性が良い（吉沢ら，1974；1979）。蒸米吸水率では，北海道のいずれの酒米品種も33.1～33.7％で府の'山田錦'に比べて低かったが，'五百万石''美山錦'に比べてやや高い傾向があった（第18図）。北海道の酒米品種内の品種間差は小さかったが，府県の酒米品種内では'山田錦'がもっとも高かった。

⑥直接還元糖（Brix）

Brixでは，北海道の'彗星'が8.7％でもっとも低かったが（第19図），'吟風'（9.6％）は府県の'山田錦'並で，北海道の'きたしずく'（9.3％）は府県の'山田錦'に比べてやや低く府県の'五百万石''美山錦'並であった。府県の酒米品種内では'山田錦'がもっとも高かった。

Brixは，無心白粒に比べて心白粒のほうが多く，心白粒が無心白粒に比べて溶解性に優れており，この差は米粒内部組織構造に起因するとの報告がある（柳内，1996）。'彗星'のBrixがもっとも低い傾向があった一つの要因として，'彗星'の心白率が他の酒米品種に比べ低かったことが考えられる。'彗星'は他の酒米品種に比べて，蒸米吸水率とBrixがともに低かったことから，蒸米の消化性は劣ると推察さ

品種の持ち味を活かす

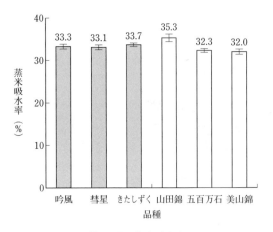

第18図　蒸米吸水率

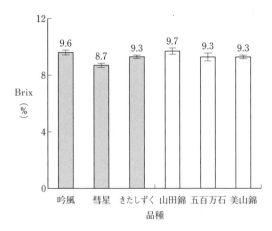

第19図　直接還元糖（Brix）

れる。

⑦粗タンパク質含有率

　粗タンパク質含有率は精白米の吸水性や消化性の低下に関係して，そのアミノ酸組成により，清酒の味，香りなどの成分として不可欠である反面，変色，変質およびにごりなど清酒の品質上の不安定要因となる。そのため，一般に粗タンパク質含有率が低い酒米が酒造会社から求められる。粗タンパク質含有率（精米歩合70％）では，北海道の'吟風'（5.6％），'きたしずく'（5.7％）は府県のいずれの酒米品種に比べても高い傾向があった（第20図）。北海道の'彗星'（5.2％）は府県の'五百万石'並で'美山錦'に比べてわずかに高かった。北海道の酒米品種内では'彗星'がもっとも低く，府県の酒米品種内では'山田錦'がもっとも低かった。

　米粒中の粗タンパク質含有率はとくに窒素施肥量の影響を強く受ける。本試験の北海道の酒米品種では平均窒素施肥量（8.0kg/10a）が，府県の酒米品種の平均窒素施肥量（6.2kg/10a）に比べて多く，さらに，稲わら堆肥を2t/10a施用している。このような施肥量の違いが，北海道の酒米品種の粗タンパク質含有率を高めた要因の一つであると推察される。北海道の酒米品種の施肥量が多い要因として，北海道の酒米品種は短稈穂数型であり，府県の酒米品種に比べて施肥量が多いにもかかわらず倒伏の発生が

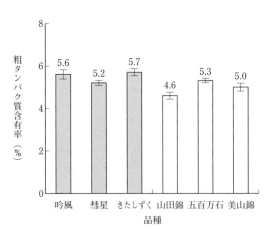

第20図　粗タンパク質含有率（精米歩合70％）

少ないことが考えられる。このため，北海道の酒米品種は倒伏による登熟障害は少ないが，多肥栽培による多収を目標にすると，総籾数の過剰による登熟不良や粗タンパク質含有率が上昇し品質低下を生じやすい。北海道の酒米品種の施肥量と玄米収量はともに府県より多く，この収量性を維持しながら粗タンパク質含有率を低下させ，良質な酒米生産をするためには，適正な目標収量と施肥量の設定が重要である。

　粗タンパク質含有率は20分吸水率との間に高い負の相関関係があり，粗タンパク質含有率が高いと吸水速度が小さくなる傾向がある（吉沢ら，1973；花本，1976）。20分吸水率では，

北海道のいずれの酒米品種も府県の'山田錦'に比べて低かったことから,粗タンパク質含有率を低下させることにより,間接的に北海道の酒米品種の20分吸水率が高まる可能性がある。

⑧カリウム含有量

カリウム含有量は麹菌や酵母の生育のために適量必要とされるが,過剰な場合,麹の生育や醪(もろみ)の発酵が急進する危険がある。カリウム含有量では北海道のいずれの酒米品種も340ppm/乾物以下で,府県のいずれの酒米品種に比べても少ない傾向があった(第21図)。北海道の酒米品種内では'彗星'が,府県の酒米品種内では'五百万石'がもっとも多い傾向があった。

1970年代の北海道の主食用米の特徴として,府県の主食用米と比較してカリウム含有量が多く,醸造試験では,醪(もろみ)の発酵が急進して製造管理がむずかしいとの複数の報告がある(高橋ら,1972;赤井ら,1973;佐伯ら,1973)。一方,その後に育成された主食用米品種'ゆきひかり'(1984年育成)と'きらら397'(1988年育成)などについては,東北産の主食用米品種と同じレベルまでカリウム含有量が少なくなり,北海道と府県の差がなくなったとの報告もある(木曽ら,1989;高橋,1993)。これらの報告の違いは,1980年代以降の北海道の水稲栽培において,良食味米生産のために多肥栽培を避け,稲わらを可能な限り搬出するなど,米の粗タンパク質含有率の低下に向けた生産技術が励行された副次的な効果であると考えられる。

⑨相対評価

以上の結果をもとに,北海道と府県の酒米品種における酒造適性について兵庫県産の'山田錦'を基準に相対評価を行なった(第2表)。砕米率とカリウム含有量では,北海道のいずれの酒米品種も'山田錦'に比べてやや優るか優るであり,心白発現率では,'吟風''きたしずく'は'山田錦'に比べてやや優ると判断される。

一方,千粒重,20分吸水率,蒸米吸水率および粗タンパク質含有率では,北海道のいずれの酒米品種も'山田錦'に比べて,やや劣るか劣ると判断される。今後,北海道内外の酒造会社での北海道の酒米品種に対する評価を高めるためには,府県の酒米品種に比べて優位な農業特性を維持しつつ,'山田錦'に劣るこれらの酒造適性を栽培法や育種によって'山田錦'並に改善することが必要である。

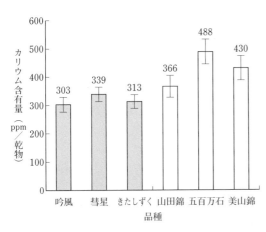

第21図　カリウム含有量の比較

第2表　北海道と府県の酒米品種における酒造適性の相対比較(2008〜2012年の平均)

品種	産地	千粒重	砕米率	20分吸水率	蒸米吸水率	Brix	粗タンパク	カリウム	心白発現率
吟風	岩見沢市	×	◎	△	△	□	×	○	○
彗星	岩見沢市	△	◎	×	△	×	△	○	×
きたしずく	岩見沢市	△	◎	△	△	△	×	○	○
山田錦	兵庫県	□	□	□	□	□	□	□	□
五百万石	石川県	△	△	△	×	△	△	×	－
美山錦	長野県	△	△	×	×	△	△	△	－

注　山田錦を基準に相対評価した。◎:優る,○:やや優る,□:並,△:やや劣る,×:劣る
　Brix:直接還元糖,粗タンパク:粗タンパク質含有率,カリウム:カリウム含有量

また石川県産'五百万石'，長野県産の'美山錦'は'山田錦'に比べて心白発現率を除くすべての項目で，やや劣るか劣ると判断される。

4. 北海道内の酒造適性の産地間・品種間差異

酒米の酒造適性は品種間差異があるとともに，産地や年次の気象条件の影響で大きく変動する（池上ら，2015）。北海道の酒米の作付け面積は空知地域がもっとも多く，次いで上川地域が多く，この2地域で作付け面積全体の約80%を占める（「北海道のお米」ホクレン農業協同組合連合会，2015年）。空知地域は偏東風の影響で，上川地域に比べて風が強く水稲の初期生育が劣る。また，空知地域の土壌はグライ土や泥炭土の割合が高い。一方，上川地域は盆地で，空知地域に比べて風が弱く水稲の初期生育が優る。また，上川地域の土壌は褐色低地土の割合が高い。このように北海道は地域によって気象条件や土壌条件が大きく異なり，これらの相違が酒米品種の酒造適性に影響すると考えられる。

そこで，北海道の酒米品種の'吟風'と'彗星'について，千粒重，20分吸水率，蒸米吸水率および粗タンパク質含有率の産地間の差異を調査するとともに，これらの項目について先に示した兵庫県加東市産の'山田錦'との比較を行なった。各品種の産地は以下のとおりである。'吟風'：岩見沢市（空知地域），比布町（上川地域），新十津川町（空知地域），'彗星'：岩見沢市（空知地域），比布町（上川地域），ニセコ町（後志地域）。なお，新十津川町は北海道でもっとも早くから酒米栽培に取り組み，'吟風'を中心に，酒米の栽培面積がもっとも大きい（北海道の酒米全作付け面積の約36%，2016年）。また，ニセコ町は'彗星'の主産地の一つである。

(1) 千粒重

千粒重では，'吟風'は新十津川町産が25.0gで，'彗星'はニセコ町産が26.3gで，それぞ

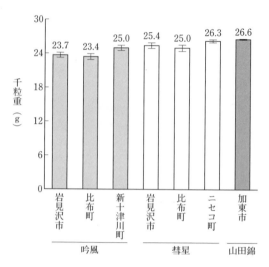

第22図 千粒重の産地間・品種間比較
2008～2012年の酒造原料米全国統一分析結果（酒類総合研究所：酒米研究会）の値を用いた。縦棒は標準誤差を示す（n＝5）。第23～26図も同様

れもっとも重かった（第22図）。また，いずれの産地のいずれの酒米品種も加東市産の'山田錦'に比べて軽かった。しかし産地を選定することによって，北海道の酒米品種の千粒重をある程度増加させることは可能であると考えられる。

今後は，'山田錦'並の千粒重の増加に向けて，栽植密度や施肥法の改善とともに，突然変異体の利用を含めた新たな大粒に関する遺伝子の導入（池上・西田，2008）を検討する必要がある。

(2) 20分吸水率，蒸米吸水率および直接還元糖（Brix）

20分吸水率，蒸米吸水率およびBrixでは，'吟風''彗星'ともに産地間の差異は小さく，いずれの産地でも加東市産の'山田錦'に比べて低かった（第23～25図）。産地を選定することによって，北海道の酒米品種のこれらの項目を'山田錦'並に増加させることは困難であると考えられる。今後は，栽培法の改善や育種によるこれらの項目の改良を検討する必要がある。

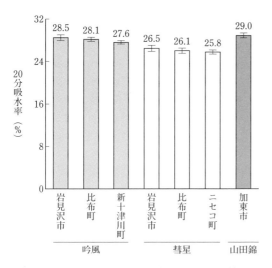

第23図 20分吸水率の産地間・品種間比較

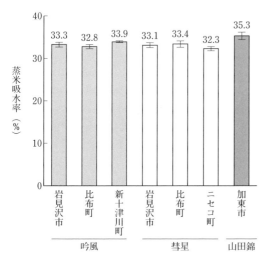

第24図 蒸米吸水率の産地間・品種間比較

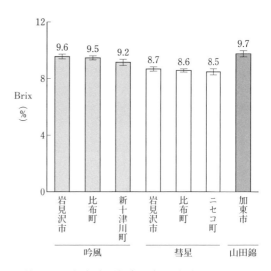

第25図 直接還元糖（Brix）の産地間・品種間比較

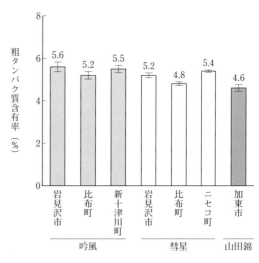

第26図 粗タンパク質含有率の産地間・品種間比較

(3) 粗タンパク質含有率

酒米生産では，粗タンパク質含有率が上昇すると製造酒のアミノ酸含量が増加して雑味や着色の原因になる（前重・小林，2000）。粗タンパク質含有率では，'吟風''彗星'ともに比布町産がそれぞれ5.2％，4.8％でもっとも低い傾向があった（第26図）。比布町産の'彗星'は加東市産の'山田錦'並に低かった。また，比布町産の'吟風'は岩見沢市産の'彗星'と同等で，ニセコ町産の'彗星'（5.4％）に比べてやや低かった。このように，粗タンパク質含有率は品種間の差異より産地間の差異のほうが大きい傾向が認められた。主食用米において白米中の粗タンパク質含有率に及ぼす影響は，品種や栽培法より産地の土壌の影響が大きい（五十

品種の持ち味を活かす

嵐ら，2005)。岩見沢市（グライ土），比布町・新十津川町（褐色低地土）およびニセコ町（褐色森林土）は土壌が異なる。酒米の産地間で粗タンパク質含有率が異なった要因の一つは，土壌の差異であり，粗タンパク質含有率の低い酒米生産をするためには，産地を選定することが重要であると考えられる。

主食用米生産では，冷害危険期に低温に遭遇し不稔歩合が高くなると減収するだけでなく，タンパク質含有率が上昇し食味が低下する（丹野，2011）。北海道の酒米生産においても粗タンパク質含有率の低い酒米を安定生産するためには，冷害対策技術である防風網などの設置や前歴期間～冷害危険期の深水灌漑を励行し（真木，1979；山崎ら，1982；Satake et al., 1987)，不稔の発生を防止することが重要である。

また，北海道の主食用米では，客土や側条施肥，幼穂形成期後7日目のケイ酸追肥，収穫後の稲わらの搬出，あるいは成苗を用いた密植栽培などの土壌改良や栽培技術によりタンパク質含有率を低下させて，良食味米生産を行なってきた（柳原，2002；後藤，2007）。これらの土壌改良や栽培技術は粗タンパク質含有率の低い酒米生産にも十分応用できると考えられる。

5. 酒造適性に及ぼす出穂後1か月間の平均気温の影響

北海道の酒米の産地は空知地域および上川地域が中心で，産地によって気象条件が異なる。また，年次の気象変動も大きい。このため北海道の酒米は，気象条件（気温，日較差，日照時間など）の影響によって酒造適性が大きく変動する可能性がある。

ここでは，2008～2012年の北海道と兵庫県の酒米品種を用いて，千粒重，20分吸水率，および蒸米吸水率と出穂後1か月間（31日間）の平均気温との関係について検討した。用いた品種は北海道岩見沢市で栽培された'吟風''彗星'および'きたしずく'と兵庫県加東市で栽培された'山田錦''五百万石'および'兵庫

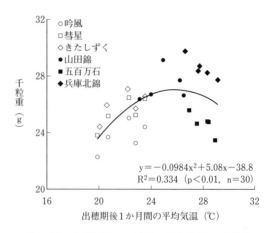

第27図　出穂期後1か月間の平均気温と千粒重の関係
2008～2012年の酒造原料米全国統一分析結果（酒類総合研究所：酒米研究会）の値を用いた。産地は北海道品種が岩見沢市，府県品種が兵庫県加東市である。平均気温はアメダス岩見沢とアメダス三木を利用した。第28～29図も同様

北錦'である。

(1) 千粒重

北海道の酒米品種では，出穂後1か月間の平均気温が高くなると千粒重は重くなる傾向が認められた。しかし，兵庫県の酒米品種では，低下する傾向が認められた（第27図）。北海道と兵庫県の酒米品種を合わせると，有意な2次曲線の関係が認められ，千粒重は出穂後1か月間の平均気温が26℃付近で約30gの最大値を示した。

(2) 20分吸水率

北海道の酒米品種では，20分吸水率と出穂後1か月間の平均気温との間に有意な負の相関関係が認められ，平均気温が高くなると，20分吸水率は低下する傾向が認められた。しかし，兵庫県の酒米品種では，そのような関係は認められなかった（第28図）。

(3) 蒸米吸水率

北海道と兵庫県はともに，蒸米吸水率と出穂後1か月間の平均気温との間に，それぞれ有意

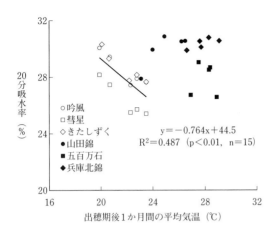

第28図　出穂期後1か月間の平均気温と20分吸水率の関係

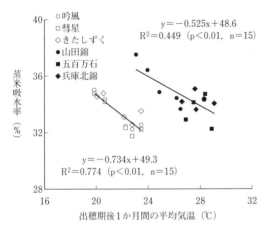

第29図　出穂期後1か月間の平均気温と蒸米吸水率の関係

な負の相関関係が認められ，出穂後1か月間の平均気温が高くなると，蒸米吸水率が低下する傾向が認められた（第29図）。

府県では，出穂期以降の最高気温が高いほど，酒米の消化性が低下する傾向があるとの報告がある（岡崎ら，1989）。また，出穂後1か月の平均気温と蒸米の消化性との関係を解析したところ，両形質間には高い負の相関関係があり，平均気温が23℃以上になると消化性が劣るとの報告がある（奥田ら，2010a）。これらの知見は，本結果と一致した。

生育期間中の気象データから収穫後の酒造適性を予測できれば，原料米の酒造適性に合わせた利用計画を酒造前に立てることができ，清酒の品質向上に大きく役立つ（奥田，2010b）。本結果から北海道の酒米品種では，出穂後1か月の平均気温が高い年次では，千粒重は重くなるが，20分吸水率および蒸米吸水率は低下する可能性が高い。

＊

以上のように，北海道の酒米品種は短稈で倒伏しにくく，穂長が短くて穂数が多い。一方，兵庫県の'山田錦'に比べて千粒重が軽く，20分吸水率と蒸米吸水率が低く，粗タンパク質含有率が高いといった欠点がある。そのような欠点を改善するためには栽植密度や施肥法の改善とともに育種による大粒遺伝子の導入を検討する必要がある。また，粗タンパク質含有率が低い酒米生産のためには，産地を選定することが重要であるものの，食用米生産と同様に耕種的な方法もある。

さらに，登熟気温が高い年は20分吸水率，蒸米吸水率が低下する可能性が高いため，そのような情報を，北海道の酒米を使用する北海道内外の酒造会社に対してあらかじめ提供することも，酒造上の参考情報として重要であると考えられる。

最後に，水稲奨励品種決定基本調査成績データベースの利用について，農業・食品産業技術総合研究機構作物研究所稲研究領域，北海道立総合研究機構農業研究本部中央農業試験場生産研究部水田農業グループおよび同上川農業試験場研究部水稲グループの関係各位に，酒造用原料米全国統一分析結果の利用について，酒類総合研究所酒米研究会事務局の関係各位に，それぞれご快諾いただいた。ここに記して深く感謝の意を表わす。

　執筆　田中一生（地方独立行政法人北海道立総合
　　研究機構上川農業試験場）

参 考 文 献

赤井隆・高橋正男・米村賢一．1973．北海道産米の

性状と成分について. 北海道立工業試験場報告. **207**, 1—15.

荒木均・今野一男・三浦清之・永野邦明・浜村邦夫・大内邦夫・西村実. 2002. 酒米用の水稲新品種「初雫」. 北海道農研研報. **174**, 83—97.

後藤英次. 2007. 北海道における高品質米生産に関する土壌化学性と合理的施法の研究. 北海道立農業試験場報告. **116**, 14—48.

花本秀生. 1976. 清酒製造過程における酒造米の適性評価法. 育種学最近の進歩. **17**, 55—60.

畠山俊彦. 1994. 秋田県における酒米育種の新展開. 醸協. **89**, 6—12.

五十嵐俊成・安積大治・竹田一美・島田悟. 2005. 北海道産米のタンパク質含有率に及ぼす栽培条件の影響. 北農. **72**, 16—25.

池上勝・世古晴美. 1995. 酒米育種における最近の取り組みと成果. 育種学最近の進歩. **37**, 49—52.

池上勝・西田清数. 2008. 放射線突然変異を利用した「兵系酒18号」の育成経過と育種的利用. 兵庫農技総セ研報 (農業). **56**, 39—53.

池上勝・藤本啓・小河拓也・三好昭宏・矢野義昭・土田利・平川嘉一郎. 2015. 兵庫県における「山田錦」の玄米品質と気象との関係. 日作紀. **84**, 295—302.

木曽邦明・野本秀正・佐川浩昭・今村利久. 1989. 北海道産米「ゆきひかり」を使用した清酒醸造試験. 醸協. **84**, 630—632.

前重道雅・小林信也. 2000. 最新日本の酒米と酒造り. 養賢堂, 東京. 1—319.

真木太一. 1979. 防風網による水田の昇温効果. 農業気象. **34**, 165—176.

岡崎直人・君塚敦・木崎康造・小林信也. 1989. 酒造原料米の醸造適性と気象条件の関係. 醸協. **84**, 800—806.

奥田将生・橋爪克己・上田みどり・沼田美代子・後藤奈美・三上重明. 2010a. イネ登熟気温と醸造用原料米のデンプン特性の年次・産地間変動. 醸協. **105**, 97—105.

奥田将生. 2010b. 猛暑の年は酒粕が多くなる？気象データによる清酒醸造用原料米の性質予測. 化学と生物. **48**, 517—519.

佐伯宏・白石常夫・西川久雄・赤井隆. 1973. 北海道産米による清酒醸造試験 (第5報) 製成酒の分析成分, きき酒結果, 製造時の所見ならびに製造諸歩合について. 醸協. **68**, 47—51.

Satake, T., S. Y. Lee, S. Koike and K. Kariya. 1987. Male sterility caused by cooling treatment at the young microspore stage in rice plants. XXVII Effect of water temperature and nitrogen application before the critical stage on the sterility induced by cooling at the critical stage. Jpn. J. Crop Sci. **56**, 404—410.

高橋正男・赤井隆・西川久雄. 1972. 北海道産米による清酒醸造試験 (第4報) 玄米および白米の無機成分について. 醸協. **67**, 237—241.

高橋正男. 1993. 北海道の酒造原料米について. 全国各地の酒造原料米事情　酒米の品種. 国税庁・醸造研究所　酒米研調査研究チーム編. 224—226.

田中一生・平山裕治・菅原彰・吉村徹・前田博・本間昭・相川宗巖・田縁勝洋・丹野久・菅原圭一・宗形信也・柳原哲司. 2011. 水稲新品種「彗星」の育成. 北海道立農業試験場集報. **95**, 1—12.

田中一生・平山裕治・丹野久. 2015. 北海道と兵庫県の酒造好適米における農業特性と酒造適性の比較. 日作紀. **84**, 182—191.

丹野久・吉村徹・本間昭・前田博・田縁勝洋・相川宗巖・田中一生・佐々木忠雄・太田早苗・沼尾吉則・佐々木一男・和田定・鴻坂扶美子. 2002. 酒造好適米新品種「吟風」. 北海道立農業試験場集報. **82**, 1—10.

丹野久. 2011. IX 冷害の発生と対策. 北海道の米づくり (2011年版). 社団法人北海道米麦改良協会, 札幌. 209—218.

山崎信弘・岩崎徹夫・藤村稔彦. 1982. 防風網と稲の生育. 北農. **49**, 1—14.

柳原哲司. 2002. 北海道米の食味向上と用途別品質の高度化に関する研究. 北海道立農業試験場報告. **101**, 5—12.

柳内敏靖. 1996. 酒米特性に及ぼす酒造好適米の心白の影響, 原料米の酒造適性に関する研究 (第2報). 生物工学会誌. **74**, 97—103.

吉沢淑・石川雄章・浜田由紀夫. 1973. 酒造米に関する研究 (第3報) 精白米の諸性質間の相関. 醸協. **68**, 767—771.

吉沢淑・石川雄章・今村一臣・武田荘一・藤江勇. 1974. 酒造米に関する研究 (第4報) 米の吸水性と消化性, 老化性について. 醸協. **69**, 315—318.

吉沢淑・百瀬洋夫・石川雄章. 1979. 米粒の構造と消化性に関する研究 (第8報) 米粒及び米粉の消化性. 醸協. **74**, 190—193.

トヨハルカ──低温に強く，コンバイン収穫と味噌加工に適した品種

(1) 育成の背景とねらい

国産ダイズの品質は，生産物検査の品位等規格だけでなく産地品種銘柄で表わされる。北海道産ダイズの産地品種銘柄のひとつに複数品種で構成する"とよまさり"がある。この銘柄の代表品種のひとつ'トヨムスメ'は，1985年に北海道立十勝農業試験場（以下，十勝農試と略す）が育成した，白目大粒でダイズシストセンチュウ抵抗性強の品種である。道央の水田転換畑地帯や十勝中部の大規模畑作地帯を中心に作付けされ，2007年には最大面積5,346haまで普及した。

本品種は，煮豆，惣菜，味噌のほか，府県産の豆腐用品種と比べ軟らかく製品収率が劣るが，糖の含有率が高くおいしさに優れた豆腐となることから実需者から高い評価を得ている。

しかし，'トヨムスメ'の農業特性は，低温抵抗性が不十分，開花後の低温によりへそおよびへそ周辺着色（以下，低温着色と略す）が発生しやすいなど，収量および外観品質が不安定であった。このため冷涼な道東において，1993年および1996年の冷害年には'トヨムスメ'は収量と品質が大きく低下した。また，'トヨムスメ'は，分枝数がやや多く繁茂しやすい，最下着莢位置が低い，裂莢しやすいなどコンバイン収穫適性が不十分である。これらが，畑作地帯における'トヨムスメ'の栽培意欲低下の一因となっていた。

そこで，'トヨムスメ'より冷害年に強く，コンバイン収穫適性が高く，さらに低温着色による品質低下が少なく，外観品質，煮豆や味噌の加工適性に優れた'トヨハルカ'を育成した。

(2) 育成経過

'トヨハルカ'は，ダイズシストセンチュウ抵抗性，低温抵抗性，低温着色抵抗性を有する機械収穫向きの品種育成を目標として，センチュウ抵抗性，低温抵抗性，低温着色抵抗性が高い白目中粒系統の'十系793号'を種子親，センチュウ抵抗性がある白目中粒系統の'十交6225F$_8$'を花粉親として1993年に十勝農試で人工交配を行ない，その後選抜と固定を行なった。センチュウ抵抗性は，両親はともに遺伝資源となった'下田不知1号'および'PI84751'に由来する。また，耐冷性および難裂莢性の遺伝資源は，それぞれ'十系793号'の'上春別在来'および'十交6225F$_8$'の'Clark Dt2'である（第1図）。

1993年夏季に十勝農試の圃場において交配を行ない，世代促進のため冬季に加温補光した温室でF$_1$個体を養成した。1994年の夏季に圃場でF$_2$集団から個体選抜後，1995年の春季（1〜4月）に世代促進のため鹿児島県沖永良部島の圃場にF$_3$集団を養成し集団選抜を行なった。その後，1995年の夏季に十勝農試圃場において，F$_4$集団から'トヨムスメ'並の成熟期，分枝が少ない草姿および着莢程度に優れる個体を圃場選抜後，裂莢性検定を行ない，外観品質に優れた個体を最終選抜した。1996年から1998年まで系統選抜による選抜と固定を進めた。

1999年から成熟期および収量性が'トヨムスメ'並，センチュウ抵抗性が強く，分枝の少ない主茎型の草姿であり，白目大粒で外観品質が'トヨムスメ'より優れた1系統に'十系907号'の系統名を付した。その後，2001年まで'十系907号'は，生産力検定予備試験および北海道立北見農業試験場と北海道立上川農業試験場において系統適応性検定試験を行なった。

その結果，'トヨムスメ'よりやや早熟で草姿が主茎型で倒伏抵抗性が強く，密植適応性に優れ，低温着色抵抗性が強いことから，本系統に'十育237号'の地方系統名を付した。2002年から2004年まで，生産力検定試験，奨励品種決定基本調査および特性検定試験などを行なうとともに，2003年から道内各地の奨励品種決定現地調査などを行なった。

品種の持ち味を活かす

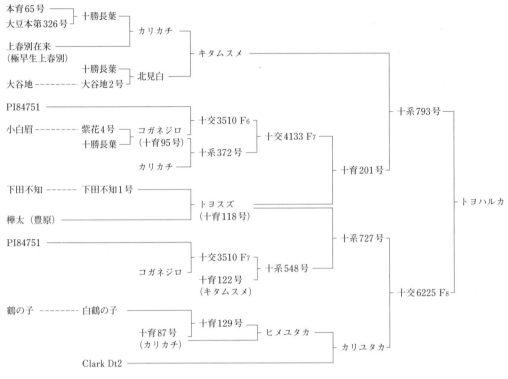

第1図　トヨハルカの系譜

これら試験の結果から'十育237号'は，'トヨムスメ'よりも低温抵抗性，低温着色抵抗性および機械収穫適性に優れることが認められ，2005年に北海道の優良品種に採用されるとともに，2008年に'トヨハルカ'として品種登録された。

(3) 特性の概要

①形態的特性

胚軸のアントシアニンの着色は有，伸育型は有限である。毛茸の色は白で，その多少は中程度，形は直である。小葉の形は卵形で，花色は紫である。主茎長および主茎節数は短および少，分枝数は'トヨムスメ'の中に対して少である。熟莢の色は淡を呈する。子実の大きさは'トヨムスメ'と同じ大であり，子実の形は同品種の扁球に対し球である。また，どちらも種皮の地色は黄白，へその色は黄で，粒の光沢は弱，粒の子葉色は黄である。

'トヨハルカ'と'トヨムスメ'のおもな形

第1表　トヨハルカの形態的特性

品種名	胚軸のアントシアニンの着色	伸育型	毛茸の色	毛茸の多少	毛茸の形	小葉の形	花色	主茎長	主茎節数	分枝数	熟莢の色
トヨハルカ	有	有限	白	中	直	卵形	紫	短	少	少	淡
トヨムスメ	有	有限	白	中	直	卵形	紫	短	少	中	淡
トヨコマチ	有	有限	白	中	直	卵形	紫	短	少	中	淡

注　審査基準国際統一委託事業調査報告書（2004年3月）による。原則として育成地の観察，調査に基づいて分類したが，特**太字**は当該特性について標準品種となっていることを示す

第2表　トヨハルカの生態的特性

品種名	開花期	成熟期	生態型	裂莢の難易	最下着莢節位高	倒伏抵抗性	抵抗性 低温	ダイズわい化病	ダイズ茎疫病	ダイズシストセンチュウ
トヨハルカ	やや早	中	夏ダイズ	中	高	強	強	中	強/強	強
トヨムスメ	やや早	中	夏ダイズ	易	中	強	中	弱	強/強	強
トヨコマチ	やや早	やや早	夏ダイズ	易	高	強	やや強	弱	強/弱	強

注　ダイズ茎疫病抵抗性の強弱は，レース群I/レース群IIの一部レースに抵抗性を示す
　　太字は当該特性について標準品種となっていることを示す

第3表　トヨハルカの生産力検定試験成績（2002～2004年）

品種名	開花期(月/日)	成熟期(月/日)	倒伏程度	主茎長(cm)	主茎節数	分枝数	稔実莢数(/株)	一莢内粒数	全重(kg/a)	子実重(kg/a)	対標準比(%)	子実重率(%)	百粒重(g)	品質
トヨハルカ	7/21	9/30	0.1	55	10.4	3.4	56.2	1.92	59.6	32.2	96	53	37.3	2下
トヨムスメ	7/20	10/2	1.1	55	9.8	4.4	60.8	1.83	63.1	33.5	100	51	37.4	3中
トヨホマレ	7/23	10/2	0.2	54	10.7	4.2	68.1	1.72	62.3	33.4	100	53	32.8	3上
トヨコマチ	7/20	9/29	0.9	60	10.5	5.3	62.9	1.83	60.7	32.9	98	53	35.0	3中
ユキホマレ	7/21	9/27	0.3	56	10.3	4.1	66.0	1.81	57.0	32.1	96	55	34.2	3上
キタムスメ	7/24	10/6	2.2	76	12.4	6.0	82.2	1.90	72.6	37.7	113	51	31.3	2上

注　子実重および百粒重は水分15％換算値である
　　倒伏程度は，無（0），微（0.5），少（1），中（2），多（3），甚（4）の評価による
　　品質は検査等級である

態的特性の違いは，分枝数の多少と子実の形にある（第1表，第2図）。

②生態的特性

開花期は'トヨムスメ'と同じやや早に分類され，成熟期は'トヨムスメ'と同じ中であることから，'トヨハルカ'の生態型は夏ダイズ型に属する。両品種の生態的特性の違いは，裂莢の難易，最下着莢節位高，低温抵抗性およびダイズわい化病抵抗性にあり，'トヨハルカ'が優れている（第2表）。

③収量性

生産力検定試験の標準栽培における'トヨハルカ'のa当たりの子実重は，32.2kgであり'ト

ヨムスメ'よりやや劣る（第3表）。

一方，育成地の密植栽培試験では，'トヨハルカ'の密植I（標準対比1.5倍密度）および密植II（同2.0倍密度）の増収程度は，標植の1a当たり子実重32.4kgに対してそれぞれ110％および109％増収し，'トヨムスメ'の1a当たり

子実の 大きさ	形	種皮の地色	へその色	粒の 光沢	子葉色
大	球	黄白	黄	弱	黄
大	**扁球**	**黄白**	**黄**	**弱**	**黄**
やや大	扁球	黄白	黄	弱	黄

性検定試験などの成績も参考とした。以下，同様である

第2図　トヨハルカの草姿
　　　　左：トヨハルカ，右：トヨムスメ

品種の持ち味を活かす

第4表　トヨハルカの密植栽培の試験成績（2003～2004年）

品種名		十勝農試			上川農試		中央農試		
		標植	密植I	密植II	標植	密植I	標植	密植I	密植II
トヨハルカ	子実重（kg/a）	32.4	35.5	35.3	43.5	44.7	38.3	42.3	40.3
	標植対比（%）	100	110	109	100	103	100	110	105
	最下着莢節位高（cm）	12.8	15.1	16.9	13.5	15.5	14.3	15.8	17.2
	倒伏程度	0.1	0.2	0.7	1.7	2.3	1.1	1.1	1.9
トヨムスメ	子実重（kg/a）	34.4	35.5	36.1	43.6	44.5	38.9	39.1	39.3
	標植対比（%）	100	103	105	100	102	100	101	101
	最下着莢節位高（cm）	13.5	13.6	15.9	9.6	12.0	9.9	14.9	15.3
	倒伏程度	1.2	1.6	2.6	2.8	3.6	1.7	2.0	2.9

注　密植栽培区の密植I区および密植II区のa当たり栽植密度は，それぞれ2,500本（標植区の1.5倍）および3,333本（同2倍）である

　　子実重は水分15%換算値である

　　倒伏程度は，無（0），微（0.5），少（1），中（2），多（3），甚（4）の評価による

第5表　トヨハルカの開花期低温抵抗性（2002～2004年）

品種名	稔実莢数（/個体）			一莢内粒数			百粒重（g）			子実重（g/個体）			抵抗性判定
	T	C	T/C（%）	T	C	T/C（%）	T	C	T/C（%）	T	C	T/C（%）	
トヨハルカ	17.3	16.2	107	1.46	1.86	78	32.9	36.3	91	8.4	11.5	73	強
トヨムスメ	14.0	18.1	77	0.97	1.70	57	17.3	34.8	50	2.3	10.9	21	中
トヨホマレ	22.5	18.3	123	1.37	1.74	79	19.0	33.8	56	5.9	10.8	55	強
トヨコマチ	20.3	16.9	120	1.25	1.72	73	19.7	33.9	58	5.0	10.1	50	やや強
キタムスメ	23.2	21.5	108	1.45	1.70	85	21.0	30.8	68	7.1	11.4	62	強
ハヤヒカリ	24.3	24.0	101	1.49	1.70	88	22.5	29.4	77	8.3	11.9	70	強

注　開花始より4週間，18（昼）/13（夜）℃の低温処理＋遮光処理（50%）を行なった

　　Tは低温処理区，Cは無処理区を示す

　　調査個体数は各処理6ポット（1/2000a）で，1ポット当たり2個体である

　　施肥量は2.4（N）－20.0（P$_2$O$_5$）－10.4（K$_2$O）kg/aである

　　抵抗性の判定に関して，トヨムスメは中，キタムスメとトヨホマレは強の標準品種である

子実重34.4kgに対して密植I（103%）および密植II（105%）を上まわった（第4表）。したがって，密植栽培における'トヨハルカ'の子実重は'トヨムスメ'と同等である。

④障害抵抗性

低温抵抗性　低温育種実験室を用いた開花期低温抵抗性検定試験の結果，'トヨハルカ'の稔実莢数および子実重の無処理区（C）に対する低温処理区（T）の比（T/C）はそれぞれ107%および73%であり，'トヨムスメ'の77%および21%を大きく上まわった。したがって，'トヨハルカ'の開花期低温抵抗性は，'トヨムスメ'の中に対し強と判定される（第5表）。

一方，十勝山麓の冷涼地に設置した生育期低温抵抗性検定では，'トヨハルカ'の稔実莢数および子実重の育成地（C）に対する冷涼地（T）の比（T/C）はそれぞれ59%および41%であり，'トヨムスメ'の39%および21%を大きく上まわった。これにより，'トヨハルカ'の生育期低温抵抗性は，'トヨムスメ'の中に対し強と判定される（第6表）。

以上から，'トヨハルカ'の低温抵抗性は強である。

低温着色抵抗性　低温育種実験室を用いた低温処理による着色検定試験の結果，'トヨハルカ'のへそ着色の発生程度および粒率はそれぞれ無および2%であり，'トヨムスメ'の甚お

第6表 トヨハルカの冷涼地における生育期低温抵抗性（2002～2003年）

品種名	成熟期（月／日） T	C	T−C	稔実莢数（／株） T	C	T/C	百粒重（g） T	C	T/C	子実重（kg/a） T	C	T/C	抵抗性判定
トヨハルカ	10/25	10/5	20	30.8	52.2	59	25.9	39.0	66	12.5（120）	30.7	41	強
トヨムスメ	10/28	10/8	20	22.4	56.9	39	22.8	38.3	60	6.5（ 63）	31.1	21	中
トヨコマチ	10/20	10/6	14	29.8	59.2	50	22.1	36.1	61	9.9（ 95）	31.3	32	やや強
トヨホマレ	10/28	10/8	20	37.3	67.8	55	19.2	33.9	57	10.4（100）	31.3	33	強
ユキホマレ	10/20	10/3	17	33.7	65.3	52	22.8	34.9	65	11.8（113）	30.3	39	強
キタムスメ	10/30	10/12	18	51.8	79.5	65	19.8	33.1	60	13.6（131）	36.7	37	強
ハヤヒカリ	10/26	10/7	19	58.4	77.3	76	19.6	30.8	64	14.0（135）	34.0	41	強

注 Tは耐冷性現地選抜圃（上士幌町），Cは十勝農試生産力検定試験．T/CはCに対するTの比率（％）
（ ）はTのトヨホマレを100％とした比率（％）である

第7表 低温処理によるトヨハルカの着色検定試験（2002～2004年）

品種名	へそ着色 程度	粒率（％）	抵抗性	へそ周辺着色 程度	粒率（％）	抵抗性
トヨハルカ	無	2	強	無	0	極強
トヨムスメ	甚	88	弱	甚	72	弱
トヨホマレ	多	80	弱	少	19	強
トヨコマチ	甚	82	弱	微	12	強

注 低温処理は，開花始の1週後から2週間，18/13℃（昼／夜）
調査個体数は2ポット（1/2000a）で1ポット当たり3個体，施肥量は2.4（N）−0（P$_2$O$_5$）−10.4（K$_2$O）kg/aである
へそ周辺着色抵抗性の判定に関して，トヨムスメは弱，トヨコマチは強の標準品種である．へそ部はいずれも弱である
着色程度は達観調査であり，微細な着色が極少量であった場合，無とした．着色粒率は基準を超える着色粒の割合である

第3図 低温処理による着色検定後の子実
左：トヨハルカ，右：トヨムスメ

第8表 トヨハルカのダイズシストセンチュウ抵抗性（2002年）

品種名	レース3抵抗性 シスト寄生指数	判定	レース1抵抗性 シスト寄生指数	判定
トヨハルカ	0	強	45	弱
トヨムスメ	0	強	47	弱
トヨコマチ	8	強	44	弱
キタムスメ	37	弱	54	弱
スズヒメ	0	強	1	強

注 シスト寄生指数はΣ（階級値×同個体数）×100/（4×個体数）により算出した．階級値は，0：無，1：少，2：中，3：多，4：甚とした
レース3検定は，レース3優先現地圃場（更別村）に栽植し，播種後7〜8週間目に調査した
レース1検定は，2002年はレース1汚染土を充填したセルトレイに栽植し，播種後7週間目に調査した

よび88％に対してかなり低かった．また，'トヨハルカ'のへそ周辺着色の発生程度および粒率はそれぞれ無および0％であり，'トヨムスメ'の甚および72％に対してきわめて低かった．したがって，'トヨハルカ'のへそ着色抵抗性は強，へそ周辺着色抵抗性は極強である（第7表，第3図）．

ダイズシストセンチュウ抵抗性 ダイズシストセンチュウの発生圃場（レース3優占）およびレース1汚染土を充填したセルトレイで抵抗性検定を行なった．シスト寄生指数による判定は，レース3に対して強，レース1に対して弱であり，'トヨムスメ'と同様であった（第8表）．また，レース3優占汚染圃場における生産力検定試験の結果，抵抗性が弱の'トヨホマレ'が百粒重と子実重が著しく減少したのに対して，強の'トヨハルカ'および'トヨムスメ'はともに減少がなかった（第9表）．

品種の持ち味を活かす

第9表　ダイズシストセンチュウ・レース3優先
圃場における生産力検定試験（2004年）

品種名	子実重(kg/a)	トヨムスメ比(%)	非汚染圃比(%)	百粒重(g)
トヨハルカ	36.6	103	104	31.3
トヨムスメ	35.7	100	93	32.7
トヨホマレ	18.1	51	48	22.8
キタムスメ	21.3	60	53	19.7

注　試験場所は更別村
　　非汚染圃は十勝農試生産力検定圃場

第10表　トヨハルカの裂莢性（2002～2004年）

品種名	裂莢率(%)	難易の判定
トヨハルカ	74	中
トヨムスメ	90	易
トヨコマチ	91	易
カリユタカ	28	難
スズマル	84	易

注　裂莢率（％）は，熟莢の熱風乾燥処理（60℃，3時間）後の調査結果である

⑤コンバイン収穫適性

裂莢の難易　'トヨハルカ'の裂莢の難易は，'トヨムスメ'の易に対し中と判定した（第10表）。

密植栽培における最下着莢節位高および倒伏程度　'トヨハルカ'の密植栽培区の密植Ⅰ（標準対比1.5倍密度）および密植Ⅱ（同2.0倍密度）における最下着莢節位高は，いずれの試験場とも'トヨハルカ'が'トヨムスメ'より高い。一方，倒伏程度は，'トヨムスメ'の1.6（中）～3.6（甚）に対して'トヨハルカ'は0.2（微）～2.3（中）とより低い（第4表参照）。

成熟後の茎水分低下の推移　'トヨハルカ'の成熟後の茎水分低下は，'トヨムスメ'より早い。'トヨハルカ'の茎水分率は両年とも'トヨムスメ'より早く40％以下に達しており，コンバイン収穫適期は7日程度早かった（第4図）。

コンバイン収穫試験　現地におけるコンバイン収穫試験は，比較品種'トヨムスメ'の汚粒発生を回避するため'トヨムスメ'のコンバイン収穫適期（茎水分率が40％以下に達したころ）に合わせて実施した。このため'トヨハル

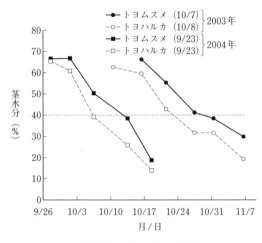

第4図　成熟期以降の茎水分低下推移（2004年）

カ'の収穫は刈り遅れ条件となったが，落粒損失は'トヨムスメ'より少なく，総損失は'トヨムスメ'が10.3～14.5％に達したのに対して，'トヨハルカ'は5.6～5.9％であった（第11表）。

⑥品質特性および加工適性

子実成分　'トヨハルカ'の粗タンパク質，粗脂肪および遊離型全糖の含有率は，それぞれ42.2％，16.4％および11.1％であり，粗タンパク質と粗脂肪の区分は中および低である。なお，'トヨハルカ'の粗タンパク質の含有率は，'トヨムスメ'や'トヨコマチ'より約1ポイント低く，'ユキホマレ'と同等であった。一方，遊離型全糖は'トヨムスメ'よりやや高かった（第12表）。

煮豆，豆腐，味噌，納豆の試作試験　加工メーカーによる試作試験は，2001年から2003年の十勝農試産のほか，上川農試産，中央農試産または現地栽培試験産物を用いて，煮豆，豆腐，納豆および味噌用途において延べ16社35回実施した。その結果，'トヨハルカ'の加工適性の総合評価は，煮豆が'トヨムスメ'と同等の適で，豆腐がやや劣る可，納豆が'トヨムスメ'と同じ適，味噌が'トヨムスメ'より優れる好適であった（第13表）。

トヨハルカ——低温に強く，コンバイン収穫と味噌加工に適した品種

第11表　コンバイン収穫試験の成績（2003年）

品種名	トヨハルカ		トヨムスメ	
試験番号	1	2	1	2
作業速度（m/s）	0.89	0.90	0.88	0.92
刈り高さ（cm）	3.1	3.8	2.4	2.9
刈残損失（%）	0.3	0.1	0.3	0.2
落粒損失（%）	2.3	1.6	8.8	3.9
落莢損失（%）	0.5	0.5	0.1	0.9
枝落損失（%）	0.8	0.6	0.5	2.0
頭部損失（%）	3.9	2.8	9.7	7.0
未脱損失（%）	0.7	1.5	0.6	0.6
ささり飛散損失（%）	1.0	1.1	0.7	0.7
脱穀選別部損失（%）	1.7	2.6	1.3	1.3
収穫損失（%）	5.6	5.3	10.9	8.3
損傷粒割合（%）	0.0	0.6	3.6	2.0
総損失（%）	5.6	5.9	14.5	10.3
汚れ指数	0.2	0.1	0.0	0.1
品質（検査等級）	3中		規格外	
茎水分（%）	27.2		37.6	
莢水分（%）	17.5		16.9	
子実水分（%）	19.2		18.6	

注　試験場所は中札内村，実施日は11月4日
　　供試機は，ロークロップタイプ・ヘッダーの刈幅
　　2.4mの豆用コンバイン

第12表　トヨハルカの子実成分（2002～2004年）

品種名	粗タンパク		粗脂肪		遊離型全糖
	含有率（%）	区分	含有率（%）	区分	含有率（%）
トヨハルカ	42.2	中	16.4	低	11.1
トヨムスメ	43.6	中	15.9	低	10.7
トヨホマレ	41.4	中	17.4	低	10.8
トヨコマチ	43.6	中	15.9	低	10.8
ユキホマレ	41.8	中	16.3	低	11.0
キタムスメ	40.6	低	17.6	中	11.0

注　含有率は無水物中の%
　　粗タンパク質含有率の分析方法は，近赤外分析法
　　（Infratec1241）による。窒素蛋白質換算係数は6.25
　　粗脂肪含有率および遊離型全糖含有率の分析方法
　　は，近赤外分析法（IA-500）による
　　粗タンパク質含有率に関してトヨムスメは中，キ
　　タムスメは低の標準品種である。また，粗脂肪含有
　　率に関してキタムスメは中の標準品種である

第13表　試作試験による加工適性の総合評価
（2001～2003年）

品種名	煮豆	豆腐	納豆	味噌
トヨハルカ	適	可	適	好適
トヨムスメ	適	適	適	適
トヨコマチ	適	可	—	—
実施概要	5社9回	6社10回	2社4回	3社12回

（4）栽培適地と栽培上の注意

①栽培適地

　'トヨハルカ'の栽培適地は，北海道のダイズ栽培地帯区分のうちⅢおよびⅣの地域およびこれに準ずる地帯である。現地試験等の成績（第14表）において，成熟期は'トヨムスメ'より1日早く，子実重は同品種対比103%であった。百粒重は同品種より0.8g重かった。品質は優れ，粗タンパク質含有率は低く，全糖含有率はやや高かった。

②栽培上の注意

　栽培上の注意は次のとおりである。
　1）ダイズわい化病抵抗性は中なので，適切な防除に努める。
　2）ダイズシストセンチュウ・レース1発生圃場への作付けは避ける。
　3）収量とコンバイン収穫適性の向上のため，密植栽培を励行する。

（5）トヨハルカ育成の意義と今後の展望

①北海道における品種の変遷

　北海道におけるダイズ品種は，1961年の輸入自由化により激変した。それ以前の1900年代から1970年代まではおもに"秋田"銘柄を構成するへそ色が暗褐または褐の褐目中粒品種が主流であったが，輸入自由化後は輸入および府県産ダイズとの差別化をはかるため煮豆用途向けを重点に品種育成が進められた。

　煮豆用途向け品種は，へその色が黄（白目と呼ぶ），粒大が中粒の大から大粒で，割れや裂皮が少なく，浸漬後および蒸煮後の重量増加比が大きく，蒸煮の硬さや食味，色調に優れるなどの形質が求められる。これら煮豆用途の形質を備えた品種として，十勝農試ではダイズシストセンチュウ抵抗性を有する白目大粒の'トヨ

103

品種の持ち味を活かす

第14表　トヨハルカの栽培適地における奨励

地帯区分	品種名	開花期 (月／日)	成熟期 (月／日)	わい化病 (%)	倒伏程度	主茎長 (cm)	稔実莢数 (莢／株)	最下着莢位置 (cm)
III	トヨハルカ	7/28	10/2	3.5	0.5	59	58.6	14.1
	トヨムスメ	7/27	10/3	5.3	1.5	55	61.0	11.2
IV	トヨハルカ	7/21	9/29	0.7	1.4	61	53.6	14.6
	トヨムスメ	7/20	10/1	1.3	1.8	60	54.2	10.8
全体	トヨハルカ	7/25	10/1	2.3	1.0	60	56.2	14.0
	トヨムスメ	7/24	10/2	3.6	1.6	58	57.7	11.0

注　試験箇所は, III（十勝）：十勝農試, 音更町, 幕別町, 芽室町,（上川）：上川農試　のべ11箇所, IV（空知）：中央農試,
　　倒伏程度は, 無（0）, 微（0.5）, 少（1）, 中（2）, 多（3）, 甚（4）の評価による
　　最下着莢位置は, 現地試験は2004年のみ調査（III：5箇所, IV：3箇所）
　　品質は検査等級を示す
　　裂皮程度は, 無：0, 微：0.5, 少：1.0, 中：2.0, 多：3.0, 甚：4.0として調査
　　十勝農試, 中央農試は, 最下着莢節位高から2cm減じた値を最下着莢位置の数値とした

スズ'を1966年に育成し, 1975年には全道で最大面積8,960ha（普及率第1位）まで拡大し, 白目大粒品種として初めて基幹品種となった。

しかし, 'トヨスズ'の熟期は中生の晩でおそく, 栽培適地が一部地域に限られることや, 十勝地方では当時ほぼ4年に一度の低温年による減収被害が著しいことから, 1980年代以降は初霜被害や登熟遅延を回避できる, より早熟な中生の品種'トヨムスメ（佐々木ら, 1988）'に置き換わり, 白目大粒の基幹品種となった。

しかし, 'トヨムスメ'も低温抵抗性が不十分であるため収量が不安定であり, 開花後の低温によりへそおよびへそ周辺着色が発生し, 外観品質が低下するという欠点があった。

その後, 'トヨムスメ'のいくつかの欠点を改良するため, 低温着色抵抗性に優れた'トヨコマチ（佐々木ら, 1990）', 難裂莢性の'カリユタカ（田中ら, 1993）', 耐冷性に優れた'トヨホマレ（湯本ら, 1995）'が育成された。さらに2001年にはこれら3品種の長所を集積した'ユキホマレ（田中ら, 2003）'を育成した。

これら白目品種で構成される産地品種銘柄"とよまさり"は, 流通上では"大粒とよまさり"と"中粒とよまさり"に分かれる。このうち, 煮豆用途で好まれる"大粒とよまさり"が高値で取引されているが, 'ユキホマレ'は, 'トヨムスメ'より百粒重が軽く"中粒とよまさり"となる場合が多く収益性がやや劣る。一方, 'トヨムスメ'は, コンバイン収穫適性が不十分なため大規模畑作地帯では作付けが大きく減少していた。

②低温抵抗性

'トヨハルカ'は'トヨムスメ'と同じ白目大粒品種であり, 'トヨムスメ'のおもな欠点を改良した。'トヨハルカ'の特記すべき農業形質のひとつは低温抵抗性と低温着色抵抗性である。

低温による被害型は, その発生生態により生育不良型（生育初期の低温による生育不良）, 障害型（開花期前後の低温による落花や落莢, 不稔などの障害）および遅延型（生育後期の初霜被害による子実の充実不良）の3つに分類され, 'トヨハルカ'はこれらのうち生育不良型に対応する生育期低温抵抗性および障害型に対応する開花期低温抵抗性の評価はいずれも強である。とくに, 開花期低温抵抗性（黒崎・湯本, 2003）は, 子実重の低温処理区の無処理区に対する比率（T/C比）でみると白目品種でもっとも強い'トヨホマレ'の55%より18ポイント高く, 低温抵抗性にもっとも優れる褐目中粒の'キタムスメ'や'ハヤヒカリ'と同程度であった。

このことから'トヨハルカ'は, 褐目品種並に低温抵抗性が強い初めての白目大粒品種といえる（第5表参照）。

さらに, 冷涼地においても'トヨハルカ'の

品種決定現地試験等の成績（2002〜2004年）

子実重 (kg/a)	子実重の対標準比 (%)	百粒重 (g)	裂皮程度	品質	粗タンパク含有率 (%)	全糖含有率 (%)
35.8	103	36.9	0.3	2下	42.0	24.4
34.6	100	35.8	0.7	3中	43.5	23.9
35.6	102	37.6	0.2	3上	42.6	23.6
34.8	100	37.0	0.7	3中	44.6	22.9
35.7	103	37.2	0.2	2下	42.3	24.0
34.7	100	36.4	0.7	3中	44.0	23.4

深川市，北村，栗山町，長沼町，早来町　のべ10箇所

成熟期は'トヨムスメ'より平均3日早いことから（第3表参照），登熟不良となる遅延型被害の回避にも有利と考えられる。奨励品種決定現地試験における生育期間（5〜9月）の積算気温と子実重の解析から（第5図），'トヨハルカ'は'トヨムスメ'と比べ積算気温に対する子実重の増加反応は緩やかであり，低温域で安定した生産性を示す傾向にあった。一方，両回帰直線が交差する2,500℃以上の高温域では'トヨムスメ'との収量性が逆転する傾向にあった。

これらの要因として，'トヨハルカ'と'トヨムスメ'の低温抵抗性の違いのほか，草型の違いがあげられる（第3表参照）。分枝数の少ない主茎型の'トヨハルカ'は，試験を行なった慣行栽培のうね幅60〜66cmでは，分枝型の'トヨムスメ'に比べ過繁茂になりにくい反面，茎葉がうね間を遮蔽する時期が明らかに遅れる。このため，高温年ではダイズ群落に加えてうね間土壌からの水分蒸散も多くなり水分ストレスが増加しやすいことが収量制限要因のひとつと考えられた。

従来の低温抵抗性を育種目標とする育種材料

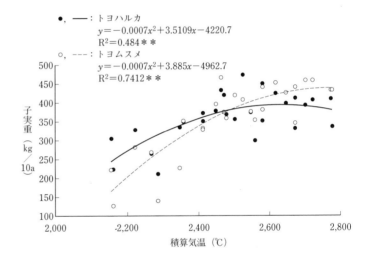

第5図　栽培適地における生育期間の積算気温と子実重の関係

は，冷涼地での現地選抜を経ている。しかし，'トヨハルカ'では，これを省略して低温抵抗性強の特性を選抜できた。これは，根釧地方の在来品種'上春別在来'に由来する褐目品種'キタムスメ'を系譜にもつ低温抵抗性の'十系793号'を母本に用いたこと，低温年であった1996年に着莢程度と外観品質について有効な選抜が可能であったこと，さらに改良された精度の高い低温抵抗性に関する検定法を活用し，予備試験の早い世代からこれら特性検定に用いたことが理由と考えられる。

今後'トヨハルカ'以上の低温抵抗性の系統

品種の持ち味を活かす

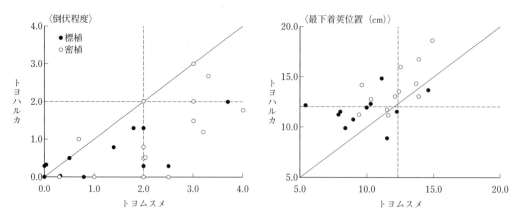

第6図　栽培適地における倒伏程度と最下着莢位置（2002～2004年）

を選抜するためには，新たに開発した花粉形成期の低温抵抗性検定法の導入のほか，年次変動を受けやすい圃場選抜や，運転コストおよび使用系統数の制約が大きい人工気象実験室による検定法を補完または代替するDNAマーカー選抜技術の導入が必要である。

③コンバイン収穫適性

ダイズのコンバイン収穫体系の導入では，機械，品種の選定（特性），中耕・培土，乾燥調製およびコンバイン導入の経済性に関する検討が必要である（農水省，1997）。このうち品種特性として，耐倒伏性のほか，最下着莢位置が高い，裂莢しづらい，密植適応性が高い，登熟の均一性があげられる。'トヨハルカ'は'トヨムスメ'より倒伏が少なく，最下着莢位置が高いほか，裂莢性が低く，成熟後の茎水分低下が早いなどの優点が認められた。

試験場における結果から，'トヨハルカ'の倒伏程度は密植栽培においても'トヨムスメ'より明らかに低く，また最下着莢位置高は'トヨムスメ'より高い（第4，14表参照）。さらに，栽培適地においても倒伏程度2（中）以上の発生がかなり少なく，最下着莢位置が'トヨムスメ'を上まわる事例が多く認められた（第6図）。また，コンバイン収穫適期の早晩を左右する成熟後の茎水分低下の推移は，'トヨハルカ'が'トヨムスメ'より早い（第4図参照）。この茎水分低下の早さには品種間および年次間の差異が認められ，おもな要因として成熟期の茎重率（茎乾物重/個体乾物重）の高さが報告されている（Tanaka and Yumoto, 2010）。'トヨハルカ'の茎水分低下の早さは，低温抵抗性の効果による着莢率の向上により成熟期の茎重率を高く維持したためと考えられる。

また，ダイズわい化病抵抗性は発病による被害軽減のほか，コンバイン収穫時の青立ちした罹病個体から出る茎葉汁による汚粒防止に有効である。'トヨハルカ'のわい化病抵抗性は，'トヨムスメ'の弱より強い中であるが，実用的な水準には達していないことから，既存品種と同様に適切な防除対策が必要である。

'トヨハルカ'の裂莢の難易は'トヨムスメ'より高く，'ユキホマレ'より低い中であるが，莢水分が十分低く裂莢しやすい条件下のコンバイン収穫試験において落粒損失率は'トヨムスメ'より少なかった（第11表参照）。したがって，'トヨハルカ'の裂莢性は試験機の豆用コンバインや一般的な汎用コンバインによる収穫では実用的範囲といえる。このように'トヨハルカ'は，密植栽培による増収効果に加えコンバイン収穫適性の向上が期待される。

④品質および加工適性

'トヨハルカ'の子実成分は，タンパク質が'トヨムスメ'よりやや低いほかは，ほぼ同程度であり，'ユキホマレ'と同様であった。したがって'トヨハルカ'の成分特性は，道産白

目品種の特徴（平，1996）であるタンパク質含量がやや低い反面，ショ糖含量が高く食味に優れるとされる"とよまさり"銘柄構成品種と類似するといえる。

　しかし，"とよまさり"銘柄構成品種のなかでも，品種によってタンパク含有率と豆腐の硬さの関係は異なることから，'トヨハルカ'について豆腐加工メーカーによる延べ6社10回の試作試験を実施している。概して，'トヨハルカ'は甘味があり食味は良好であるが，'トヨムスメ'より豆腐の硬さが軟らかいため，総合評価は'トヨムスメ'の適より劣る可となった。このことは'トヨハルカ'の母本および系譜のなかに高タンパク質系統がないこと，外観品質や食味などの煮豆適性を重視したことが要因と考えられる。

　一方，'トヨハルカ'の味噌加工適性評価における好適（第13表参照）は，味噌と煮豆の加工適性に求められる蒸煮ダイズの特性がほぼ同じであることが要因として考えられる。

＊

　'トヨハルカ'の育成により，'トヨムスメ'の大きな欠点であった低温によるへそおよびへそ周辺着色粒の発生と減収被害が低減され，"とよまさり"銘柄における白目大粒ダイズの生産安定性と煮豆および味噌用途での品質が向上した。さらに，コンバイン収穫適性の向上によるいっそうの省力化栽培が進展した。

　一方で，'トヨハルカ'の育成後，道央地域の水田転換畑で発生する開花期ころの湿害や黒根腐病に弱いことが明らかとなり，道央地域への普及の障害となっている。今後，同地域向けの品種育成では湿害抵抗性の付与および土壌伝染性病害に関する特性検定などの確認が必要である。さらに，'トヨハルカ'に続く密植適性の高い主茎型の品種育成と，この特性を活かした狭畦密植栽培，およびふつう型コンバインを導入したより省力的な栽培体系に関する検討が

今後期待される。

　執筆　田中義則（地方独立行政法人北海道立総合
　　研究機構中央農業試験場）

参 考 文 献

黒崎英樹・湯本節三．2003．耐冷性育種．わが国における食用マメ類の研究．総合農業研究叢書第44号．独立行政法人農業技術研究機構中央農業総合研究センター．135—146．

農林水産省農産園芸局畑作振興課編．1997．大豆のコンバイン収穫マニュアル．http://www.maff.go.jp/j/seisan/ryutu/daizu/d_combine/index.html（2017年10月26日アクセス）．

佐々木紘一・砂田喜與志・土屋武彦・酒井真次・紙谷元一・伊藤武・三分一敬．1988．だいず新品種「トヨムスメ」の育成について．北海道立農試集報．57，1—12．

佐々木紘一・砂田喜與志・紙谷元一・伊藤武・酒井真次・土屋武彦・白井和栄・湯本節三・三分一敬．1990．だいず新品種「トヨコマチ」の育成について．北海道立農試集報．60，45—58．

平春枝．1996．道産大豆の品質と利用上の問題点．北農．63，125—131．

田中義則・土屋武彦・佐々木紘一・白井和栄・湯本節三・紙谷元一・冨田謙一・伊藤武・酒井真次・砂田喜與志．1993．ダイズ新品種「カリユタカ」の育成について．北海道立農試集報．65，29—43．

田中義則・冨田謙一・湯本節三・黒崎英樹・山崎敬之・鈴木千賀・松川勲・土屋武彦・白井和栄・角田征仁．2003．ダイズ新品種「ユキホマレ」の育成について．北海道立農試集報．84，3—24．

Tanaka, Y. and S. Yumoto. 2010. Dry matter partitioning to stem at full maturity affects stem desiccation and combine harvest maturity in soybeans. Plant Prod. Sci. 13, 331—337.

湯本節三・松川勲・田中義則・黒崎英樹・角田征仁・土屋武彦・白井和栄・冨田謙一・佐々木紘一・紙谷元一・伊藤武・酒井真次．1995．ダイズ新品種「トヨホマレ」の育成について．北海道立農試集報．68，33—49．

ほまれ大納言──土壌病害抵抗性と高い 加工適性を併せもつ大納言アズキ品種

‘ほまれ大納言’は，2010年に北海道立十勝農業試験場（現在の北海道立総合研究機構農業研究本部十勝農業試験場，以下，十勝農試）で育成された大納言アズキ品種である（田澤ら，2015）。既存の北海道産大納言アズキの欠点改善を目標とし，‘アカネダイナゴン’と‘ほくと大納言’に置き換えての普及を想定した品種である。ここでは，本品種の育成に至った背景として，北海道でのアズキ栽培と位置づけ，育種とその手法について述べ，その後‘ほまれ大納言’育成の経過および特性，普及の経過などについて述べる。

1. 北海道のアズキ栽培とその位置づけ

アズキは和菓子の重要な材料であり，2016年の農林水産省作物統計においても東京都，大阪府，沖縄県を除いた44道府県で栽培が認められる。しかし，作付け面積では80％，収穫量では92％を北海道が占めており，全国の需要を北海道が支えている状況である。

畑作物の育種（品種改良）は農林水産省や地方自治体が設置した農業試験場（近年は独立行政法人に移行したものも多い）で行なう場合が多いが，アズキの育種を行なっている組織は少なく，農林水産省登録品種の育成実績がある自治体としては，北海道以外では京都府，兵庫県，岡山県のみである。それ以外では，新潟県において北海道で育成された‘ときあかり’が普及している例はあるが，大部分がいわゆる「在来種」の栽培と考えられる。在来種は‘丹波大納言’などのようにブランドとなっているものもあるが，登録品種とは異なり雑多なものが多くロットが小さいため，質と量が安定して確保しやすい北海道産アズキの評価は全国的に高い。

2. 北海道でのアズキ育種

北海道ではアズキは重要な道外移出用作物として明治時代から積極的に栽培されており，現在でも北海道ブランドの一翼を担う重要な作物である。北海道内の公設農業試験機関では，19世紀から品種の開発をはじめとして積極的な研究を行なっており，1905年に在来種のなかから選定された‘円葉’が初めて優良品種に認定されて以来，現在までに普通アズキ22品種，大納言10品種が北海道の優良品種に認定されており，その多くは十勝農試が育成したものである。

品種開発の方法としては，開始当初は在来種の収集と純化が主であり，その後，複数の品種などを人工的に交配し，その後代から優れた系統を育成・選抜する「交雑育種」が行なわれている。近年では，重要な土壌病害に対する抵抗性や耐冷性などを効率的に選抜できるDNAマーカーの開発と，それを用いた選抜も実施されている（鈴木，2014）。

育種目標としては，多収性はもちろん，安定生産において重要な冷害および病害に対する抵抗性について取り組んできた。アズキの病害で重要なものとしてアズキ落葉病，アズキ茎疫病，アズキ萎凋病という土壌病害があり，いずれも1970年前後に発見されている。これらの土壌病害は連作により土壌の汚染程度が上昇するため，戦後のアズキ栽培面積の増大と過作状態によって被害が顕在化したものと推測される。

土壌病害は薬剤による防除がむずかしいことから，十勝農試などではこれらの病害について抵抗性をもつ品種の開発に取り組んだ。抵抗性を評価する手法としては，感受性の品種を連作

品種の持ち味を活かす

し，意図的に病害を発生させた圃場で栽培する方法（圃場検定）と，培養した病原菌をポット栽培したアズキの幼植物体に接種する方法（幼苗接種検定）がある。圃場検定は，精度は高くないが多数の個体を使用できるため，品種育成の過程で初期・中期世代の個体や系統の選抜に主として用い，幼苗接種検定は，地方配布番号付与後などの後期世代系統における抵抗性の確認などに用いた。2000年代以降は抵抗性を効率的に選抜できるDNAマーカーの開発と実用化に取り組み，落葉病と萎凋病についてはDNAマーカーによる選抜が通常の育種工程に組み込まれている。

1985年に，落葉病抵抗性の'ハツネショウズ'が育成され，それ以降も'アケノワセ'（1992年育成，落葉病・茎疫病抵抗性），'きたのおとめ'（1994年育成，落葉病・萎凋病抵抗性），'しゅまり'（2000年育成，落葉病・萎凋病・茎疫病抵抗性）といった土壌病害抵抗性品種が多数育成されてきた。

3. 大納言アズキの品種開発

アズキには「普通アズキ」と「大納言アズキ」の区別があり，品種自体が違うだけではなく，公的な検査における規格の定義が異なる。大納言アズキでは5.5mm，普通アズキでは4.2mmの篩上が「整粒」と定義され，北海道の実際の流通では，普通アズキは大きくても4.8mmで調製されるのに対して，大納言アズキは品種により5.8～6.1mmとかなり大きな篩い目で調製されている。

大納言アズキはアズキのなかでも高級品として扱われており，本州の有名な銘柄としては'丹波大納言''備中大納言''能登大納言'などがある。一方，北海道では，1930年に優良品種となった'早生大粒1号'が大納言アズキの主要品種として1970年代まで広く栽培されていた。1974年に優良品種となった'アカネダイナゴン'（第1図）は，収量性や早晩性などの優点が多かったため順調に普及し，1983年の栽培面積は北海道の大納言アズキ栽培面積の97％を占め，それ以降も2006年まで北海道産大納言アズキのなかでもっとも栽培面積が大きかった。しかし，これら北海道の大納言アズキ品種は百粒重が最大でも20gに届かず，百粒重25g程度の「極大粒」である'丹波大納言'などと比べると小粒であり，年産や産地，圃場によっては大納言アズキとしての整粒歩留りが著しく低下する場合もあり，より大粒の品種が求められてきた。

そのため十勝農試では，'丹波大納言'並の極大粒品種の育成を目標とし，1989年に'カムイダイナゴン'を育成した。しかし，本品種は倒伏が多発するなど農業特性が劣り，種皮が暗い濃赤色で外観品質の評価も低かったため，普及はわずかであった。

その後，極大粒に加えて「明るい種皮色」を

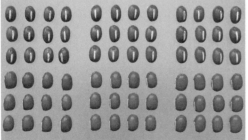

第1図　大納言アズキの草姿と子実
（十勝農試，2007）
左からアカネダイナゴン，ほまれ大納言，ほくと大納言

育種目標に追加し，1996年に'ほくと大納言'を育成した。しかし，本品種は本来の種皮色は明るいものの，成熟期前後の降雨により品質が低下すると（以下，雨害）種皮色が黒っぽく変色（黒変）しやすく，外観品質低下が生じやすいことが育成後に明らかになった。

雨害は気温が高い条件下で継続的に降雨があった場合に生じるため，北海道のなかでも秋の気温低下が緩やかで降雨が多い道央・道南地域で問題になることが多い。'ほくと大納言'は2000年に北海道の大納言アズキ栽培面積の約3割に達したが，主産地である道南地域や胆振地方で雨害による黒変粒の多発がしばしば問題になったため，栽培面積は徐々に減少し，2012年には北海道の優良品種から外れた。

2001年に育成された'とよみ大納言'（藤田ら，2003）は，百粒重が25gに達する極大粒で，'ほくと大納言'の短所である雨害黒変粒の発生も少ない。本品種は極大粒で多収であることに加え，落葉病抵抗性をもち，大納言アズキとしては初めての土壌病害抵抗性であった。本品種は順調に普及が進み，2009年には栽培面積が大納言アズキ全体の7割弱に達した。

しかし，実需者からは'アカネダイナゴン'や'ほくと大納言'，また本州産大納言などとは子実の外観や風味が異なるという指摘があり，実需者によっては加工適性の評価が低く，歴史あるメーカーを中心に，'ほくと大納言''アカネダイナゴン'に対する実需ニーズも根強かった。そのため，'とよみ大納言'は粒の大きさを活かして子実として小袋売り用途に向けられる場合が多く，和菓子などへの利用は限定的であった。

このように，北海道の大納言アズキ品種はそれぞれ一長一短があり，これらの短所を改良した新品種が求められていた。

4. 加工適性の評価

アズキは，そのほとんどが嗜好品である和菓子の原料となるため，加工したさいの「美味しさ」や「風味の良さ」が重要である。それに加えて，加工の工程においては歩留りや加工のしやすさなども重要であり，これらをまとめて「加工適性」とよぶ。

加工適性については品種育成の過程でも評価を行なっているが，アズキの「美味しさ」は評価が非常にむずかしい。理由としては，ひとつには加工度の高さがある。たとえば米であれば搗精して加水，煮熟することにより評価が可能だが，アズキは「あん」にするまででも煮熟，加糖，練上げの工程が必要であり，さらにつぶあん，こしあん，甘納豆では加工手順も異なり，具体的方法や評価ポイントも変化する。また，あんを単体で食べるわけではなく，さらに加工して饅頭や羊羹，鯛焼，最中など多様な菓子をつくるため，最終製品になったときの良し悪しは，あんのみで食べる場合とはさらに異なる。

これらのことから，実需者の評価を反映した試験を農業試験場で行なうのはむずかしいため，現在の育種のなかでの加工適性の評価は以下のように行なっている。

農業試験場で実施する内容：1）成分であるタンパク質，デンプン，粗脂肪の含有率の分析。2）実験室でアズキを煮熟後に磨砕，晒しの工程を経て「生あん」を作製し，煮熟増加比（煮熟前後の重量変化率，柔らかく煮えるかどうかに関連），あん収率（原粒とあんの乾物重の比較，製あん歩留りに関連），あん粒子径（口溶けの良し悪しに関連），生あん色などを調査する。

実需者が実施する内容：和菓子業者または製あん業者が，数kgから数十kgの原料を用いて，各自の加工方法により製品試作試験を行ない，置き換え対象品種との比較を行なう。評価内容としては，蒸煮後の香り／舌触り／味／風味，製あん後の光沢・色沢／香り／舌触り／味／皮の硬さ／風味など。

農業試験場では，品種育成の過程で年間数十系統程度を，実需者では，品種化される可能性が高い系統について年間1～2系統を複数年評価し，「自社製品の材料として使用できるかどうか」の観点から評価を行なう。

前述のとおりアズキの「味」「風味」の評価

はむずかしく，現時点ではほぼ実需者の製品試作試験で官能評価を行なっているのみである．アズキの味や風味については研究例が少なく不明な点が多いが，煮熟したときの「アズキらしい好ましい匂い」に関与する物質（時友・小林，1988）や，煮熟臭成分と官能評価との関連（相馬ら，2009）については一部明らかになっている．しかし，いずれも定量的な計測はできないため，現時点では育種などの評価には利用できない．また，近年開発された人工脂質膜を用いた「味覚センサー」などを用いてアズキやアズキ製品の評価を行なう研究も一部で行なわれており，アズキの「美味しさ」に関与する物質の解明と，科学的評価法の確立が期待される．

5. ほまれ大納言の育成経過と特性

(1) 系譜および育成経過

'ほまれ大納言'は，大納言規格内歩留りと外観品質が優れ，加工適性（とくに実需評価）が高く，土壌病害抵抗性をもつ大納言アズキ品種を目標として，十勝農試が育成した品種である．交配親および系譜を第2図に示したが，種子親の'十系701号'は落葉病と萎凋病に抵抗性をもつ極大粒の大納言アズキ系統，花粉親の'十系697号'は極大粒ではないものの茎疫病レース1，3に抵抗性をもつ大納言アズキ系統であった．

実用品種育成スキームの一例として，'ほま

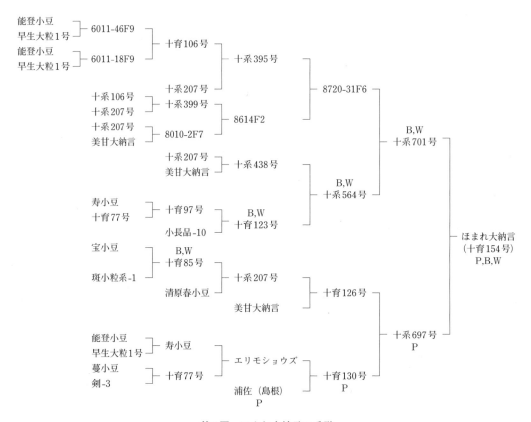

第2図　ほまれ大納言の系譜
P：アズキ茎疫病抵抗性をもつ，B：アズキ落葉病抵抗性をもつ，W：アズキ萎凋病抵抗性をもつ

れ大納言'の育成経過を以下に記載する。とくに記載のない場合，試験は十勝農試で実施したもので，概略を第1表に示した。

交配（1997年）：圃場で50花を交配。16莢が結莢し，整粒61粒を得た。

・F_1世代（1998年冬期）：1月上旬から温室で50個体を養成し，5月ころに315粒を採種した。

・F_2世代（1998年）：圃場に310粒を播種し，集団選抜により2,000粒を得た。

・F_3世代（1999年）：北海道立中央農業試験場（以下，中央農試）で2,000粒を播種し，道央地域での熟期と草型，粒大に関する選抜を行ない，選抜個体の種子を混合して2,000粒を得た。

・F_4世代（2000年）：中央農試で2,000粒を播種し，熟期，草型，粒大の優れる64個体を選抜した。

・F_5世代（2001年）：圃場で64系統を養成するとともに，落葉病が激発する芽室町内の圃場で栽培し，落葉病の抵抗性を評価した。この結果と熟期，草型，粒大をあわせて検討し，13系統を選抜した。

・F_6世代（2002年）：13群65系統について，生産力を評価する試験と同時に，十勝農試場内の落葉病激発圃場における抵抗性検定と，湛水処理と菌株散布を行なった圃場での茎疫病抵抗

性検定試験を行なった。粒が大きく，茎疫病抵抗性検定試験で発病が少なかった系統 '9723-62' を選抜した。

・F_7世代（2003年）：'9723-62' に '十系887号' の系統名を付し，生産力検定予備試験に加え，中央農試での系統適応性検定試験と，幼苗接種により茎疫病抵抗性検定を実施した。'アカネダイナゴン' と比較して収量性はやや劣ったが粒が大きく，茎疫病抵抗性であったことから，次年度配布系統とした。

・F_8 ～ F_{11}世代（2004 ～ 2007年）：'十育154号' の地方番号を付して，生産力検定試験を行なうとともに，中央農試に加えて北海道立上川農業試験場，北海道立道南農業試験場（以下，道南農試）での地域適応性検定試験を実施した。2005年からは北海道内各地での奨励品種決定現地調査などを行ない，適応性を広域的に評価した。また，各種特性検定試験を行なって耐冷性や病害抵抗性などをあきらかにするとともに，実需者による製品試作試験を行なった。

これらの試験結果から，'十育154号' は既存の大納言アズキ品種と比較して，粒大・加工適性・土壌病害抵抗性が優れることが示されたため，2008年に北海道の優良品種に認定された。同時に農林水産省へ品種登録申請を行ない，2010年に 'ほまれ大納言'（品種登録番号

第1表 ほまれ大納言育成の経過

年　次		1997	1998		1999	2000	2001	2002	2003	2004	2005	2006	2007
世　代		交　配	F_1	F_2	F_3	F_4	F_5	F_6	F_7	F_8	F_9	F_{10}	F_{11}
供　試	系統群数 系統数 個体数	50花	50	310	2,000	2,000	64 ×26	13 65 ×20	1 5 ×20	1 10 ×20	1 5 ×26	1 10 ×26	1 10 ×26
選　抜	系統数 個体数 粒　数	16莢 61粒	315	2,000	2,000		64	13 65	1 5	1 10	1 10	1 10	1 10	1 10
実施試験				集団選抜	個体選抜	落葉病圃場検定	茎疫病抵抗性検定，系統選抜（落葉病検定圃）	系統適応性検定試験（中央農試）十系887号	地域適応性検定試験，奨励品種決定調査，特性検定試験，製品試作試験，十育154号			

中央農試欄：1999年・2000年は「（中央農試）」の下に集団選抜・個体選抜。

注　供試個体数の×印は1系統内の個体数を示す。
　　ほまれ大納言系統番号：9723-P2 ～ P4-62-2-2-7-5-9-4
　　実施試験は育成場長期輪作圃場以外での試験

113

品種の持ち味を活かす

第19421号，あずき農林17号）と命名登録された。

（2）特　性

①形態的および生態的特性

ほかの品種と比較した'ほまれ大納言'の特性を第2表に，具体的データを第3表に示した（第1図も参照）。

主茎長は'アカネダイナゴン''ほくと大納言''とよみ大納言'と同程度で，主茎節数は'アカネダイナゴン'と同程度で'ほくと大納言''とよみ大納言'より多く，分枝数はほかの品種より少ない。莢の長さは'アカネダイナゴン'より長く'ほくと大納言''とよみ大納言'と同程度である。子実の形は'アカネダイナゴン'は先がやや尖った「烏帽子」，'とよみ大納言'は丸みのある「短円筒」であるのに対して，'ほくと大納言'と同じ「円筒」である。

ほかの大納言アズキ品種との顕著な差異は，熟莢色が他品種は「極淡褐」であるのに対して，'ほまれ大納言'は普通アズキと同じく「褐」であることである。熟莢色については育種の過程で積極的な選抜を行なっていないが，大納言アズキの育種母本として多く用いてきた本州の在来種に熟莢色が「極淡褐」のものが多かったため，育成された大納言アズキ品種も「極淡褐」

になったと推察される。一方，'ほまれ大納言'の育成では土壌病害抵抗性の強化を重要目標として育種を行なったため，その系譜には土壌病害抵抗性をもつ普通アズキの品種系統が多く含まれる。このため，結果的に'ほまれ大納言'の熟莢色が「褐」になったものと考えられる。

成熟期は，品種登録の区分としては同じ「中の晩」だが，ほかの品種と比較すると1〜5日程度おそい。これは，前述したように'ほまれ大納言'は主茎節数がやや多いため，開花・結莢期間が長くなりやすく，結莢と登熟の進行パターンによっては成熟期に達するのに時間を要するものと推定される。

子実重（収量）は，育成地の十勝農試の平均では'アカネダイナゴン'比で91％，'ほくと大納言'比で96％とやや低収であった。しかし，奨励品種決定試験などの成績を平均すると，'アカネダイナゴン'対比では98％，'ほくと大納言'対比では109％であり，実際の生産現場での収量性としては両品種と比較して遜色がなかった。これには，土壌病害が発生した試験で，'ほまれ大納言'が抵抗性により減収被害を回避したことが影響している。

病害抵抗性については，幼苗接種検定試験により落葉病抵抗性は「強」，萎凋病抵抗性は「強」，茎疫病抵抗性は「かなり強」であること

第2表　大納言アズキのおもな特性

品種名	主茎長	主茎節数	分枝数	熟莢色	莢の長さ	一莢内粒数	子実	
							大きさ	形
ほまれ大納言	中の短	中	中	褐	中	少	大	円筒
アカネダイナゴン	中の短	中	多	極淡褐	短	少	大の小	烏帽子
ほくと大納言	中の短	やや少	多	極淡褐	中	少	極大	円筒
とよみ大納言	中の短	やや少	多	極淡褐	中	少	極大	短円筒

第3表　生産力検定試験の成績

品種名	開花期（月／日）	成熟期（月／日）	倒伏程度	主茎長（cm）	主茎節数（節）	分枝数（本／株）	莢　数（莢／株）
ほまれ大納言	7/30	9/24	4.0	94	15.2	4.9	46
アカネダイナゴン	7/28	9/23	4.0	89	14.8	5.7	63
ほくと大納言	7/30	9/21	3.7	89	12.8	5.5	45
とよみ大納言	7/29	9/19	3.2	80	11.8	5.8	46

注　子実重対比はアカネダイナゴンと比較した％，大納言アズキ規格は5.5mm篩上

が示された。これは，普通アズキのなかでも高度な抵抗性をもつ'しゅまり'と同等の複合病害抵抗性である。

②子実の外観品質

大納言アズキで非常に重要な子実の大きさについては，'ほまれ大納言'の百粒重は20.8g，「大」である。「大の小」である'アカネダイナゴン'と比較すると14％重く，「極大」の'とよみ大納言'と比較すると1割程度軽い。大納言アズキの整粒限界である5.5mm篩上の比率は'アカネダイナゴン'より高い。

種皮色は「赤」で，'アカネダイナゴン'の「濃赤」，'ほくと大納言''とよみ大納言'の「淡赤」とは色調がやや異なる。種皮色を色彩色差計で計測したL＊（明度），a＊（赤み），b＊（黄色み）については，'アカネダイナゴン'と比較するとa＊は大きく，b＊は同等で，'ほくと大納言'と比較するとa＊が大きく，b＊は小さい。つまり，赤みが強く，橙色・茶色寄りではなく大納言アズキで好まれる赤紫・紅色寄りの色調といえる。

雨害による影響については，2005〜2007年の奨励品種決定現地調査において，目視により雨害による黒変粒が認められた5例と認められなかった5例に分けて，黒変粒率と種皮色のL＊a＊b＊を調査した。'ほまれ大納言'の黒変粒率は'ほくと大納言'より低く，種皮色の変化については，L＊とb＊は両品種とも大きな変化はなかったが，'ほくと大納言'は雨害黒変が認められた例でa＊が低下していた。L＊とb＊が同程度の場合，a＊が小さいとくすんだ色調になり，暗い色と認識される（第3図，第4表）。

第3図 ほまれ大納言（左）とほくと大納言（右）の雨害黒変粒発生の差
上：道南農試，下：檜山地域A町，2007

種皮の色	抵抗性				
	低温	落葉病	茎疫病	萎凋病
赤	中	強	かなり強	強
濃赤	中	弱	弱	弱
淡赤	やや弱	弱	弱	弱
淡赤	やや弱	強	弱	強

（十勝農試，2004〜2007年の平均）

一莢内		子実重 (kg/10a)	子実重対比 (％)	百粒重 (g)	屑粒率 (％)	検査等級	大納言アズキ規格内	
胚珠数	粒数						比率（％）	子実重（kg/10a）
9.20	4.65	324	91	20.8	3.0	3下	97.9	316
8.08	4.24	357	100	18.2	4.2	3下	91.9	328
8.56	4.49	338	95	22.7	2.2	3下	99.2	335
8.97	4.44	349	98	23.8	3.9	3上	99.8	348

品種の持ち味を活かす

第4表 雨害による黒変粒の発生率と種皮色の比較 (2005〜2007年)

雨害粒発生	有 (n＝5)				無 (n＝5)		
	黒変粒率 (%)	L＊	a＊	b＊	L＊	a＊	b＊
ほまれ大納言	5.3	40.55	9.70	3.79	40.38	9.93	3.89
ほくと大納言	29.4	40.25	8.17	3.66	40.40	8.96	3.87

注　種皮色はミノルタ CI1040i により複粒法で測定

③加工適性の評価

中央農試で行なった煮熟製あん試験では，生あん色は，‘アカネダイナゴン’より L＊および b＊がやや大きく明るい色調，‘ほくと大納言’と比較すると L＊，b＊がやや小さく暗い色調を呈した。タンパク質含有率，粗脂肪含有率は両品種よりやや高く，デンプン含有率，煮熟増加比は同程度である。あん粒子径は‘アカネダイナゴン’より大きく，‘ほくと大納言’‘とよみ大納言’と同程度であった（第5表）。

実需者による評価として，九州と東京の和菓子メーカー2社において，‘アカネダイナゴン’との比較で，4年間の生産物を用いて延べ7回にわたって試作試験を実施した。その結果をまとめたものを第6表に示す。十勝農試産を用いた2例の試験では，舌触り，味，皮の硬さなどの項目で評価が低かったが，それ以外はおおむね評価が高く，とくに風味が良いとされること

第5表 加工適性試験の結果 (中央農試, 2004〜2007年の平均)

品種名	種皮色				生あん色				タンパク質含有率 (%)
	L＊	a＊	b＊	C＊	L＊	a＊	b＊	C＊	
ほまれ大納言	25.0	20.4	10.3	22.9	39.9	6.1	5.9	8.6	23.6
アカネダイナゴン	24.8	18.4	10.2	21.1	37.7	5.9	5.2	7.9	22.9
ほくと大納言	24.8	19.4	11.3	22.5	41.2	6.2	7.2	9.5	22.9
とよみ大納言	25.1	20.3	11.3	23.3	42.4	6.3	7.7	10.0	23.2

注　種皮色，生あん色は東京電色社製 TC-1800MK-II（種皮色は複粒法）による
　　製あん方法：アズキ50gに150mℓの水を加え，98℃ 70分でオートクレーブで煮熟後，0.5mmの篩上でつぶして種皮を分し，晒し布で絞って調製した。渋切りは行なっていない
　　タンパク質，デンプン，粗脂肪含有量は乾物換算値
　　測定法は以下のとおりである
　　タンパク質含有量：ケルダール分解法，N係数6.25，デンプン含有量：グルコースオキシダーゼ法
　　粗脂肪含有量：ジエチルエーテル抽出法
　　あん粒子径：島津社製粒度分布計 SALD-1100 による

第6表 ほまれ大納言に対する実

業者名	年産	産地	製品名	色沢	光沢	香り	舌触り	味	皮の硬さ	風味	総合
熊本A社	2005	十勝農試	粒あん	□	□	□	△	△	□	□	△
	2006	栗山	粒あん	△	□	□	□	□	○	○	―
	2007	厚沢部	粒あん	○	□	○	○	□	□	○	○
		(ほくと大納言比評価)		□	□	△	○	○	○	△	○
東京B社	2004	十勝農試	甘納豆	△	□	□	△	□	△	□	△
	2005	中央農試	甘納豆	□	□	□	□	□	□	□	□
	2006	栗山	甘納豆	□	□	□	□	□	○	□	□
	2007	厚沢部	甘納豆	□	□	□	△	□	□	□	□

注　アカネダイナゴンと比較したほまれ大納言の相対評価
　　2006年産熊本A社の試験では煮えムラなどにより総合評価は保留となった
　　×：劣る，△：やや劣る，□：同等，○：やや優る，◎：優る

が多かった。メーカー担当者の具体的コメントとしても，「粒が大きく風味も味もよい，当社の商品に十分使用できる」「粒大，皮の柔らかさ，風味においてバランスのよい豆であり，品種化に期待する」などの意見があった。

（3）品種育成後の栽培試験

'ほまれ大納言' の栽培が定着しつつある2014 〜 2016年の3年間，道南農試および檜山地域A町で，'ほまれ大納言' と 'とよみ大納言' を用いて栽培試験を行なった。道南農試の成績では 'ほまれ大納言' の子実重と百粒重は3か年ともに 'とよみ大納言' を下まわったが，A町の試験では子実重の差は明確でなく，百粒重はやや小さかった（第4図）。'ほまれ大納言' の収量性と粒大は，土壌病害の影響がない圃場

デンプン含有率 （％）	粗脂肪含有率 （％）	煮熟増加比 （倍）	あん粒子径 （μm）
49.7	0.60	2.61	134.2
49.7	0.45	2.55	123.2
50.5	0.47	2.46	132.7
51.0	0.43	2.22	134.8

離，約10倍量の水で自然沈降法による水晒しを3回繰り返

では 'とよみ大納言' を上まわらないことが，この試験でも示された。

一方で，本試験の結果から，播種期を遅らせることにより粒が大きくなることが示されており（第5図），品種の特性を逆転することはできないものの，成熟期が遅れて秋の霜害による被害を受けない範囲で播種を遅らせることにより，粒の小ささの改善が期待できる。

6.　大納言アズキの普及と育種

2008年の品種育成後，'ほまれ大納言' は北海道北部の上川地域，東部の十勝地域，南部の檜山地域を中心に普及している。当初の目標のとおり，'ほくと大納言' のすべてと 'アカネダイナゴン' の一部に置き換わって普及しており，2008年には全道で161haあった 'ほくと大納言' は，2012年に北海道の優良品種から外され，2015年以降は作付け実態がない。'アカネダイナゴン' は2008年には1,082haの作付けがあり，大納言アズキの約半分を占めていたが，2014年は358haまで減少している。この間に 'とよみ大納言' の栽培が急激に増加し，1,100haから2,150haに倍増した。大納言アズキ全体では微増（2,345ha→2,688ha）にとどまるため，'とよみ大納言' の割合が47％から80％に増加している。

'とよみ大納言' は北海道の大納言品種のなかではもっとも大粒であり，収量性も高い。ま

需者による製品試作試験での評価

試験実施者によるコメント（抜粋）
煮えムラが見られ皮の硬さがやや残るが，ほかの問題はないと思われる 風味が良いので，ぜひ使用したい 粒大，皮の柔らかさ，風味においてバランスの良い豆であり今後の品種化に期待する
粒が大きいため煮えムラが出たが，煮る時間を工夫すれば十分使用できる 風味があっておいしく仕上がった 通常使用するアカネダイナゴンと比較して粒が大きく風味も味も良く，当社の商品に十分使用できる アカネダイナゴンに劣ることなく，味・香り・粒の大きさともに当社商品に適した品種だと思う。十分量を確保できれば製品化は可能と思う

品種の持ち味を活かす

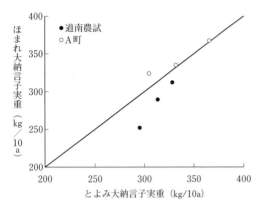
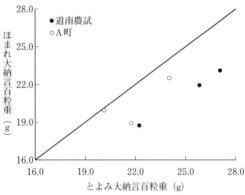

第4図　道南農試および檜山地域A町でのとよみ大納言，ほまれ大納言の子実重と百粒重（2014～2016年，6月5日播種）

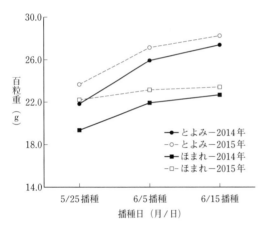

第5図　播種期によるほまれ大納言，とよみ大納言の百粒重の変化　　（道南農試）

た，比較的短茎となりやすいため倒伏も少なく，栽培および流通の面でのメリットが大きいといえる。品種化直後には，和菓子メーカーなどから「従来の大納言アズキとは色も味も違うので使用しにくい」という意見もあったが，供給が増加するに従って，特性に応じた加工方法が定着したものと推察される。

　一方で，老舗の和菓子メーカーを中心として，'アカネダイナゴン'や'ほまれ大納言'を希望するメーカーは少なくない。前述の製品試作試験を実施した九州のメーカーは，'ほまれ大納言'を一貫して看板商品の原料として使用しており，道南地域を中心にその需要に向けた生産が行なわれている。

　'ほまれ大納言'は多くの優点を備えるが，'とよみ大納言'には子実重と粒大では及ばない。今後の大納言アズキ品種育成では，'ほまれ大納言'をさらに育種素材として活用することにより，同品種がもつ耐病性と外観品質，加工適性に加え，収量性・粒大が改善された品種の育成が求められる。

　アズキの「美味しさ」や「風味」については科学的な評価選抜手法が確立されていないため，この点で優れる品種を育成するのは容易ではない。近年，十勝農試では製あんなどの加工試験を自前で実施するための機器類を導入しており，加糖あんについても原料アズキ1kg程度の少量から作製可能である。評価法としては当面は官能評価に頼らざるを得ないが，味・風味についても以前より育成の早い段階から検討が可能になっており，これらの活用による品種育成の強化が期待される。

　今後，人口減少に伴って食品全体として消費量が減少することが避けられないなかで，とくに嗜好品の原料であるアズキでは，消費者に選ばれるためには「味の良さ」の重要性は高い。一方で，生産のコスト削減にもつながる収量性，安定生産のために重要な病害や低温に対する抵抗性についても重要性が低下することはないため，育種目標は増える一方といえる。さらに，ニーズや状況の変化に柔軟に対応するた

めにも，成果が求められる期間は短くなっている。限られた人員や予算のなかで，これらに取り組むのは容易ではないが，DNAマーカーなどの先端的技術の利活用も含め，今後も生産，流通，実需に歓迎される，優れた品種の育成を期待したい。

執筆　田澤曉子（地方独立行政法人北海道立総合研究機構農業研究本部道南農業試験場）

参 考 文 献

藤田正平・島田尚典・村田吉平・青山聡・千葉一美・松川勲・南忠．2003．アズキ新品種「とよみ大納言」の育成．北海道立農試集報．**84**，25—36．

相馬ちひろ・小宮山誠一・奥村理・島田尚典．2009．小豆加工適性（煮えむら，煮熟臭）の評価法と変動要因．北海道農業研究成果情報平成21年度．

鈴木孝子．2014．アズキ落葉病抵抗性遺伝子と連鎖したDNAマーカーの開発とその有効性に対する研究．北海道立総合研究機構農業試験場報告．**140**，1—56．

田澤曉子・佐藤仁・島田尚典・青山聡・藤田正平・村田吉平・松川勲・長谷川尚輝．2015．アズキ新品種「ほまれ大納言」の育成．北海道立総合研究機構農業試験場集報．**99**，1—11．

時友裕紀子・小林彰夫．1988．国産アズキの煮熟臭に関する研究．日本農芸化学会誌．**62**，17—22．

難脱粒性ソバの登熟中および収穫時の子実損失

(1) ソバの収量性

ソバの作付け面積は2010年までは5万ha弱で推移していたが，現在は約6万haに至っている（第1図）。ソバの作付け面積が急増する一方で，この数年間のソバの収量は低下傾向にある。ソバの10a当たり収量は，イネの500〜600kg，コムギの約300kg，ダイズの約150kgに対して50〜80kgであり，きわめて低い。

その理由として生育期間が2〜3か月と短く生産量を確保できる期間が短いこと，さらに湿害，地力悪化と肥培管理，雑草との競合などによる生育不良，受粉を担う訪花昆虫の不足による不稔の発生，倒伏や脱粒による子実の損失などさまざまな減収要因があげられる。

(2) 脱粒による子実の損失の内訳

コンバイン収穫の適期は，黒化率が8〜9割のころとされており，収穫適期を逃すと自然脱粒が多発する（第2図）。自然脱粒による損失の軽減には適期収穫が必須であるが，大規模生産地ではすべてが適期収穫できるとは限らず，収穫がおそくなるに従い自然脱粒による損失の

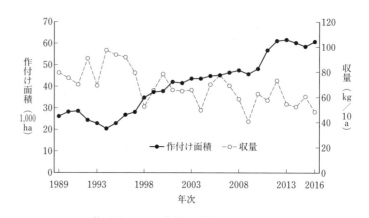

第1図　ソバの作付け面積と収量の推移

（農林水産省統計）

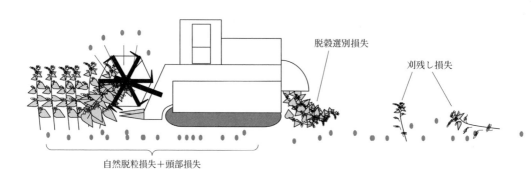

第2図　ソバ子実の損失の概要

(3) 難脱粒系統と子実損失の評価

脱粒による子実の損失を軽減できる素材として，花弁が緑であるグリーンフラワー型の難脱粒性素材が有望視されている。グリーンフラワー型は強く太い枝梗をもつため引っ張り強度が強く，一般的な普通ソバの抗張強度（子実を引っ張って植物本体から切り離すのに要する力）は40g前後であるのに対し，グリーンフラワー型は約90gで2倍程度の強度があり，脱粒抵抗性が大きい（第3, 4図, Suzuki et al., 2012a・b）。

グリーンフラワーと難脱粒性は多面発現的であり，単一の核内遺伝子により劣性遺伝することが確認されており，交雑育種による導入が容易であるため難脱粒素材の実用化を目指して研究開発が進められている（Mukasa et al., 2008）。そのためには，収量の損失の軽減に有効であるかどうかを実際の収穫作業により検証することが必要である。そこで，グリーンフラワー型の難脱粒系統として'芽系35号'，比較対象として北海道の主要品種である'キタワセソバ'を用いてコンバイン収穫試験を実施し，損失の軽減に有効であるかどうかを検証した（森下・鈴木, 2017）。

コンバイン収穫を，収穫適期とされる黒化率80〜90％（標準刈り）と刈遅れを想定して黒化率がほぼ100％に達したころ（おそ刈り）に2回実施した。脱穀選別損失はコンバインから排出される残渣を収集し，そのなかに含まれる子実の重量から算出した（第5図）。自然脱粒

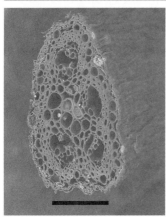
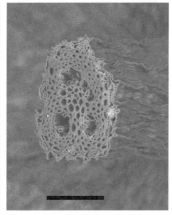

第3図 グリーンフラワー型（左）と従来型（右）のソバ
（写真提供：九沖農研・鈴木達郎）
上段：花，中段：子実，下段：茎の断面。バーは100μmを示す

発生リスクが高くなる。さらに強風や降雨によっても脱粒が助長される。

子実の損失はこの自然脱粒損失に加えて，収穫のさいにコンバインと作物の接触によって生じる頭部損失（ヘッドロス），収穫物である子実が脱穀されずにコンバインを素通りする脱穀選別損失，および収穫されずに圃場に残る刈残し損失に分けることができる。

品種の持ち味を活かす

損失は登熟期間を通して圃場にかごを設置して，脱粒した子実を収集し算出した（第6図）。頭部損失は，コンバイン収穫後に地表面に落ちた子実を自然脱粒とコンバインとの接触による脱粒の合計（頭部損失＋自然脱粒損失）とみなし（第7図），その損失量から自然脱粒損失を差し引いた残りを頭部損失とした。

（4）難脱粒系統の子実損失の特徴

第8図に2013年と2014年の子実重（収量）と子実損失重（損失量）を示した。通常はおそく収穫すると子実収量が高くなるのに対して，2013年は9月中旬の台風18号による強風が原因と思われるが，'キタワセソバ'と'芽系35号'の子実重は両者ともおそ刈りのほうが標準刈りよりも大幅に少なく，逆に子実損失重は，標準刈りよりもおそ刈りのほうが多かった。一方，強風害のなかった2014年は標準刈りよりもおそ刈りのほうが子実重は高く，子実損失重は標準刈りよりもおそ刈りのほうが多かった。

第9図にこれらの子実損失を頭部損失，自然脱粒損失，刈残し損失および脱穀選別損失に分けた結果を示した。2013年は'キタワセソバ'の自然脱粒損失の割合が高く，標準刈りおよびおそ刈りそれぞれ37.5％および63.0％であるのに対し，'芽系35号'はそれぞれ12.0％および

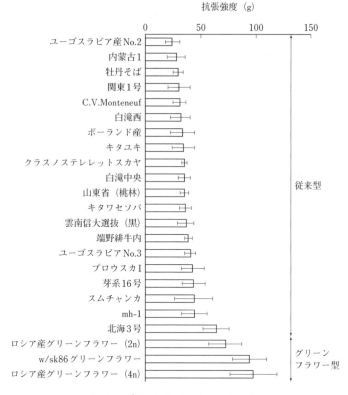

第4図　抗張強度の品種・系統間差
(Suzuki *et al.*, 2012を改訂)

第5図　脱穀選別損失の調査
コンバインから排出される残渣を収集

第6図　自然脱粒損失の調査
圃場にかごを設置して脱粒子実を収集

第7図　頭部損失＋自然脱粒損失の調査
鉄枠内の子実を拾い上げる

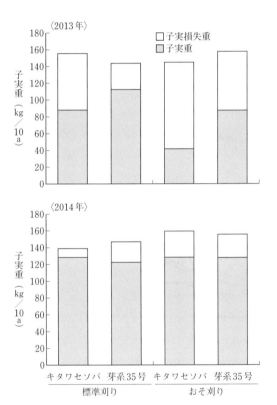

第8図　コンバイン収穫による子実重と子実損失重

(森下・鈴木, 2017を改訂)

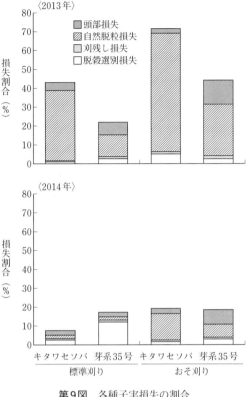

第9図　各種子実損失の割合

(森下・鈴木, 2017を改訂)

27.4％であった。2014年は標準刈りにおける脱穀選別損失の割合がもっとも大きく，'芽系35号'の12.2％と'キタワセソバ'の2.6％であった。一方おそ刈りでは，'芽系35号'の頭部損失の7.7％，'キタワセソバ'の自然脱粒損失の14.3％がそれぞれもっとも大きかった。刈残し損失の割合は品種系統および収穫時期を問わず約1％であり，損失に占める割合は低い。

標準刈りでは'芽系35号'の脱穀選別損失が大きいため'キタワセソバ'よりも損失割合が大きく，難脱粒性の優位性は明確ではない。一方'芽系35号'の頭部損失は，標準刈りよりおそ刈りのほうが多いが，おそ刈りによる'キタワセソバ'の自然脱粒損失の増加と'芽系35号'の脱穀選別損失の減少により，'芽系35号'の子実の損失の割合は'キタワセソバ'よりも少なく，適期収穫できなかった場合は'芽系35号'のほうが有利である。さらに降雨や強風および極おそ刈り条件など，脱粒が多発しやすい条件下では，'芽系35号'は自然脱粒の抑制により子実の損失を軽減させるのに有効である。このように，難脱粒性は自然脱粒損失

品種の持ち味を活かす

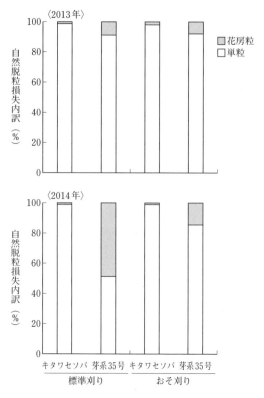

第10図 子実脱粒損失の内訳
(森下・鈴木, 2017を改訂)

の軽減が長所であり, 脱穀選別損失の多いことが短所である。

'芽系35号'の脱穀選別損失が'キタワセソバ'よりも全般的に高かったのは,'芽系35号'の枝梗の引っ張り強度が大きいためコンバインで子実が十分に脱穀されず, 残渣に着粒したままコンバインを素通りしやすいためと考えられる。脱穀選別損失は難脱粒性の短所ではあるが, 難脱粒系統の収穫適期の選定やコンバインの条件により軽減できると考えられる。

(5) 難脱粒系統の脱粒の形態

第10図に示すように, '芽系35号'の自然脱粒は'キタワセソバ'と比較して花房単位の脱落が多い。難脱粒系統は単粒単位では脱粒抵抗性を示しても, 花房の脱落が損失を増大させることを示している。すなわち単粒は強い枝梗のため引っ張られても脱粒しにくいが, それを支える花房の基部の強度が不十分である可能性がある。

しかし花房の脱落の不利を差し引いても, おそ刈りの場合は難脱粒系統の自然脱粒損失の軽減による優位性は十分である。

難脱粒系統は子実の損失を軽減させるのに有効であり, とくに降雨や強風などで脱粒が多発しやすい場合に効果的である。しかしそのほとんどは自然脱粒の軽減で, コンバインが直接原因となった損失についてはむしろ難脱粒系統のほうが多い。

これを解決するには難脱粒系統に頻発する花房の脱落を防ぐのが効果的であり, 花房の基部を強化した素材の開発が望まれる。また, 脱穀選別損失軽減のためには早すぎない収穫時期や難脱粒系統の収穫に合わせたコンバインの運転条件の最適化が必要である。

なお本稿は, 農林水産省委託プロジェクト研究「実需者等のニーズに応じた加工適性と広域適応性を持つ大豆品種等の開発委託事業」の成果である。

執筆　森下敏和(農研機構北海道農業研究センター)

参 考 文 献

森下敏和・鈴木達郎. 2017. 普通ソバ難脱粒系統の登熟中およびコンバイン収穫時に発生する損失の評価. 日作紀. **86**, 62—69.

Mukasa, Y., T. Suzuki and Y. Honda. 2008. Inheritance of green-flower trait and the accompanying strong pedicel in common buckwheat. Fagopyrum. **25**, 15—20.

Suzuki, T., Y. Mukasa, T. Morishita, S. Takigawa and T. Noda. 2012a. Traits of shattering resistant buckwheat 'W/SK86GF'. Breed. Sci. **62**, 360—364.

Suzuki, T., Y. Mukasa, T. Morishita, S. Takigawa and T. Noda. 2012b. Varietal differences in annual variation of breaking tensile strength in common buckwheat. Fagopyrum. **29**, 13—16.

倒れにくいソバ品種にじゆたかの根の特徴

(1) にじゆたかの育成

ソバは，わが国ではおもに麺として食されるもっとも身近な穀類のひとつで，2014年度の作付け面積は約5万9,000haとなっている。しかし，収量が低く，年による変動も大きいことがしばしば問題となっている。たとえば，2014年度の全国平均収量はわずか52kg/10aで，水稲の1/10程度であった。収量が低いおもな原因としては，花が実になる割合（結実率）が10％程度と低いこと，子実が一斉成熟をせず気象条件の影響を受けやすいこと，倒伏しやすいことがあげられる。

このなかで倒伏は収量を大きく低下させるため，倒伏しにくい品種を育成することは，育種の重要な目標となっている。そのような背景のなか，農研機構東北農業研究センターでは，2001年から早生・多収・耐倒伏性を目標に品種育成を開始し，2011年に多収で耐倒伏性に優れる'にじゆたか'（系統名東北1号）を品種登録した。この品種開発にあたっては，最終候補に残った3系統のうち，台風でも倒れなかった1系統を残したというエピソードが残っている。

倒伏しやすさの指標である倒伏程度は，'にじゆたか'では0.9±0.6で，標準品種とされる'階上早生'の2.7±0.3に比べてかなり低く（6段階評価法による5か所の標準栽培試験の5年間の平均値±標準偏差），耐倒伏性が際立っていることがわかる（第1図）。

なお，品種名は，にじ（虹）が夢や希望を，ゆたか（豊か）が豊かな郷土を意味し，2011年に起きた東日本大震災からの郷土の復興を願って命名された（由比ら，2012）。

ここでは，'にじゆたか'がなぜ倒れにくいかを調べた結果を紹介する。すでに倒伏の原因やしくみについては多くの研究がなされ，地上部形質が関係する場合（茎が節間で折れる挫折型，茎が節で曲がる湾曲型，分げつが広がる開張型）と根形質が関係する場合（茎が地ぎわから倒れる転び型）とが知られている。このうち地上部の形質についてはよく研究され，それを元に短稈で倒伏しないイネやコムギ品種が数多く育成されてきた。しかし根の形質にもとづいた育種は，調査の困難さもあって，ほとんどないといってよい状況である。

それでも，イネ，ムギ，トウモロコシでは，根の形質（根の開張角度，根量・根数，根の内部形態）や，栽培条件（播種深度，播種密度，施肥，水管理，株鎮圧，気象）が倒伏に影響するという研究結果が得られている。しかし，ソバではそのような研究すらほとんど行なわれていない。そこでここでは，倒れにくい要因を，根の形質を中心に述べることとする（Yui et al., 2010；由比ら，2012；Murakami et al., 2012a；村上ら，2012b；村上ら，2016a・2016b）。

(2) にじゆたかの根の特徴

①調査した根の形質

調査を行なったのは，第2図に示すように株の地ぎわの根の形質である。主根長は，一番上の側根が出ている位置から先が細くなって糸状

第1図　圃場における栽培のようす

(村上ら，2016a)

左：にじゆたか，右：階上早生
盛岡圃場（播種後70日目，10月6日），左のにじゆたかは立っているが，右の階上早生はほとんど倒れている

品種の持ち味を活かす

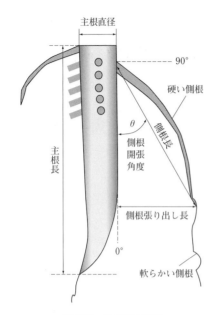

第2図　根の調査部位
(村上ら，2016b)
主根は茎につながる太い主根のみ，側根は垂れ下がらない硬い部分のみを測定対象とした。側根長は側根張り出し長/sin（側根開張角度）の計算で出した

になる位置までの太い部分の長さである。主根直径は，一番上の側根が出ている位置の直径である。主根から出る一次側根（以下，側根とする）は，硬い部分とその先の糸状の部分から成

る。地上部を支えるのはこの硬い部分とみて，その水平方向への角度（開張角度），横方向への張り出し長，長さおよび数を測定した。なお，側根の長さは，図にあるように，張り出し長と開張角度から計算で出した。

　調査を地ぎわに限定したのは，両品種の根を鉄の枠（モノリス，横40cm×縦30cm×幅5cm）で掘り上げた予備調査で，地ぎわの部分に大きな違いがあるように見えたからである。第3図に示すように，'にじゆたか'の地ぎわは白い太い根がはっきりとしているのに対し，'階上早生'ではその部分があまりはっきりしていない。耐倒伏性は，作土全体にわたる根張りが影響するので，本来であれば，地ぎわに加えて作土全体の根張りを調査する必要があると思われる。しかし，それには莫大な時間と労力がかかるので，採取できるサンプル数が制限され，品種間の差よりも誤差のほうが大きくなってしまう可能性が高い。そこで，調査を地ぎわに限定して調査点数を増やした。

　第4図には，調査した両品種の地ぎわの根を示す。'にじゆたか'のほうが根のボリュームがありそうであるが，かなりのバラツキもあるので，多数の根を調査する必要があることがわかる。

　根は，地上部を刈り取ったあと，株周囲から約15cm離れた位置にスコップを深さ25cmま

第3図　にじゆたか（左）および階上早生（右）の根分布の違い（村上ら，2016a）
2009年10月5日に，横40cm×縦30cm×幅5cmの土壌ブロックを採取し，そこにピンボードを差し，土ごと鍋で20分煮沸し，土を流水で除去した。細い根は流されているので土層全体の根の分布は不明だが，地ぎわ（円で囲んだところ）の根の違いがわかる

播種密度

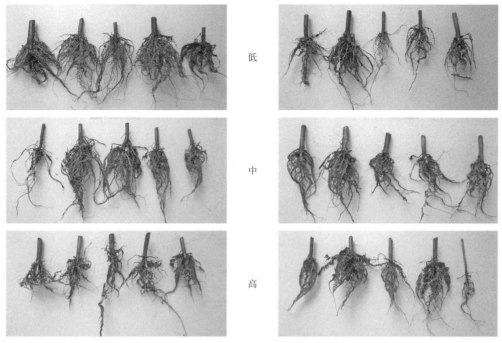

第4図 にじゆたか（左）と階上早生（右）の地ぎわの根

第1表 根の形質の品種間差　　　　　　　　　　　　　（村上ら，2016aより作成）

圃場	播種後日	品種	草丈 (cm)	主茎直径 (mm)	主根長 (cm)	主根直径 (mm)	側根開張角度 (度)	側根張り出し長 (mm)	側根長 (mm)	側根数 (本/株)
盛岡	29日	にじゆたか	86.8	5.74	4.8	4.67	**39.1**	18.0	31.4	39.4
		階上早生	**94.1**	**6.14**	5.0	4.70	36.2	15.7	29.1	29.9
	70日	にじゆたか	122.3	5.77	6.2	5.25	**43.6**	**18.9**	**30.7**	**57.3**
		階上早生	122.8	5.98	6.1	5.08	38.8	15.5	28.1	38.3
福島	28日	にじゆたか	53.1	3.62	2.5	3.27	**58.6**	9.7	12.6	16.2
		階上早生	**58.6**	**3.93**	2.6	3.28	50.0	9.2	12.0	15.9
	42日	にじゆたか	83.4	3.91	2.9	3.67	54.6	**21.4**	**27.8**	26.6
		階上早生	86.1	4.20	3.6	3.67	56.6	17.8	22.5	22.5
	70日	にじゆたか	93.9	4.17	2.8	3.87	**62.2**	**24.9**	**29.2**	26.3
		階上早生	95.3	4.30	**3.4**	3.75	57.2	21.2	26.9	21.4

注　各調査の太字は，品種間に統計的な有意差があることを示す（5％水準）
　　側根長は計算によって出した．側根張り出し長/sin（側根開張角度）

で入れ，1処理区当たり10株（3反復）を掘り上げ，水洗いして調査した．なお，'階上早生'を標準品種としたのは，この品種が1920年に青森県で育成され，以来100年近くにわたって東北全域で栽培されている，もっとも一般的な品種だからである．

②階上早生との根の比較

第1表には両品種の根と地上部の形質を比較した結果を示す．各調査の結果は完全に一致しているわけではないが，総じて主根長や主根直径に品種間差はなかった．一方，'にじゆたか'は'階上早生'と比べて，硬い側根の開張角度が大きく，より水平方向に向き，より長く横に

127

品種の持ち味を活かす

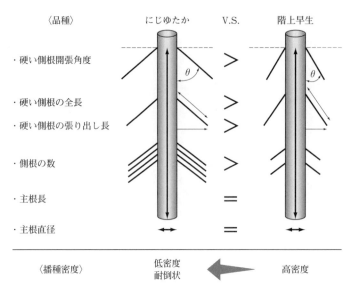

第5図　両品種の根の形質比較と播種密度の影響
(村上ら，2016b)

にじゆたかのほうが側根の4形質が大きい。両品種とも低播種密度で栽植するほうが側根，主根の6形質が大きい。これらの特性が倒伏が少なくなる要因と考えられる

第2表　根の形質の品種間差（盛岡，播種後62日）
(Yui *et al*., 2010より作成)

播種法	品種	草丈(cm)	主茎直径(mm)	主茎肉厚(mm)	主根直径(mm)	側根数(本/株)	引き倒し抵抗値(N)
散播	にじゆたか	99	6.72	0.80	5.19	19.5	12.32
	階上早生	93	6.27	0.63	3.27	6.4	5.55
条播	にじゆたか	109	6.69	0.81	3.41	25.2	6.98
	階上早生	89	5.81	0.57	3.43	7.4	4.00

注　各播種法の太字は，品種間に統計的な有意差があることを示す（1%以下水準）
播種密度は200粒/m²

大でも3.7mm程度長かっただけであるが（第1表，福島70日），側根は主根から4方向へ十字型に出ているので，この差は根系をより大きくして耐倒伏性を高くするのに貢献したかもしれない。コムギでは，冠根が囲んだ円錐型の土塊の直径が大きいほど耐倒伏性が高いことが報告されており（Crook and Ennos, 1993），この考え方が支持される。

側根数が多いことは，根全体の体積が増えて土のなかにより大きな錘ができることになるので，耐倒伏性が高いことにつながると思われる。根のタイプは異なるが，コムギでは根数×根直径指数が大きいほど倒伏しにくいことが報告されており（小柳ら，1988），今回の結果と一致している。

第2表の試験結果では，側根数の比較の結果は第1表とおおよそ一致しているが，主根直径は'にじゆたか'のほうが太くなっていた。主根が太いと土壌にしっかりと刺さるので倒れにくくなると思われるが，今回の試験ではそれ

張り出し，より長く，数が多かったといえる。これを図でまとめたものが，第5図上段である。
側根の開張角度は'にじゆたか'のほうが最大で8.6度大きく（第1表，福島28日），側根はより水平方向に伸長していた。この角度の差はごくわずかではあるが，Pinthus (1967) のコムギの試験では，開張角度がわずか5度大きいだけで耐倒伏性が顕著に高まることが示されている。したがって本試験の角度の増加は，耐倒伏性に貢献したと思われる。
側根張り出し長は'にじゆたか'のほうが最

ははっきりしなかった。
以上の主根と側根の特徴を傘の柄と骨にたとえると，'にじゆたか'では，傘の柄の長さや太さは'階上早生'と変わらないが，より直径の大きな傘がより開いており，骨も多く，傘の下に抱え込む土塊が大きいため倒れにくかったといえる。

③階上早生との地上部の比較

地上部の形質を見ると，'にじゆたか'の草丈は，'階上早生'と同等であったり，低かったり（第1表），高かったり（第2表）とさまざ

までであった。過去の品種育成試験では，'にじゆたか'のほうが草丈が高いことが報告されている。一般的に草丈が低いほど倒れにくいと考えられるが，高くても倒伏しにくい例も知られている（手塚・森下，1999；丸山ら，2010）。

主茎直径は両品種ともほぼ同等と見てよいが，第2表では'にじゆたか'のほうが太くなっていた。主茎直径は太いほど倒伏しにくいという結果がある一方で（手塚・森下，1999），倒伏とは関係がないとする結果（Pinthus，1967）もあり，さらなる検討が必要である。また，第2表に示すように，'にじゆたか'の主茎の肉厚は'階上早生'より厚いという結果も得られている。

また，データは示さないが，平均分枝長は'にじゆたか'のほうが短かった。分枝長が短いほど耐倒伏性が高くなることは村山ら（2004）が報告している。

以上のことから，地上部については草丈，主茎直径，主茎の肉厚，分枝長などの要因が倒伏に関係しているが，今回の'にじゆたか'の調査では，少なくとも草丈や主茎直径はあまり影響がなさそうであった。

耐倒伏性は，倒伏が起きない場合でも，主茎の引き倒し抵抗を測って調べることができる。これは品種選抜ではよく利用されている手法である。デジタルフォースゲージという機器を主茎の地上10cmの位置に固定して引っ張り，茎が水平に倒れるのに要した力を計測する。この力が大きいほど倒れにくいということになる。

第2表に示すように，'にじゆたか'は播種方法が異なっても'階上早生'より引き倒し抵抗値が大きく，倒れにくいことがわかる。この方法では，茎を引っ張る位置が地ぎわ近くにあるので，草丈や茎の特性よりも根が地上部を支える力を評価しているといえる。その意味で，'にじゆたか'は根による耐倒伏性が高いことがうかがえる。

以上をまとめると，'にじゆたか'の耐倒伏性は根の形質によるところが大きく，地上部の形質はそれほど関係していないと考えられる。

(3) 播種密度と倒伏の関係

①播種密度と根および地上部の形質の変化

播種密度と倒伏の関係は昔から調べられており，ソバでは播種密度が低いほうが倒れにくいことが知られている。しかし，なぜそうなのかについてはほとんど調べられていない。

第3表に，2か所の圃場の代表的な結果を示す。これを見ると，両品種とも播種密度が低くなると，主根長と主根直径が大きくなり，側根張り出し長が大きくなり，側根長も長くなり，側根数が増えている。側根開張角度は，少し傾向がはっきりしないが，総じてみると低密度播種で増大しているといえる。まとめると，播種密度が低くなると根の6つの形質が大きくなり，耐倒伏性が高まるといえる（第5図下段）。

一方，地上部も播種密度が低下するほど，草丈と主茎直径の両方が増大していることがわかる。すでに述べたように，これらの特性の倒伏への影響は不明である。

ところで条播の場合，条間はスペースがあいているが，条内は密植となる。どちらに影響されて形質が変化するのだろうか。実はどちらにも影響されず，平均の播種密度に影響されることがあきらかになった。第3表の下段の福島の圃場では，条播種区の平均播種密度は低密度区と中密度区の間に設定されたが，条播種区のほとんどの地上部および根部の形質は，低密度区と中密度区の中間の値をとっていた。

②低播種密度による倒伏の軽減

以上のように，播種密度が低いほど根は耐倒伏性が高まるように変化したが，実際の倒伏状況はどうだったのだろうか。'階上早生'では，強風による激しい倒伏が播種後37〜39日目ころに発生したが，播種密度が低い処理区では倒伏が軽減されたことがわかった。地上の目視による倒伏程度は，播種密度にかかわらず5.0で変わらなかった（第3表）が，空撮草冠高（詳しくは後述）を見ると，播種密度が低いほど高くなっていた。これは，倒伏が少なかったことを意味する。

このことをさらにはっきりと示すため，空撮

品種の持ち味を活かす

第3表　播種密度が地上部と根の形質，倒伏，子実重に及ぼす影響

(村上ら，2016aより作成)

圃場	品種・播種密度[1]	草丈(cm)	主茎直径(mm)	主根長(cm)	主根直径(mm)	側根開張角度(度)	側根張り出し長(mm)	側根長(mm)	側根数(本/株)	空撮草冠高[2]	倒伏程度[3]	子実重(g/m²)
盛岡播種後70日	にじゆたか・高	116.0a	5.13a	5.9	4.65a	40.3a	15.9a	27.9a	43.5a	97.5	0.3	172
	中	125.5b	5.88b	6.2	5.22b	45.2b	17.8b	28.3a	59.6b	102.6	0.3	163
	低	125.2b	6.29b	6.6	5.87c	44.4b	21.8c	34.3b	68.9b	103.5	0.3	160
	階上早生・高	113.9a	5.25a	4.6a	4.33a	39.6	13.6a	24.7a	29.5a	33.7a	5.0	120
	中	130.3b	6.32b	6.8b	5.41b	38.6	16.2b	29.2b	42.7b	52.7b	5.0	131
	低	124.3b	6.35b	7.0b	5.49c	38.5	16.1b	29.5b	42.7b	64.1b	5.0	119
福島播種後70日	にじゆたか・超高	62.6a	2.08a	1.5a	2.11a	63.0bc	13.1a	15.4a	5.1a			
	中	79.2b	3.35b	2.6b	3.21b	56.4a	20.2b	25.6b	16.5b			
	条	111.5c	4.74c	3.1c	4.54c	61.0b	24.2c	29.0c	34.8c			
	低	122.5d	6.50d	4.1c	5.64d	64.8c	27.8d	32.0d	48.9d			
	階上早生・超高	77.7a	2.44a	1.7a	2.30a	58.4b	14.5a	17.9a	6.8a			
	中	96.9b	4.27b	2.8b	3.63b	54.0a	20.4b	27.0b	18.7b			
	条	102.8b	4.82b	4.3b	4.40b	57.8b	23.0c	29.0c	26.5c			
	低	103.8b	5.67c	4.8b	4.66b	58.3b	21.7b	27.0b	33.6d			

注　各品種内で，異なるアルファベットを付した数値は，播種密度による統計的な有意差があることを示す（5％水準）
1) 播種密度（散播）盛岡：高＝270粒/m²，中＝180粒/m²，低＝90粒/m²，福島：超高＝1,200粒/m²，中＝240粒/m²，条＝190粒/m²（条播），低＝120粒/m²
2) 空撮画像から立体画像を作成し，処理区の平均の草冠高を計算で出した（倒伏5日後の42日目に計測）
3) 地上で観測した達観による値（0無～5甚までの6段階評価）

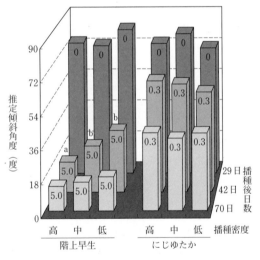

第6図　ソバの品種・播種密度と推定傾斜角度の関係　　　　　　（村上ら，2012b）
推定傾斜角度は，ArcSin（平均草冠高h/平均草丈L）で計算した。90度が直立，0度が完全倒伏を意味する。棒グラフ上の数値は目視による倒伏程度を表わす（無0～甚5）。同じ英文字は有意差がないこと（5％水準）を，それ以外の英文字ないし処理間差がないことを表わす

草冠高と平均草丈を使って草の地上に対する角度を計算したのが第6図である。'階上早生'の42日目では，播種密度が低いほど草の立っている角度が大きい，すなわち倒れが少ないことがわかる。通常の目視による倒伏程度の判定法は，広い面積の倒伏を地上から見るので，経験者であっても正確な判定はかなりむずかしい。これに対し，空撮草冠高による評価は経験に関係なく倒伏程度をより精細に示すことができる。

空撮草冠高は，第7図のように，気球で上空60m程度から圃場をステレオ撮影し，第8図のような3D画像を合成して草冠高の平均値を出すことで得られる。空撮3D画像でソバの倒伏を調べた事例はおそらくこれが初めてと思われるが，ドローンの発達とあいまって今後の発展が期待される。

以上をまとめると，播種密度を低くすることで，根のすべての形質が耐倒伏性を高める方向へ変化し，実際に倒伏も軽減されることがあきらかになった。

(4) 播種密度と栽培技術

第3表の結果をみると，ほとんどの地上部や根の形質は，品種間の違いよりも播種密度の違いによる差のほうが大きかったことがわかる。このことは，播種密度などの栽培方法を変えることによって，'にじゆたか'のような耐倒伏性の根にすることが可能であることを意味する。

播種密度が低下すると各形質が増大する理由について，傘の例を使うならば，狭いスペースでは傘をすぼめて他の人にぶつからないようにするが，広いスペースでは全開にするということかもしれない。この場合，植物には，隣の株との距離感を知るしくみがあることになるが，条播種の不思議な結果も含めて，これをあきらかにすることは，農業技術開発にもつなが

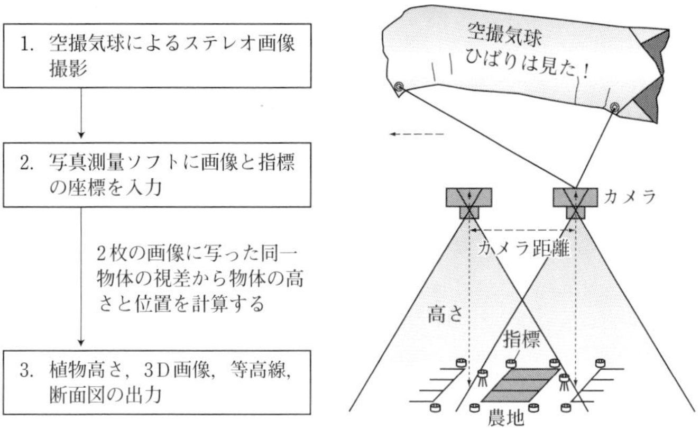

第7図　空撮による草冠高測定法　　（村上ら，2012b）
高さ50～60mから高度の3分の1～1倍の距離を離して2枚の画像を撮影し，3D画像合成ソフトで植物の高さを計算し，画像を出力する

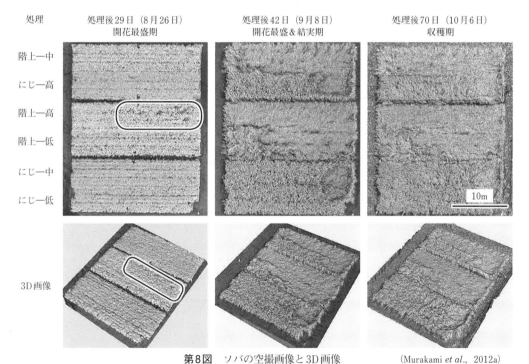

第8図　ソバの空撮画像と3D画像　　（Murakami et al., 2012a）
上段が投影画像，下段が3D画像を示す。階上は階上早生，にじはにじゆたか，低，中，高は播種密度（それぞれ90, 150, 270粒/m², 散播）を表わす。播種後29日画像の長円形の囲みは微小な傾き部分を示す。試験は2010年に東北農業研究センター（盛岡）の表層腐植質黒ボク土壌の圃場で3反復の乱塊法で実施した。施肥量は18—33—45（N—P—K, kg/ha）。播種後37～39日目に強風により広範囲の倒伏が発生した

品種の持ち味を活かす

るおもしろい課題と思う。

　今回の試験では両品種とも子実重は播種密度の影響は受けなかった（第3表）。播種密度が低くても収量が低下しなかった理由は，第一次分枝数の増加により花房数が増え結実数が補われた可能性が考えられる。しかし，過去の試験では収量が低下する例も報告されているので，低密度の播種を栽培技術として確立するには，耐倒伏性と収量性が折り合う密度をあきらかにすることが必要と思われる。

＊

　以上の結果をまとめると，'にじゆたか'が'階上早生'よりも倒れにくいのは，根の形質によるところが大きく，一次側根の硬い部分の開張角度が大きく，より水平方向に向いており，横により長く張り出し，全長が長く，数が多いためであると思われる。

　また，播種密度が低いほど，これらの形質および主根長，主根直径が増大する方向になり，標準の'階上早生'であっても倒れにくくなることがわかった（第5図，第3表）。播種密度の低下は収量に影響しない場合もあれば，収量低下になる場合もあるので，両品種とも収量を確保しつつ倒伏を防ぐ播種密度を検討する必要がある。

　この結果は2品種のみの比較で得たものであるが，きわめて倒伏しにくい'にじゆたか'と標準的な特性をもつ'階上早生'の比較であるので，今後の品種育成に役立つ情報といえる。

　執筆　村上敏文（農研機構西日本農業研究センター）

参 考 文 献

Crook M. J. and Ennos A. R. 1993. The mechanics of root lodging in winter wheat, *Triticum aestivum* L. J. Exp. Bot. **44** (7), 1219—1224. doi:10.1093/jxb/44.7.1219

小柳敦史・佐藤暁子・江口久夫. 1988. 関東以西におけるコムギ品種の収量水準から見た耐倒伏性. NARC研究速報. **5**, 13—17.

丸山秀幸・村山敏・中山利明・矢ノ口幸夫・松永哲・岡本潔. 2010. ソバ新品種「タチアカネ」の育成と特性. 北陸作物学会報. **45**, 78—81.

Murakami, T., M. Yui and K. Amaha. 2012a. Canopy height measurement by photogrammetric analysis of aerial images: Application to buckwheat (*Fagopyrum esculentum* Moench) lodging evaluation. Comput. Electron. Agric. **89**, 70—75.

村上敏文・由比真美子・天羽弘一. 2012b. 簡易空撮気球による作物草高の推定と圃場3D画像の作成. 農研機構成果情報. http://www.naro.affrc.go.jp/project/results/laboratory/tarc/2012/153a1_01_01.html (2017年8月3日　確認)

村上敏文・由比真美子・天羽弘一. 2016a. 耐倒伏性の高いソバ (*Fagopyrum esculentum* Moench) 品種「にじゆたか」の根の特性. 根の研究. **25**, 63—72.

村上敏文・由比真美子・天羽弘一. 2016b. 倒れにくいソバ品種「にじゆたか」の根の特徴. 農研機構成果情報. http://www.naro.affrc.go.jp/project/results/4th_laboratory/tarc/2016/tarc16_s05.html (2017年10月1日確認)

村山敏・宮本和俊・矢ノ口幸夫. 2004. 品種，施肥量および播種密度がソバの倒伏発生に及ぼす影響. 北陸作物学会報. **40**, 78—81.

Pinthus M. J. 1967. Spread of the root system as indicator for evaluating lodging resistance of wheat. Crop Sci. **7**, 107—110.

手塚隆久・森下敏和. 1999. ソバ在来種の倒伏程度と諸特性の関係. 日作紀九支報. **65**, 79—80.

Yui, M., T. Murakami and K. Amaha. 2010. Evaluation of characteristics relating to lodging resistance of "Tohoku No.1", a new bred buckwheat line. Advance in Buckwheat Research, Proceedings of the 11th International Symposium on Buckwheat. 443—447. （注；Tohoku No.1は「にじゆたか」の系統名）

由比真美子・山守誠・本田裕・加藤晶子・川崎光代. 2012. ソバ新品種「にじゆたか」の育成. 東北農研報. **114**, 11—21.

さやあかね——高品質で強い疫病抵抗性をもつ青果用ジャガイモ品種

(1) さやあかねの育成経過

'さやあかね' は，2006年に北海道立総合研究機構（道総研）北見農業試験場（以下，北見農試）で育成された青果用のジャガイモ品種である。調理品質が優れ良食味で，疫病抵抗性が "強" である。また，枯ちょう期は中生で収量性が高い。

ジャガイモのもっとも重要な病害である疫病は，一度発生すると急激に圃場全体に拡がって茎葉を枯らし，塊茎にも感染して腐敗させる。その結果，収量と品質が大きく低下する。疫病は常発病害であり，発生時期も長いので，長期間にわたる殺菌剤散布が必須である。また，ジャガイモの栽培における殺菌剤散布の多くは疫病対象である。そのため，疫病抵抗性品種を栽培することで，ジャガイモ栽培に必要な農薬の使用量を大幅に減少させることが可能となる。

以上のことから，減農薬栽培や有機栽培などを目的とする疫病抵抗性品種 '花標津' が1997年に育成された（千田ら，1998）。'花標津' は，疫病抵抗性は "強" であるものの，塊茎1個当たりの重さ（上いも平均一個重）が軽い，目（塊茎の芽を中心とする凹み）が深く，塊茎の外観が良くない，枯ちょう期がおそいなど，一般の青果用品種に比べて劣る特性が多い。'さやあかね' は，以上のような '花標津' のもつ欠点を改良した疫病抵抗性品種である。

'さやあかね' は，疫病抵抗性およびジャガイモシストセンチュウ抵抗性をもつ青果用品種の育成を目標として，1995年に交配を行なった後代から選抜された。母はインド原産の疫病抵抗性品種 'I-853'，父は疫病抵抗性とジャガイモシストセンチュウ抵抗性を併せもつ '花標津' である。さまざまな選抜試験や特性試験を行なったのち，2006年に北海道優良品種に認定され，同年に命名登録（ばれいしょ農林59号）され，2009年に種苗法に基づいて品種登録（第17446号）された。

(2) さやあかねの品質

①調理適性

水煮による調理試験の結果を第1図に示す。青果用のもっとも一般的な品種 '男爵薯' および疫病抵抗性の '花標津' と比較した。収穫直後の塊茎および，6℃で4か月および6か月貯蔵した塊茎を用いて，貯蔵中の品質の経時的変化を調査した。

煮崩れ 'さやあかね' は顕著な変化を示し，収穫直後は "多" で '男爵薯' より煮崩れしやすかったが，4か月貯蔵では "中" で '男爵薯' 並となり，6か月貯蔵では "少" で '男爵薯' より煮崩れしにくくなった。一方，'花標津' は，収穫直後は "微" だったものの，4か月貯蔵以降は "多" となり，かなり煮崩れしやすくなった。

調理後黒変 収穫直後は '男爵薯' よりやや少ない "無" で，6か月貯蔵するとわずかに黒変が発生したが，'男爵薯' より少ない "極微" であった。'花標津' は，4か月貯蔵以降は '男爵薯' より黒変がやや少なかったが，'さやあかね' と比較するとやや多かった。

剥皮褐変 剥皮褐変とは生いもの皮を剥いたときに起こる褐変のことである。収穫直後は，各品種とも "極微" から "微" でほとんど変わらないが，'男爵薯' は貯蔵後にかなり多くなり，6か月貯蔵で "中" となった。一方，貯蔵後の 'さやあかね' '花標津' はほとんど変化がなかった。

肉色 'さやあかね' の収穫直後は "淡黄" だが，6か月貯蔵すると "黄白" に変化した。一方 '男爵薯' は "白" で変化がなく，'花標津' は収穫直後の "淡黄" から4か月貯蔵後は黄色みが増して "黄" となった。

肉質 各品種とも収穫直後は "やや粉" 質で，貯蔵後もほとんど変化がなかった。

舌触り 各品種とも収穫直後は "中" で，貯蔵後もほとんど変化がなかった。

品種の持ち味を活かす

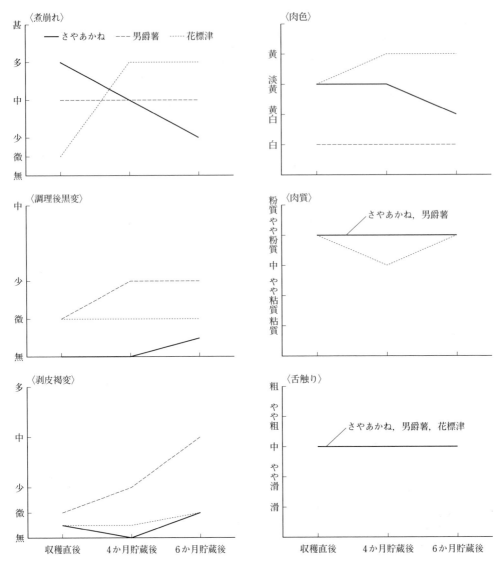

第1図 水煮調理試験（北見農試，2002〜2004年平均）
収穫直後は10月10日前後，4か月貯蔵後は翌年1月下旬，6か月貯蔵は翌年3月下旬に調査

以上から，'さやあかね'の水煮による調理品質は，収穫直後の煮崩れは多いものの，'男爵薯''花標津'と比較しておおむね優れている。

②食 味

食味比較試験の結果を第2図に示す。6℃で約4か月貯蔵した塊茎を蒸して供試した。

'男爵薯'の評価を"並(3)"として"色""風味""食感""肉質""ホクホク感""甘味""食味""総合"の8評価項目をブラインドテストで比較し，5段階評価を行なった。さらに各項目の評価を数値化し，平均値を算出して分散分析を行なった。

評価項目のうち，"風味""肉質""ホクホク感"では，'さやあかね'と'男爵薯'に有意差はなかったが，"色""食感""甘味""食味"

さやあかね——高品質で強い疫病抵抗性をもつ青果用ジャガイモ品種

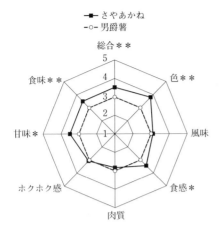

第2図　食味比較試験（北見農試，2006年1月中旬）
有意水準：＊；5％，＊＊；1％
試験方法は以下のとおりである
材料：2005年北見農試産
実施時期：2006年1月中旬，6℃，4か月貯蔵した塊茎
パネラー：25名
実施方法：蒸したいもを食し，男爵薯を"並"（3）として各評価項目で比較。品種名は公表せず，ブラインドテストで行なった
評価項目は以下のとおりである。
色：良（5），やや良（4），並（3），やや不良（2），不良（1）
風味：良（5），やや良（4），並（3），やや不良（2），不良（1）
食感：良（5），やや良（4），並（3），やや不良（2），不良（1）
肉質：かなり粘質（5），やや粘質（4），並（3），やや粉質（2），かなり粉質（1）
ホクホク感：多（5），やや多（4），並（3），やや少（2），少（1）
甘味：甘い（5），やや甘い（4），並（3），やや甘くない（2），甘くない（1）
食味：良（5），やや良（4），並（3），やや不良（2），不良（1）
総合：良（5），やや良（4），並（3），やや不良（2），不良（1）
解析：各評価項目の評価を数値化し，品種ごとに平均値を算出し，分散分析を行なった

"総合"で有意差があった。そのうち，"甘味"では'男爵薯'よりやや甘いと評価され，そのほかの項目では'男爵薯'よりやや高い評価を受ける傾向にあった。

③業務加工適性

業務加工適性を'男爵薯'ほかと比較した。

ポテトチップ　試験結果を第1表に示す。収穫直後の試験では，ポテトチップの焦げ具合を示すアグトロン値（値が低いほど，焦げ色が強くなる）が，ほぼポテトチップ主力品種の'トヨシロ'並で，'男爵薯'より高くなった。また，焦げの原因となるグルコースの含量も'トヨシロ'並で'男爵薯'より低かった。6℃で約4か月貯蔵したあとの試験では，アグトロン値が'トヨシロ'より低く，'男爵薯'並であった。またグルコース含量は'トヨシロ'よりかなり高く，'男爵薯'より高くなった。以上のことから，収穫直後はポテトチップに適するが，貯蔵後はグルコース含量が上昇するのでポテトチップ用に不適となる。

冷凍コロッケ　試験結果を第2表に示す。'さやあかね'の冷凍コロッケの食味は，調理後の温かい状態でも，時間がたって冷めた状態でも，ほぼ'男爵薯'並に優れたため，冷凍コロッケ用に適性がある。

剥皮歩留り　チルド加工適性試験で行なわれた剥皮歩留り試験の結果を第3表に示す。'さやあかね'の剥皮歩留り（皮剥き後の重さの元の重さに対する割合）は'男爵薯'よりも約11％高かった。'さやあかね'の塊茎の目は'男爵薯'より浅い（第3図，第4表）。目の深さは，製品の歩留りやトリミングの効率に大きな影響

第1表　ポテトチップ品質試験（北見農試，2002～2004年平均）

品種名	収穫直後			6℃ 4か月貯蔵後		
	アグトロン値	グルコース含量（mg/dl）	外観評価	アグトロン値	グルコース含量（mg/dl）	
さやあかね	29.1	69	やや良	5.0	629	
トヨシロ	32.4	62	やや良	10.4	365	
男爵薯	24.1	111	やや不良	4.7	541	

注　フライ油温170～180℃、フライ時間2分程度
　　アグトロン値：ポテトチップの白度を測定した値。低い値ほど焦げ色が強くなる
　　外観評価で"やや不良"だとポテトチップに適さない

品種の持ち味を活かす

第2表　冷凍コロッケ加工適性試験　　　（ばれいしょ加工適性研究会）

品種名	年次	香り	肉色	甘味	ホクホク感	食味 15分後（温かい）	食味 2時間後（冷たい）	適性判定
さやあかね	2004	やや良	白	中	多	良	良	良
男爵薯	2004	やや良	白	中	やや多	良	良	良
さやあかね	2005	やや良	白	中	中	やや良	良	良
男爵薯	2005	やや良	白	中	やや多	やや良	やや良	良

第3表　剥皮歩留り
（ばれいしょ加工適性研究会）

品種名	歩留り（％）
さやあかね	72.5
男爵薯	61.8

注　チルド加工適性試験より，2004年3月調査
　　歩留り（％）＝皮剥き後のいも重÷原料いも重×100

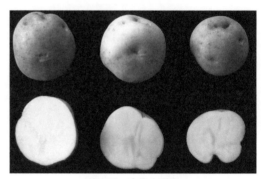

第3図　塊茎の形態
左：さやあかね，中：男爵薯，右：花標津，北見農試産，2005年11月中旬に撮影

を与える（知識，1999）ことが知られており，このことから'さやあかね'の歩留りが高いと考えられる。また，'さやあかね'は'花標津'と比較しても目が浅い（第3図，第4表）ので，試験は行なっていないが'男爵薯'に対するのと同様に剥皮歩留りが高いと推測される。

そのほか，家庭で利用する場合，'男爵薯'などの目が深いジャガイモは，包丁などで皮が剥きづらいため嫌われることがあるが，'さやあかね'は目が浅いため皮が剥きやすい。このことも優れた点であると考えられる。

④青果用品種としての評価

以上のことを踏まえると，ジャガイモの各種調理に対する'さやあかね'の適性については，以下のようにまとめられる。'さやあかね'は'男爵薯'と同様に粉質のジャガイモなので，粉ふきいもやマッシュポテト，コロッケなど，粉質のジャガイモに向く調理に適すると考えられる（片平，2012）。

また，収穫直後は，'男爵薯'より煮崩れしやすいが，この時期はポテトチップ品質試験の項で示したように，'男爵薯'よりも油で焦げにくいので，油調理に適すると考えられる。

貯蔵後は，粉質の特性を保ったままで煮崩れしにくくなり，調理後黒変も'男爵薯'より少ないので，'男爵薯'よりも煮物に適するようになる。また，グルコース含量も上昇して甘味が乗ってくる。一方で'男爵薯'と同様，油で焦げやすくなる。

'さやあかね'は，以上のように調理品質がおおむね優れ，幅広い調理に使用できる。また，食味評価も'男爵薯'よりやや高い。業務加工適性についても，冷凍コロッケ用途に適性があり，収穫直後にはポテトチップ用途に適性もある。目が浅いため剥皮歩留りも'男爵薯'より優れる。以上から'さやあかね'は青果用品種として高い品質をもつと考えられる。

（3）さやあかねの疫病抵抗性

①疫病抵抗性の強さ

疫病の防除を目的として殺菌剤を散布せずに栽培した疫病無防除圃場での，'さやあかね'の疫病罹病経過を，第4図に示す。抵抗性が"弱"の'男爵薯''メークイン'と"強"の'花標津'を一緒に供試した。3年間とも"弱"の

さやあかね──高品質で強い疫病抵抗性をもつ青果用ジャガイモ品種

第4表　さやあかねのおもな特性

特性		さやあかね	男爵薯	花標津
形態的特性	そう性（草型）	中間	中間	やや開張
	茎の長さ	やや長	短	やや長
	茎の太さ	中	中	中
	茎の色　1次色	緑	緑	緑
	2次色	赤紫	赤紫	赤紫
	2次色の分布	斑紋	斑紋	斑紋
	分枝数	中	少	中
	葉色	緑	濃緑	淡緑
	頂小葉の大きさ	小	大	中
	小葉の大きさ	中	大	中
	花の数	中	多	多
	花の大きさ	中	中	大
	花色　1次色	赤紫系	赤紫系	赤紫系
	2次色	無	白	無
	2次色の分布	無	両面先白	無
	花粉の多少	少	微	やや多
	結果数	少	無	稀
	ふく枝の長さ	やや長	短	長
	塊茎着生の深浅	浅	浅	浅
	塊茎の形	扁球	球	扁球
	皮色	淡赤	白黄	淡赤
	表皮の疎滑	中	中	中
	目の深浅	中	深	深
	肉色	黄白	白	淡黄
生態的特性	休眠期間	やや短	やや長	やや短
	枯ちょう期	中生	早生	中晩生
	初期生育	やや速	やや速	やや速
	早期肥大性	中	やや速	やや遅
	褐色心腐	少	微	無
	中心空洞	微	少	無
	二次生長	微	微	少
	打撲黒変耐性	やや弱	弱	強
病害虫抵抗性	ジャガイモシストセンチュウ	強	弱	強
	疫病	強	弱	強
	疫病菌による塊茎腐敗	強	弱	やや強
	Yモザイク	やや強	弱	弱
	青枯病	強	弱	ごく弱
	そうか病	弱	弱	弱
	粉状そうか病	中	ごく弱	弱
調理品質	剥皮褐変	ごく微	微	ごく微
	水煮肉色	淡黄	白	淡黄
	肉質	やや粉	やや粉	やや粉
	煮崩れ	多	中	多
	調理後黒変	無	微	微
	舌触り	中	中	中

品種の持ち味を活かす

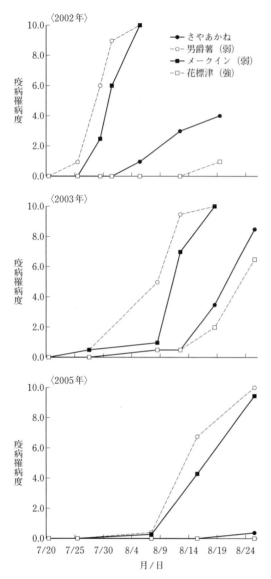

第4図　疫病罹病経過（北見農試）
疫病無防除栽培圃で調査、疫病は自然発生
疫病罹病度は以下の基準で評価し、2反復平均
0.0：罹病葉面積が全体の約0％，1.0：10％，2.0：20％，3.0：30％，4.0：40％，5.0：50％，6.0：60％，7.0：70％，8.0：80％，9.0：90％，10.0：100％

'男爵薯'や'メークイン'は，疫病に感染し始めたあと，急激に罹病が進展し枯死した。一方，"強"の'花標津'は，"弱"品種にかなり遅れて疫病に感染し始め，その後の罹病の進展も"弱"品種よりかなりおそかった。'さやあ

かね'は，'花標津'とほぼ同等の罹病経過をたどったため，'さやあかね'の疫病抵抗性はほぼ'花標津'並の"強"と考えられた。なお，'さやあかね'は発病の進展が'花標津'よりやや早い傾向にあるが，これは'さやあかね'が'花標津'より枯ちょう期が早いためであると考えられる。

疫病無防除圃場における疫病の発病状況を第5図に示す。"弱"の対照として枯ちょう期が'さやあかね'と近い中生品種'さやか'を供試した。9月初旬において'さやか'はすでに疫病で枯死しているが，'さやあかね'は，やや発病しているものの病気の進行は緩慢で，葉茎を保っている。このように'さやあかね'は，"弱"品種との疫病抵抗性の差が非常に大きい。

②疫病無防除圃場での収量

'さやあかね'と"弱"品種'男爵薯'および'さやか'の，疫病無防除区と疫病菌用の殺菌剤を慣行どおり散布した防除区の，収量対比を第5表に示す。'男爵薯'と'さやか'は，青果用の規格内いも重（青果で一般的に商品となる60g〜260gまでの塊茎の収量）の防除区との対比が3か年平均でそれぞれ44％と52％であるのに対して'さやあかね'は79％であり，疫病無防除下での減収が"弱"品種より著しく小さい。とくに2009年は，8月初めに'男爵薯'や'さやか'が疫病の発病によりほぼ枯死するほどの激発年であったため，この2品種は防除区対比がそれぞれ15％，31％と著しく減収したのに対して，'さやあかね'は78％と他の2か年と大差のない値を示している。でん粉価についても，'男爵薯''さやか'は3か年平均で防除区と対比して，それぞれ90％，87％と低下しているのに対して，'さやあかね'は103％とほぼ防除区並みであり，2009年の激発年についても'男爵薯''さやか'はそれぞれ83％，81％と，3か年のなかでもっともでん粉価が低下しているのに対して，'さやあかね'は102％とほぼ防除区並である。このように疫病が激発しても，'さやあかね'の疫病無防除栽培での収量の安定性は，規格内いも重・でん粉価ともに疫病感受性品種よりきわめて高い。

さやあかね──高品質で強い疫病抵抗性をもつ青果用ジャガイモ品種

第5図 疫病発病状況
左：さやあかね，右：さやか，北見農試，2005年9月5日撮影

第5表 疫病無防除区と防除区の収量対比（北見農試）

処 理	品種名	疫病圃場抵抗性の強弱	年 次	疫病罹病度[1] 7月下旬	疫病罹病度[1] 8月初め	規格内いも重[2] (kg/10a)	防除区比 (％)	でん粉価 (％)	防除区比 (％)
疫病無防除区	さやあかね	強	2009	0.0	0.7	3,587	78	15.8	102
			2010	0.0	0.0	2,867	80	14.2	109
			2011	0.0	0.0	3,902	80	14.9	99
			平均	—	—	3,452	79	15.0	103
	男爵薯	弱	2009	7.3	10.0	589	15	11.0	83
			2010	0.9	8.7	1,640	45	11.7	91
			2011	0.7	4.4	3,247	72	14.1	95
			平均	—	—	1,825	44	12.3	90
	さやか	弱	2009	2.6	9.3	1,175	31	10.8	81
			2010	0.7	5.3	1,674	55	11.5	86
			2011	0.7	0.9	3,680	69	13.8	93
			平均	—	—	2,176	52	12.0	87
防除区	さやあかね		2009	—	—	4,606	100	15.5	100
			2010	—	—	3,582	100	13.0	100
			2011	—	—	4,888	100	15.1	100
			平均	—	—	4,359	100	14.5	100
	男爵薯		2009	—	—	3,881	100	13.3	100
			2010	—	—	3,631	100	12.9	100
			2011	—	—	4,536	100	14.9	100
			平均	—	—	4,016	100	13.7	100
	さやか		2009	—	—	3,840	100	13.3	100
			2010	—	—	3,039	100	13.4	100
			2011	—	—	5,327	100	14.9	100
			平均	—	—	4,069	100	13.9	100

注 1）調査日は，2009年が7月22日と8月2日，2010年および2011年はいずれも7月22日と8月3日，罹病度基準は第4図と同様
　　2）規格内いも重は青果用の規格で，60g以上260g未満の塊茎の重量

品種の持ち味を活かす

第6表　塊茎腐敗検定試験（道総研十勝農業試験場）

| 品種名 | 基準品種の強弱 | 2001年 | | 2003年 | | 2004年 | | 累年判定 |
		発病いも率(%)	判定	発病いも率(%)	判定	発病いも率(%)	判定	
さやあかね	—	0.4	強	0.2	強	1.5	やや強	強
男爵薯	弱	31.3	弱	7.3	やや弱	7.3	やや弱	—
トヨシロ	やや弱	11.8	やや弱	18.7	弱	1.0	やや強	—
農林1号	中	5.7	中	11.0	やや弱	3.9	中	—
紅丸	やや強	3.6	やや強	1.7	やや強	5.8	中	—
エニワ	強	1.1	強	3.8	中	3.6	中	—

注　判定基準：その年の基準品種の発病いも率によって，判定基準を決定し，判定した
　　基準品種の強弱は種苗特性分類の階級による

③疫病菌による塊茎腐敗に対する強さ

　疫病菌による塊茎腐敗検定試験の成績を第6表に示す。'さやあかね'は"強"の基準品種である'エニワ'よりも発病いも率が低く，また供試品種全体でも発病いも率がもっとも低いレベルであり，塊茎腐敗抵抗性は"強"と考えられる。

④疫病抵抗性品種としての評価

　'さやあかね'は強い疫病抵抗性をもち，疫病無防除圃場での収量の減少が少なく，安定性も高い。また塊茎腐敗にも強い。そのため'男爵薯'などの疫病に弱い青果用の一般品種より，減農薬栽培や有機栽培などに適すると考えられる。また一般栽培において，降雨が続いて防除機械が圃場に入れず防除間隔が長くなり，疫病の被害が拡がることがあるが，そのような場合の被害低減に効果があるだけでなく，疫病発生期には毎週行なわなければならない薬剤散布作業の大幅な縮減も期待できる。さらに家庭菜園においても疫病防除を行なわなくても減収

第7表　育成地での生育・収量成

品種名	萌芽期	開花期	枯ちょう期	茎長(cm)	上いも数(個/株)	上いも平均重(g)	上いも重(kg/10a)	標準比(%)	でん粉価(%)
さやあかね	5月27日	7月3日	9月23日	63	12.1	80	4,476	141	17.5
男爵薯	5月28日	—	8月25日	30	8.0	84	3,182	100	16.4
花標津	5月28日	7月4日	10月4日	54	15.3	64	4,496	141	17.2

注　上いもは，塊茎重量20g以上，中以上いもは塊茎重量60g以上
　　規格内いもは，一般的な青果用ばれいしょの規格で塊茎重量60g以上260g未満
　　塊茎の規格：20g≦S＜60g≦M＜120g≦L＜190g≦2L＜260g≦3L＜340g≦4L

第8表　生育・収量成績の全試験箇

品種名	萌芽期	開花期	枯ちょう期	茎長(cm)	上いも数(個/株)	上いも平均重(g)	上いも重(kg/10a)
さやあかね	5月25日	6月29日	9月12日	80	12.2	94	5,040
男爵薯	5月26日	6月27日	8月24日	44	10.4	94	4,352
さやあかね	5月22日	6月26日	9月16日	74	15.0	82	5,298
花標津	5月23日	6月27日	9月20日	74	19.0	67	5,482

注　試験箇所は，男爵薯対比が北海道内のべ30か所，花標津対比が北海道内のべ12か所
　　塊茎の規格区分は第7表と同様

さやあかね──高品質で強い疫病抵抗性をもつ青果用ジャガイモ品種

が少ないので，栽培が一般の品種より容易であると考えられる。

疫病抵抗性は，主働遺伝子に支配される真性抵抗性と，微働遺伝子の集積による圃場抵抗性に分けられる。真性抵抗性は疫病菌の変化により抵抗性が打破されることが知られており，圃場抵抗性のほうが抵抗性の持続性が高いと考えられている（秋野ら，2014）。

'さやあかね'の抵抗性は，後代検定や罹病経過の分析より，圃場抵抗性であると考えられる（池谷ら，2015）。また，'さやあかね'は育成中の1998年に疫病無防除圃場での発病の調査が始まって以来，抵抗性を保っており，今のところ十分な持続性がある（池谷ら，2015）。

(4) さやあかねの収量性

①収量成績

育成地である北見農試での，一般的な薬剤防除をすべて行なった慣行防除下における生育・収量成績を第7表に示す。株当たり上いも数（1株当たりの平均塊茎数，上いもは20g以上の塊茎）は，'男爵薯'より多く'花標津'より少ない。上いも平均重（塊茎1個当たりの平均の重さ）は，'男爵薯'よりやや軽く'花標津'より重い。上いも重（20g以上の塊茎の収量）は，'男爵薯'対比141％で'男爵薯'より多く'花標津'並である。規格内いも重（青果で一般的に商品となる60g〜260gまでの塊茎の収量）は，'男爵薯'対比で138％とかなり多く，'花標津'より多い。規格内いも率（上いも重に占める規格内いも重の割合）は，'男爵薯'並で'花標津'より高い。でん粉価（ほぼ塊茎内に含まれるでん粉の含量に当たる）は，'男爵薯'より1.1ポイント高く，'花標津'並である。また，枯ちょう期は，'男爵薯'より29日おそく，'花標津'より11日早い。

北海道内の全試験箇所平均での，慣行防除下における生育・収量成績を第8表に示す。'男爵薯'対比では，株当たり上いも数は多く，上いも平均重は並である。上いも重は'男爵薯'対比116％，中以上いも重（60g以上の塊茎の収量）は112％と多く，中以上いも率（上いも重に占める中以上いも重の割合）は若干低い。でん粉価は1.0ポイント高い。また，枯ちょう

績（北見農試，2002〜2004年平均）

中以上いも重(kg/10a)	標準比(%)	中以上いも率(%)	規格内いも重(kg/10a)	標準比(%)	規格内いも率(%)	規格別いも重比率（%）				
						S	M	L	2L	3L
3,809	140	85	3,746	138	84	16	46	29	8	1
2,734	100	86	2,705	100	85	14	53	29	3	1
3,158	116	70	3,159	117	70	29	57	13	1	0

所平均（北海道，2002〜2004年平均）

標準比(%)	でん粉価(%)	中以上いも重(kg/10a)	標準比(%)	中以上いも率(%)	規格内いも重(kg/10a)	標準比(%)	規格内いも率(%)
116	16.1	4,194	112	83	—	—	—
100	15.1	3,760	100	86	—	—	—
97	15.5	4,191	113	79	4,087	112	77
100	15.0	3,714	100	68	3,662	100	67

品種の持ち味を活かす

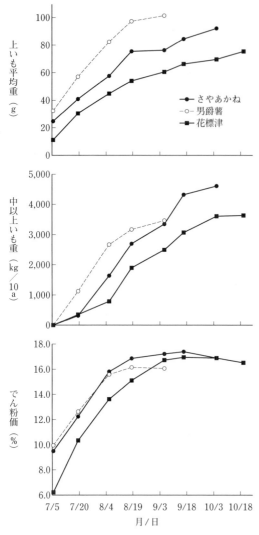

第6図 生育中の上いも平均重，中以上いも重およびでん粉価の推移（北見農試，2002〜2005年平均）

いも重，中以上いも重が多い）。枯ちょう期は，早生の'男爵薯'よりおそく，中晩生の'花標津'よりやや早い中生である。

②生育中の収量の推移と栽培法

北見農試で行なった上いも平均重，中以上いも重およびでん粉価の生育中の推移を第6図に示す。'さやあかね'の上いも平均重は，'男爵薯'の枯ちょう期である8月下旬では'男爵薯'に達せず，'さやあかね'の枯ちょう期である9月中旬以降に'男爵薯'並となる。一方，'花標津'に対しては，全期間にわたって上回る。'さやあかね'の中以上いも重は，'男爵薯'が枯ちょう期を迎える8月下旬ころに'男爵薯'に追いつき，9月中旬以降に上回る。一方，'花標津'に対しては，全期間にわたって上回る。でん粉価は，ほぼ'男爵薯'並に推移したあと8月上旬に上回り，'花標津'に対しては9月下旬まで上回る。

以上のように，'さやあかね'の上いも平均重の上昇は'男爵薯'よりおそいので，'男爵薯'の枯ちょう期と同時に収穫すると，塊茎が'男爵薯'より小粒傾向となり，収量もほぼ並となる。そのため，'さやあかね'の収量性を活かすためには，'男爵薯'の枯ちょう期より2週間以上あとに収穫するのが望ましいと考えられる。

そのほか，窒素肥料を増やした場合，上いも平均重が重くなり，規格内いも重が増える傾向があったが，褐色心腐（塊茎内部に褐色のコルク質状組織ができる生理障害）や中心空洞（塊茎内の中心部に空洞ができる生理障害）も増える傾向があり，多肥栽培では注意が必要である。

(5) その他の特性

①形態的特性

地上部の形態を第7図に示す。茎の長さは'男爵薯'より長く'花標津'並で，分枝は'男爵薯'より多く'花標津'並である。葉の大きさは'男爵薯''花標津'より小振りで，葉の色は'男爵薯'より薄いが'花標津'より濃い。花は赤紫色で，花の数は'男爵薯''花標津'

期は19日おそい。'花標津'対比では，株当たり上いも数は少なく，上いも平均重は重い。上いも重は'花標津'対比97％と同等で，中以上いも重は113％と多く，中以上いも率は高い。規格内いも率も同様である。でん粉価はやや高い。また枯ちょう期は4日早い。

総じて'さやあかね'は，上いも平均重がほぼ'男爵薯'並で'花標津'より重く，収量性が'男爵薯'や'花標津'より高い（規格内

142

第7図　ジャガイモの地上部の形態
左：さやあかね，中：男爵薯，右：花標津，北見農試，2005年7月中旬に撮影

より少ない。

塊茎の形態を第3図に示す。塊茎は'男爵薯''花標津'と同様に浅めに着生する。ストロンは'男爵薯'より長いが'花標津'より短い。塊茎の形は整った扁球形である。目の深さは中程度で'男爵薯''花標津'より浅い。皮色は淡いピンク色で，皮は滑らかである。

②生態的特徴

塊茎の休眠期間（枯ちょう期から塊茎の芽が伸び始めるまでの期間）は，'男爵薯'より短く'花標津'並である。

生理障害では，褐色心腐が'男爵薯'よりやや多く，中心空洞がやや少ない。

③疫病以外の病害虫抵抗性

ジャガイモシストセンチュウ　ジャガイモシストセンチュウ（*Globodera rostochiensis*）発生圃場での3か年の試験結果を第9表に示す。'さやあかね'は，いずれの年もシスト寄生程度が0.0であり，植付け時と比較した収穫時の卵数の増殖率は，'男爵薯'の6.2～22.7倍に対して'さやあかね'はほぼ0倍である。このように栽培中にセンチュウが減少しているため，抵抗性は"強"である。一方，近年，北海道東部で確認されたジャガイモシロシストセンチュウ（*G. pallida*）に対する抵抗性はもたない。

青枯病　暖地で発生の多い青枯病について，長崎県で行なわれた発生圃場での3か年の試験結果を第10表に示す。'さやあかね'は抵抗性"弱"の'男爵薯'より，発病株率および完全萎凋株率（株全体がしおれるか枯死した株の割合）がかなり少なく，"強"の'農林1号'並であるため，抵抗性は"強"である。

Yモザイク病　Yモザイクウイルス接種による抵抗性検定試験の結果を第11表に示す。'さやあかね'は，Yモザイクウイルスの O 系統，T 系統とも，抵抗性"弱"の'男爵薯'よりウイルスの上葉移行率が著しく少なかったが，わずかに認められたため，抵抗性は"やや強"である。

その他　'さやあかね'は，粉状そうか病に"中"の抵抗性をもつ。そうか病抵抗性はもたない。また軟腐病抵抗性については特別な試験は行なっていないが，十勝地方で行なわれた栽培試験では，'男爵薯'よりかなり発生が少なかった。

品種の持ち味を活かす

第9表 ジャガイモシストセンチュウ抵抗性検定試験（道総研中央農業試験場，北見農試）

品種名	基準品種の強弱	2001年	2002年		2003年		判　定
		シスト寄生程度	シスト寄生程度	増殖率（倍）	シスト寄生程度	増殖率（倍）	
さやあかね	―	0.0	0.0	0.1	0.0	0.0	強
男爵薯	弱	68.8	50.0	22.7	20.8	6.2	―
とうや	強	0.0	0.0	0.1	0.0	0.0	―

注　2001年は中央農業試験場，2002，2003年は北見農試で調査
　　シスト寄生程度は，1区3株を抜き取り，株ごとに次の基準によりシスト寄生程度指数を調査し，下式により算出した
　　シスト寄生程度指数；0：シストがまったく認められない，1：シストがわずかに認められる（ようやく散見できる），
　　2：シストが中程度認められる（散見できる），3：シストが多数認められる，4：シストがきわめて多く認められる（密
　　生している）
　　シスト寄生程度＝Σ（寄生程度指数×当該株数）÷（調査株数×4）×100
　　増殖率（倍）＝収穫時卵数÷植付け時卵数（卵数は乾土1g当たりの数）
　　抵抗性の判定：シスト寄生程度により判定する

第10表 青枯病抵抗性検定試験（長崎県農林技術開発センター）

品種名	2001年				2002年				2004年				累年判定
	発病株率（%）		完全萎凋株率（%）	判　定	発病株率（%）		完全萎凋株率（%）	判　定	発病株率（%）		完全萎凋株率（%）	判　定	
	10月7日	10月23日			10月11日	10月25日			10月11日	10月21日			
さやあかね	27	36	18	強	15	15	0	強	14	29	17	強	強
男爵薯	88	100	63	弱	50	75	35	弱	36	82	65	弱	弱
農林1号	35	35	12	強	25	55	15	強	33	33	33	強	強

注　完全萎凋株率は，株全体が萎凋または枯死した株の割合
　　判定は，農林1号を"強"として相対的に評価

第11表 Yモザイク病抵抗性検定試験（道総研中
央農業試験場，2001～2004年平均）

接種系統	品　種	ウイルス上葉移行率（%）	判　定
O系統	さやあかね	13	やや強
	男爵薯	94	弱
	コナフブキ	0	強
T系統	さやあかね	34	やや強
	男爵薯	100	弱
	コナフブキ	0	強

注　Yモザイク病のウイルスを汁液接種したあと，エ
ライザ検定で移行率を調査

　以上の特性を含めた'さやあかね'のおもな
特性を，第4表に示した。
　　　　　　　　　　＊
　疫病抵抗性品種は，疫病無防除でも一般品種
に比べて収量の安定性が著しく高いため，減農
薬栽培や有機栽培に適するという大きなメリッ
トをもつ。

　'さやあかね'は，'花標津'並の強い疫病抵
抗性をもちながら，青果用としての高い品質を
もち，上いも平均重が改善され，枯ちょう期も
'花標津'より早くなっている。上いも重は'花
標津'並だが，上いも平均重が重くなっている
ため，青果用の規格内いも重で'男爵薯''花
標津'より多収である。

　また，ジャガイモシストセンチュウや暖地で
発生の多い青枯病に対しても抵抗性をもち，Y
モザイク病や粉状そうか病に対しても中程度の
抵抗性をもつというように，全体的に耐病虫性
が非常に優れている。

　以上のように，'さやあかね'は実用的な疫
病抵抗性品種であり，生産者のみならず消費者
や加工業者のニーズを満たし，広く受け入れら
れていくことが期待される。

執筆　池谷　聡（地方独立行政法人北海道立総合
研究機構北見農業試験場）

参 考 文 献

秋野聖之・竹本大吾・保坂和良. 2014.
Pythophthora infestans: ジャガイモ疫病研究―過
去と現在の概観―. Jpn. J. Phytopathol. 80（Special
Issue）, 8―15.

池谷聡・千田圭一・入谷正樹・伊藤武・関口建二・
大波正寿・藤田涼平. 2015. ジャガイモ疫病抵抗

性が"強"の高品質生食用バレイショ新品種「さ
やあかね」の育成. 育種学研究. 17, 25―34.

片平理子. 2012. 5章　ジャガイモの食べ方　3節
調理法. ジャガイモ事典. 全国農村教育協会. 東
京. 297.

千田圭一・伊藤武・関口建二・村上紀夫・奥山善
直・入谷正樹・松永浩. 1998. ばれいしょ新品
種「花標津」の育成について. 北海道立農試集報.
74, 1―17.

知識敬道. 1999. 馬鈴薯概説. 全国農村教育協会,
東京. 126.

春作マルチ栽培における西海31号の栽培技術

1. 育成の背景

2014年のジャガイモの国内消費量は約337万tで，このうち国内生産量は240万t，自給率は約71％となっている。国内産ジャガイモの用途別割合は，生食用29％，加工食品用21％，デンプン原料用34％，種子用6％，その他10％となっている。近年の傾向として生食用は微減，デンプン原料用は横ばいで推移しているが，外食や中食の増加を背景に食品加工用は伸びている。しかし，食品加工用に占める国産の比率は約60％にとどまっている（農林水産省，2016）。

また，消費者は食品に対する健康・安全志向を強め，高品質で安全・安心な食品を求めている。ジャガイモの需要拡大をはかるためには，消費者が求める栄養・機能性に富んだ，食品加工用に適した品種を育成する必要があった。このような背景から，北海道農業研究センターでは機能性成分のアントシアニンを含む寒地向けの有色ジャガイモ品種 ‘インカレッド’ ‘インカパープル’（森ら，2009a），‘キタムラサキ’ ‘ノーザンルビー’ ‘シャドークイーン’（森ら，2009b）を育成した。

また，これらの機能性成分を含む有色ジャガイモの周年供給の観点から，長崎県農林技術開発センターでは，暖地向けの赤肉ジャガイモ品種 ‘西海31号’（田宮ら，2008）を育成した。

2. 品種の特徴

‘西海31号’はアントシアニンを含む赤色の肉色で，加工適性が高い品種の育成を目標として育成された。1999年に，高デンプンの ‘96016-8’ を母，赤皮・赤肉で大イモの ‘長系115号’ を父として交配した雑種後代種子を播種し，雑種後代の各種特性を評価して選抜・育成を重ね，2009年に品種登録された。

‘西海31号’ の特性を第1表に示す。出芽期は春作・秋作とも ‘ニシユタカ’ より早く，初期生育も早い。収穫時の茎葉の黄変は春作・秋作ともに ‘ニシユタカ’ よりも早い中早生である。上いも数は春作・秋作とも ‘ニシユタカ’ よりも多く，平均一個重は ‘ニシユタカ’ よりも小さい。収量は，春作・秋作とも ‘ニシユタカ’ の約90％で少ない。デンプン価は春作・秋作とも ‘ニシユタカ’ よりも高い。塊茎の皮色は赤，表皮の粗滑は粗で，形は楕円形～長楕円形で揃いが良く，目が浅く，生理障害が少ないため，外観が良い（第1図）。肉色は淡赤で，赤い色が均一に分布する。

第1表　西海31号の特性　(田宮ら，2008)

調査項目	春作マルチ栽培		秋作普通栽培	
	西海31号	ニシユタカ	西海31号	ニシユタカ
出芽期（月／日）	3/16	3/21	9/17	10/1
茎長（cm）	46	40	36	31
茎数（本／株）	1.8	1.5	2.8	2.1
熟性（枯凋期）	中早生	中晩生	中早生	中晩生
上いも数（個／株）	6.2	4.9	4.2	2.8
収量（kg/a）	370	423	209	235
平均一個重（g）	97	141	84	134
いもの形	楕円～長楕円	偏球～球	楕円	偏球
皮色	赤	白黄	赤	白黄
目の深さ	浅	中	浅	中
表皮の粗滑	粗	中～やや滑	粗	中
外観	やや良	中	やや良	中
肉色	淡赤	白黄	淡赤	黄白
デンプン価（%）	13.9	11.2	14.4	11.0
休眠期間	短	やや短	短	やや短

品種の持ち味を活かす

第1図　西海31号の塊茎

第2図　西海31号の春作マルチ栽培で発生した二次生長

撮影：2009年5月15日，長崎県農林技術開発センター馬鈴薯研究室圃場

蒸しいもの肉質は中～やや粉で，食味は中である。チップやフレンチフライなどの油加工に適する（田宮ら，2008）。

3. 栽培上の課題と対策

先に述べたように'西海31号'は，長崎県の春作マルチ栽培（2月上旬植付け，5月中旬収穫，透明ポリフィルムでうねを被覆する作型）では，生食向けの主要品種'ニシユタカ'に比べて収量が少なかった。この原因として，これまでの品種育成試験は，高単価の時期に出荷する生食向けの栽培条件で実施していたために，本品種の特性に適した栽培条件ではなかった可能性が考えられた。これまで2月上旬に植え付け，各収穫時期の特性調査（田宮ら，2008）を行なってきたが，収穫時期を同一日に設定し，植付け時期を変えた特性調査は行なわれておらず，'西海31号'の品種特性を十分に発揮できる栽培期間の検討は行なわれていなかった。

また，生食，食品加工の用途にかかわらず，作付け時期の変化により発生する品質の変化は，歩留りに大きく影響する。契約取引が一般的な加工食品向けジャガイモの場合，総収量だけでなく，歩留りを高め，商品収量を確保することが農家経営を安定させることにつながる。

ジャガイモでは，商品重量の低下につながる生理障害として二次生長（第2図）や裂開があり，この生理障害は栽培中の気象条件や土壌水分，地温の影響を大きく受ける場合がある（中尾，2012）。また，生食向けとして暖地で広く栽培されている'デジマ'は二次生長や裂開が発生しやすく，年次によって多発するため，多収で生理障害の発生が少なく商品重量が多い'ニシユタカ'が長崎県や鹿児島県で広く普及している。このことから，商品重量の確保はジャガイモ生産者にとって重要となる。

そこで，春作マルチ栽培において，'西海31号'の品種特性を最大限に発揮し，収量および商品重量が多い栽培条件（植付け時期，収穫時期，被覆資材，栽植密度）について検討した。

さらに，ジャガイモの食品加工用では，コスト低減のため作業の省力化による労働時間の削減も課題となる。ジャガイモ栽培の作業体系のなかで，ポリフィルム（以下「マルチ」という）からの芽出し作業は，長崎県農林業基準技術（2014）では10a当たり8時間を要し，総労働時間の約6％を占める。本作業は，生産者が圃場を2，3日に1回巡回し，1株ずつ出芽の位置に合わせてマルチを破る作業である（第3図）。本作業の省力化のために，うねの上面に切り目（スリット）が入った被覆資材はすでに販売されている。また，マルチの被覆後に野菜移植機で種いもを植え付ける栽培体系もある。この体系ではマルチを破って種いもを移植するため，

第3図 春作マルチ栽培におけるジャガイモの芽出し作業

その後の人力でのマルチを破る芽出し作業は不要となる。いずれの栽培体系とも本品種での適応性が確認できれば，省力化につながり，低コスト化が期待できる。

そこで，収量を維持しながら，芽出し作業の省力化が可能な栽培法も検討した。

以上，述べたように，'西海31号'はアントシアニンを含む赤肉で，油加工に適し，食品加工用向けとして期待できる品種である。しかし，既存の生食向け品種に比べて収量が少なく，増収対策と商品重量の確保も課題であった。また，食品加工向けとして，栽培の省力化，低コスト化をはかり，生産者の所得増にいかにつなげるかが，本品種の普及のための重要なポイントとなる。

ここでは，'西海31号'の春作マルチ栽培において，収量および商品重量が多い栽培法と併せ，芽出し作業の省力化が可能な栽培法について，これまでの研究成果を述べるとともに作型モデルを提案し，今後の発展と展望についてふれる。

4. 栽培期間・被覆資材が生育・収量に及ぼす影響

'西海31号'の収量を確保するための栽培条件を，長崎県農林技術開発センター馬鈴薯研究室圃場（以下，長崎農技セという）において3か年（2009～2011年）検討した。植付け時期を2月上旬，収穫時期を5月中旬，被覆資材として透明ポリフィルム（以下「透明マルチ」という）を使用した栽培条件を慣行条件とし，植付け時期を2月上旬と2月下旬，収穫時期を5月中旬と6月上旬，被覆資材に透明マルチ，黒ポリフィルム（以下「黒マルチ」という）を用いて，各条件を組み合わせた栽培条件を第4図に示した。各栽培条件における生育，収量および商品重量などを慣行条件と比較した。

(1) 出芽時期

透明マルチ使用の慣行条件（2月上旬植付け）の出芽期に比べ，植付け時期がおそくなる（2月下旬植付け）と，被覆資材にかかわらず，出芽時期は遅れた。2月下旬の植付けの場合，被覆資材の違いによる出芽期の差はなかった（第

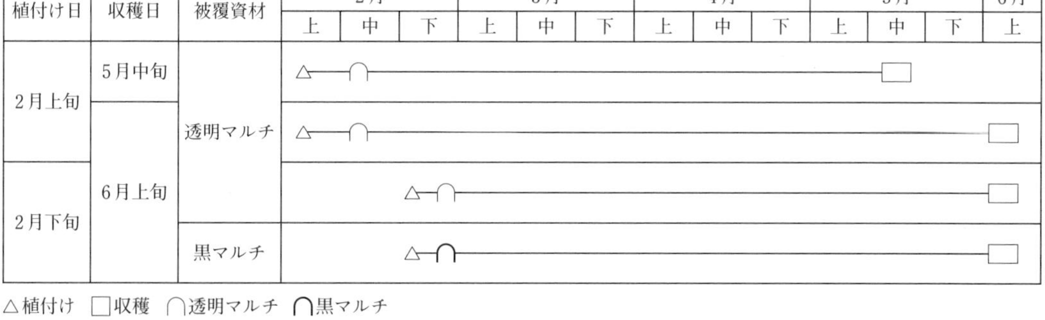

第4図 春作マルチ栽培における西海31号の栽培時期と被覆資材の栽培条件

品種の持ち味を活かす

第2表 春作マルチ栽培における西海31号の生育時期，被覆資材の違いによる特性

	植付け時期	収穫時期	被覆資材	出芽期 (月/日)	生育日数 (日)	茎長 (cm)	茎葉の黄変程度[1]	収量[2] (kg/a)	対標比 (％)	平均一個重 (g)
慣 行	2月上旬	5月中旬	透明マルチ	3/13	63	41	Ⅲ～Ⅱ	315	100	91
		6月上旬		3/14	81	44	Ⅳ～Ⅴ	393	125	121
	2月下旬	6月上旬	透明マルチ	3/21	74	55	Ⅳ～Ⅴ	402	128	121
			黒マルチ	3/21	74	56	Ⅳ～Ⅲ	412	131	113

注 1) 茎葉の黄変程度は，Ⅰ：葉の黄変なし，Ⅱ：下葉がわずかに黄変，Ⅲ：葉の約3分の1が黄変，Ⅳ：約3分の2が黄変．
  2) 収量には，二次生長，裂開，緑化いも，そうか病いもが含まれる
  3) 二次生長が発生した重量が上いも重全体に占める割合を示す
  4) 二次生長が発生した重量を差し引いた上いも重を示す

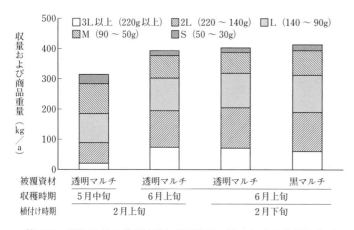

第5図 西海31号の栽培時期と被覆資材の違いによる収量および商品重量の差異（2009～2011年の平均値）

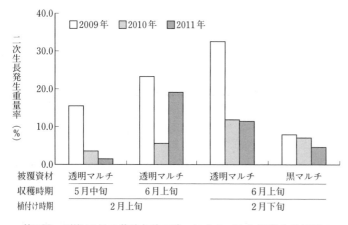

第6図 西海31号の栽培条件の違いによる二次生長発生重量率の差異

2表）。

透明マルチは黒マルチに比べ保温効果が高く，地温が低い時期に植え付ける慣行条件では，被覆資材の違いによる保温性の差が出芽時期の差となる。だが，植付けが2週間程度おそい2月下旬の植付けでは，慣行条件に比べ出芽に十分な地温が確保されたために，被覆資材の違いが出芽期の遅れにつながらなかったと考えられる。

(2) 茎長および収穫時の茎葉の黄変

収穫時の茎長は，植付け時期が同一である場合，被覆資材の違いで差はみられなかった。植付け時期がおそくなると，茎長は長くなる傾向がみられた。2月下旬の植付けで黒マルチを使用すると，6月上旬の収穫時の黄変程度は透明マルチに比べやや遅れた。

(3) 収量性，品質

2月上旬または2月下旬に植え付け，6月上旬に収穫した場合の収量は，慣行条件（2月上旬植付け，5月中旬収穫）に比べ増収した（第5図）。また，平

の差異（2009～2011年）

デンプン価 （%）	二次生長発生重量率[3] （%）	商品重量[4] （kg/a）	対標比 （%）
14.0	6.8	290	100
14.6	16.1	325	112
14.6	18.7	326	112
15.0	6.6	385	133

Ⅴ：株全体が黄変，Ⅵ：地上部が枯死（枯凋）

均一個重も大きくなった。

しかし二次生長が発生した場合，その二次生長の発生重量率は慣行条件に比べ，収穫時期がおそくなると増加し，透明マルチは黒マルチに比べ増加傾向が顕著であった。6月上旬収穫時の透明マルチで発生した二次生長は，200g以上の塊茎でみられた。デンプン価は，収穫時期がおそくなると高くなる傾向がみられた。収量から二次生長の発生重量を差し引いた商品重量は，2月下旬植付け，6月上旬収穫で多くなり，二次生長の発生重量率が低かった黒マルチは商品重量が多かった。

（4）最適な栽培期間と被覆資材

植付け時期を生食向け栽培の適期である2月上旬，収穫時期を5月中旬とする慣行条件に比べ，収穫時期を2週間程度遅らせた6月上旬収穫の収量は増加したが，2月下旬の植付けで6月上旬収穫との収量に差はなかった。また，6月上旬収穫では被覆資材の違いによる収量の差はなかった。この原因として，黒マルチを利用すると透明マルチに比べ初期生育は劣るが，'西海31号'の茎葉の黄変がおそくなるため，生育後半（6月上旬）まで塊茎の肥大が続き，収量が増加したと考えられた。つまり'西海31号'の塊茎肥大に適した生育ステージと栽培時期が一致したためと考えられた。

商品重量の確保のためには，生理障害が少ないことが重要であると先に述べたが，二次生長の発生重量率には年次間差があり（第6図），黒マルチの使用は，透明マルチの使用に比べ二

次生長の発生が少ない傾向がみられた。そのことから，商品重量を確保するために用いる被覆資材は黒マルチが適すると考えられた。透明マルチの使用の場合，生育後半の'西海31号'の茎葉の黄変は黒マルチに比べて進んでおり，直射日光によりうね内が高温となったために，二次生長が発生しやすかったと考えられた。

以上のことから，春作マルチ栽培における'西海31号'は，2月下旬に植え付け，6月上旬に収穫することにより，長崎県の生食向けの慣行栽培（2月上旬植え，5月中旬収穫，透明マルチ）による収量を上まわることができる。また，二次生長の発生を抑制し，商品重量を確保するために使用する被覆資材は黒マルチが適することが明らかになった。

5. 栽植密度・被覆資材が生育・収量に及ぼす影響

前述した試験により，'西海31号'の収量を確保し，かつ商品重量が高い栽培期間として，植付け時期を2月下旬，収穫時期を6月上旬として決定した。また，二次生長の発生を低下させ，商品重量を高くする被覆資材として，黒マルチの使用が適することが明らかになった。ここでは，さらに二次生長の発生率を低下させ，商品重量を高める栽植密度と被覆資材との関係についても検討し，最適な栽培条件を選定した結果を述べる。

'西海31号'の商品重量を確保できる栽培条件について，長崎農技セにおいて2か年（2010～2011年）検討した。被覆資材は透明マルチ，黒マルチおよびスリット入り黒ポリフィルム（以下「黒メデル」という）（第7図）を用いた。栽植密度は長崎県農林業基準技術（長崎県，2014）の栽植密度である標準植条件666株/a（うね間60cm×株間25cm），長崎県のジャガイモ生産者圃場で一般的な密植条件833株/a（うね間60cm×株間20cm）とした。被覆資材の種類，栽植密度の組合わせを第8図に示した。

これまでと同様に，植付け時期を2月上旬，収穫時期を5月中旬，被覆資材として透明マル

品種の持ち味を活かす

第7図　春作マルチ栽培におけるスリット入り黒ポリフィルム（黒メデル）被覆による出芽状況

撮影：2009年4月9日，長崎県農林技術開発センター馬鈴薯研究室圃場

チを使用した標準植を慣行条件とし，各栽培条件の生育および収量，商品重量などを比較した。さらに，'西海31号'の最適な栽培時期（2月下旬植付け，6月上旬収穫）における収量および商品重量を確保できる栽培条件（被覆資材，栽植密度）の組合わせを選定した。

(1) 出芽時期と生育

慣行条件（2月上旬植付け）に比べ，2月下旬植付けの各栽培条件の出芽期は遅れた。2月下旬の植付けにおける各栽培条件の出芽期は，透明マルチ，黒マルチでは差がなく，黒メデルの出芽期は遅れた（第3表）。その後，黒メデルの生育は，透明マルチ，黒マルチよりやや遅れたが，5月上旬には同程度の茎葉の繁茂量となった。6月上旬の収穫時期の茎長は慣行条件

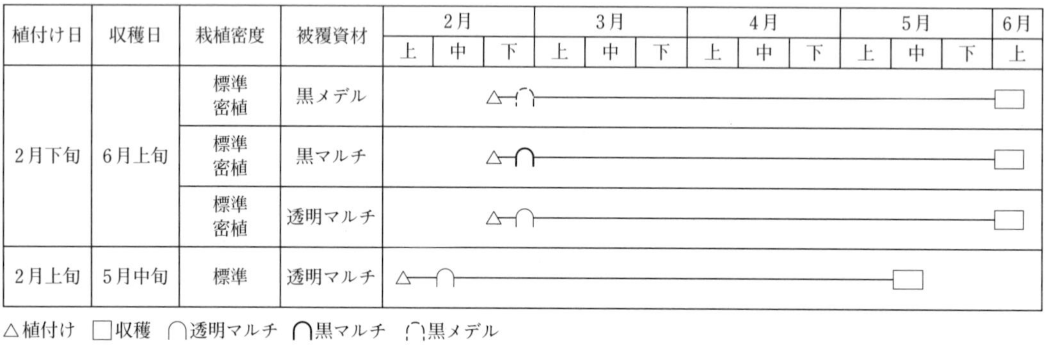

第8図　春作マルチ栽培における西海31号の被覆資材と栽植密度の栽培条件

△ 植付け　□ 収穫　⌒ 透明マルチ　⌒ 黒マルチ　⌒ 黒メデル

第3表　春作マルチ栽培における西海31号の被覆資材

	植付け時期	収穫時期	栽植密度	被覆資材	出芽期(月/日)	生育日数(日)	茎長(cm)	茎葉の黄変程度[1]
	2月下旬	6月上旬	標準	黒メデル	3/24	72	55	III〜IV
				黒マルチ	3/21	75	60	IV
				透明マルチ	3/21	74	60	IV〜V
			密植	黒メデル	3/24	72	57	IV
				黒マルチ	3/22	73	60	IV〜III
				透明マルチ	3/21	74	63	IV
慣行	2月上旬	5月中旬	標準	透明マルチ	3/12	64	41	III

注　1）茎葉の黄変程度は，I：葉の黄変なし，II：下葉がわずかに黄変，III：葉の約3分の1が黄変，IV：約3分の2が黄変，
　　2）収量には，二次生長，裂開，緑化いも，そうか病いもが含まれる
　　3）二次生長が発生した重量が上いも重全体に占める割合を示す
　　4）二次生長が発生した重量を差し引いた上いも重を示す

152

に比べ，2月下旬植付けではさらに伸びる傾向がみられたが，被覆資材および栽植密度の違いによる差はなかった。6月上旬の収穫時期の茎葉の黄変程度も栽培条件（栽植密度，被覆資材）にかかわらず，同程度であった。

(2) 収量，品質

株当たりの上いも数は，栽植密度による差はなかった。平均一個重は標準植（株間25cm）に比べ，各被覆資材とも密植条件（株間20cm）で，やや小さくなる傾向がみられ，被覆資材の種類では黒メデルがもっとも小さかった。密植での収量は，資材の種類にかかわらず，標準植に比べ増加する傾向がみられた（第9図）。増収の原因は栽植株数の増加によるものである。デンプン価は被覆資材および栽植密度による差はなかった。

(3) 二次生長の発生

各栽培条件における二次生長の発生重量率は，栽植密度にかかわらず，透明マルチで高くなる傾向がみられ，黒マルチと黒メデルでは同程度であった。密植での二次生長の発生重量率は，標準植に比べ低くなる傾向がみられた。さらに，密植と黒マルチまたは黒メデルの組合わせにより，二次生長発生重量率はさらに低くなる傾向がみられた。

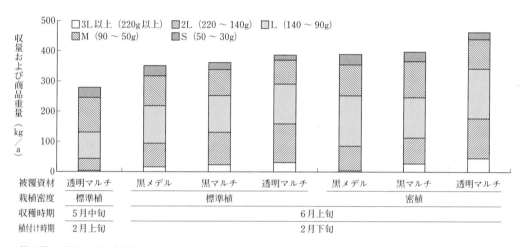

第9図 西海31号の被覆資材，栽植密度の違いによる収量および商品重量の差異（2010～2011年の平均値）

と栽植密度の違いによる特性の差異（2010～2011年）

上いも数[2] (個/株)	収量[2] (kg/a)	対標比 (%)	平均一個重 (g)	デンプン価 (%)	二次生長発生重量率[3] (%)	商品重量[4] (kg/a)	対標比 (%)
5.8	351	126	91	14.8	4.7	335	123
5.4	362	130	100	14.7	6.0	340	125
5.4	388	139	107	14.2	11.6	343	126
5.2	389	139	89	14.5	1.3	384	141
5.2	397	143	93	14.9	2.2	389	143
5.3	463	166	104	14.0	9.2	420	155
5.4	279	100	78	13.3	2.5	272	100

V：株全体が黄変，Ⅵ：地上部が枯死（枯凋）

品種の持ち味を活かす

（4）商品重量確保のための栽培条件

栽植密度，被覆資材を組み合わせた特性調査により，商品重量は，各被覆資材とも密植により増加傾向がみられた。しかし，試験を実施した2010年と2011年では，もっとも増収効果が高い被覆資材は異なった。

二次生長は収穫まで発生程度の予測が困難な生理障害である。安定的な商品重量を確保するためには，透明マルチ被覆は適さないことは先に述べたが，透明マルチ被覆は，密植条件でも他の資材より二次生長の発生重量率の低減効果が低かった。一方，黒マルチまたは黒メデル被覆と密植の組合わせは，透明マルチ被覆と密植の組合わせより二次生長の発生を低く抑え，栽植株数の増加によって収量を確保でき，安定的な商品重量を確保できると考えられた。

6. 省力化技術と経営評価

ここまでの試験により，‘西海31号’の収量および商品重量が高い栽培条件として，植付け時期を2月下旬，収穫時期を6月上旬とし，さらに，使用する被覆資材は黒マルチまたは黒メデル，栽植密度は密植条件（833株/a：うね間60cm×株間20cm）を選定した。

ここでは，‘西海31号’を食品加工用として栽培する場合に想定される低コスト・省力化のための栽培法について検討したので，その結果を述べる。

試験は長崎農技セにおいて2か年（2010〜

2011年）実施した。これまでに選定した‘西海31号’の収量および商品重量を確保可能な栽培条件（2月下旬植付け，6月上旬収穫，黒マルチまたは黒メデル被覆）で，栽植密度は833株/a（うね間60cm×株間20cm）を本試験での慣行条件とし，各種条件を組み合わせた栽培条件を設定した（第10図）。

芽出し作業の省力化のために使用した機械は，半自動野菜移植機（クボタ製K1K60WL）（第11図）で，機械の設定の都合上，栽植密度は，密植を877株/a（うね間60cm×株間19cm）とし，黒マルチの被覆後に半自動野菜移植機でマルチに穴を開けながら種いもを植え付けた。

（1）芽出し作業の省力化

調査では，半自動野菜移植機による植付け時間の測定および各栽培条件における芽出し作業時間を測定し，10a当たりの作業時間を比較した。また，各栽培条件における出芽期および生育特性，収量性，商品重量などを比較した。

半自動野菜移植機を利用した10a当たりの植付け時間は3.1時間で，慣行条件（長崎県農林業基準技術，2014）の植付け時間3時間と同程度であった（第12図）。10a当たりの芽出し作業時間は，慣行条件では7.8時間，機械移植では0時間，黒メデルでは3.0時間であった。芽出し作業は慣行条件に比べ，機械移植では100％削減でき，黒メデルでは，スリットの切れ目から出芽できない場合に芽出し作業が必要になるが，約60％削減できた。

処理区	植付け日	収穫日	栽植密度	植付方法	被覆資材	2月 上	中	下	3月 上	中	下	4月 上	中	下	5月 上	中	下	6月 上
機械移植				野菜移植機	黒マルチ		∩△											□
黒メデル	2月下旬	6月上旬	密植	慣行	黒メデル		△⌒											□
慣行					黒マルチ		△∩											□

△植付け　□収穫　∩黒マルチ　⌒黒メデル

第10図　春作マルチ栽培における西海31号の省力化栽培のための栽培条件

第11図　半自動野菜移植機を用いた西海31号の
　　　　植付け作業（春作マルチ栽培）
撮影：2011年2月22日，長崎県農林技術開発センター
馬鈴薯研究室圃場

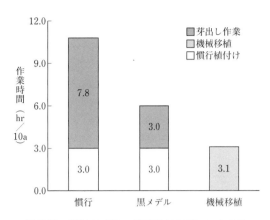

第12図　植付け方法，被覆資材の違いによる作業時間の差異（2010～2011年の平均値）（長崎県，2014）

（2）植付け方法，被覆資材と生育・収量

　黒メデル，機械移植処理区の出芽期は，慣行栽培に比べ遅れた（第4表）。出芽の遅れの原因として，機械移植では，植付け部位のマルチに81cm^{2}の穴があいていること，黒メデルでは長さ22cmのスリット（第7図参照）があり，慣行栽培の黒マルチに比べ保温効果が劣ることが考えられた。

　出芽後の生育は，黒マルチ，機械移植が早く，黒メデルが遅れた。5月上旬の地上部の繁茂状態は，各栽培条件ともうね間まで茎葉が繁茂して同程度となり，収穫時の茎長は黒メデルが慣行と同等で，機械移植が短くなった。機械移植の収穫時の茎葉の黄変程度は慣行と同等で，黒メデルは慣行と比べややおそかった。

　株当たり上いも数は，植付け法および被覆資材による差はみられなかった。収量および平均一個重は各栽培条件による有意差はなかった。デンプン価および二次生長の発生率の有意差はみられなかった。

　以上の結果から，うねにポリフィルムを被覆したあとの半自動野菜移植機による植付けは芽出し作業が不要となり，さらに慣行栽培と同等の収量および二次生長の発生にも差がないことから，'西海31号'の省力化栽培に活用できる。併せて，黒メデルの使用も黒マルチと同等の収量および商品重量の確保が期待でき，芽出し作業も黒マルチに比べて削減できる。黒メデルの使用は機械移植より省力化の効果は小さいが，既存の植付け機が利用できるというメリットがある。

（3）経営評価

　2011年の試験結果をもとに第5表に経営評価を行なった。今回使用した半自動野菜移植機の価格から算出した減価償却費は10a当たり3,333円であり，通常の植付けに使うジャガイモ植付け機の減価償却費は10a当たり1,280円である。芽出し作業にかかる10a当たりの慣行栽培の労働費は7,800円で，芽出し作業の省力化によって算出した労働費は機械移植では0円，黒メデルで3,120円である。ほかの生産費を同一とした場合の10a当たりの全算入生産費は，慣行条件は245,301円で，黒メデルでは240,621円，機械移植では242,050円である。

　各栽培条件で10a当たり3,500kgの収量が確保でき，販売単価が1kg当たり100円と仮定すると，黒メデルでは慣行栽培に比べ10a当たり4,680円の増益が見込まれる。半自動野菜移植機を利用した場合でも，導入コストが増加するが，芽出し作業が不要となり省力化できるので，3,251円増益が見込まれる。これらの結果から，資材および野菜移植機を用いた低コスト

品種の持ち味を活かす

第4表　春作マルチ栽培における西海31号の省力化栽培に関する特性調査

処理区	植付け時期	収穫時期	栽植密度	植付け方法	被覆資材	出芽日 （月／日）	茎長 （cm）	茎葉の黄変程度1)	上いも数 （個／株）
機械移植				機械移植	黒マルチ	3/23	46	III～IV	4.1
黒メデル	2月下旬	6月上旬	密植	慣行	黒メデル	3/24	51	III	4.2
慣　行				慣行	黒マルチ	3/22	50	III～IV	4.0

注　1）茎葉の黄変程度は，I：葉の黄変なし，II：下葉がわずかに黄変，III：葉の約3分の1が黄変，IV：約3分の2が黄変，
　　2）収量には，二次生長，裂開，緑化いも，そうか病いもが含まれる

第5表　春作マルチ栽培における西海31号の省力化栽培による10a当たり経営評価

	項　目	慣行栽培	黒メデル	機械移植	備　考
生産販売	生産量（kg/10a）	3,500	3,500	3,500	単価100円/kgと想定
	販売金額（円）（A）	350,000	350,000	350,000	
全算入生産費（円）	物材費　種苗費	48,000	48,000	50,496	黒メデル：8,333株/10a， 機械移植：8,772株/10a
	諸材料費（被覆資材）	16,500	16,500	16,500	
	労働費　植付け時間	3,750	3,750	3,750	1,000円/時間
	芽出し作業	7,800	3,120	0	芽出し作業の省力化（第12図） 黒メデル60%，機械100%削減率
	減価償却費	1,280	1,280	3,333	ジャガイモ植付機導入 （定価70万円）を加算
	栽培法の差異による 生産費合計（B）	77,330	72,650	74,079	物材費＋労働費＋減価償却費
	その他の生産費（C）	167,971	167,971	167,971	上記以外の生産費は同一とする
	合計（D）：B＋C	245,301	240,621	242,050	
粗収益（円）（A－D）		104,699	109,379	107,950	
慣行栽培との差額（円）		0	4,680	3,251	

注　1）経営規模：西海31号を3ha栽培することを想定
　　2）単価設定：アントシアニンを含み差別化できることから通常の加工原料単価より高い100円/kgで設定
　　3）野菜移植機：耐用年数を7年とし，減価償却費を試算

栽培による増益が明らかになった。

7. 春作マルチ栽培における作付けモデル

　'西海31号' は，機能性成分アントシアニンを含有し，油加工適性が高い品種であるが，本品種は春作マルチ栽培において，生食向けの栽培条件（2月上旬植付け，5月中旬収穫，透明マルチで被覆）では，主要品種 'ニシユタカ' に比べて収量が低かったことから，収量と商品重量の確保は普及上の課題であった。このため，春作マルチ栽培において，'西海31号' の品種特性を最大限に発揮し，収量と商品重量を

確保できる栽培条件（植付け時期，収穫時期，被覆資材，栽植密度）および芽出し作業を省力化できる植付け法について検討した。

（1）栽培時期

　'西海31号' は早生型の品種であり，'ニシユタカ' に比べ茎葉の黄変が早く，生育期間が短い。したがって収量の確保のためには，本品種の生育および塊茎肥大に最適な時期と栽培期間を一致させることが重要である。

　'西海31号' を2月上旬に植え付けると，3月中旬に出芽する。4月下旬に生育盛期を迎え，その後，急激に茎葉は黄変し，収量の伸びは鈍化する（田宮ら，2008）。そのため5月以降の

(2010 ～ 2011年)

収量[2] (kg/a)	対標比 (%)	平均一個重 (g)	デンプン価 (%)	二次生長率 (%)
285	95	79	14.2	0.8
298	99	86	14.2	0.8
300	100	90	14.5	0.6

V：株全体が黄変，VI：地上部が枯死（枯凋）

塊茎肥大に適した気温であっても，生育期間の延長が増収に結びつかないと考えられる。一方，植付け時期を2週間遅らせて2月下旬とした場合には，出芽期は1週間程度遅れるが，2月上旬の植付けに比べ，茎葉を生育後半まで健全に維持できる。このため，'西海31号'の塊茎肥大に適した生育ステージと栽培期間が一致したことにより増収につながったと考えられた。

西南暖地における'西海31号'の増収のためには，単純な生育期間の延長でなく，塊茎肥大に適する5月に茎葉を健全に維持できる2月下旬植付け，6月上旬収穫が有効である。

(2) 被覆資材および栽植密度

栽培に使用する被覆資材は，増収効果とともに二次生長の発生を低下させる資材を選択することが重要である。透明マルチ使用の場合，二次生長の発生率は，年次により栽培条件の影響を大きく受ける可能性がある。一方，黒マルチ，黒メデルの使用の場合，二次生長の発生は透明マルチより低い傾向がみられ，年次による発生率への影響が少なく，安定的に商品重量を確保できる有効な資材である。

二次生長の発生を抑制できる栽植密度は，1a当たり833株（うね間60cmの場合，株間20cm）程度の密植であり，標準植（1a当たり666株：うね間60cm×株間25cm）に比べ，面積当たりの栽植株数の増加により増収効果を期待できる。

'西海31号'の収量の確保，および二次生長の発生を抑制し商品重量を確保する被覆資材は黒マルチまたは黒メデル，栽植密度は長崎県の標準植（1a当たり666株）（長崎県農林業基準技術，2014）よりも1a当たり833株程度の密植条件での栽培が適する。

(3) 省力化

'西海31号'の植付け作業および芽出し作業の省力化について検討した。今回検討した被覆資材および半自動野菜移植機はすでに市販されており，一部の生産現場でも使用されている。これらの被覆資材および半自動野菜移植機の使用により，慣行栽培と同程度の収量および商品重量の確保ができ，さらに，芽出し作業の省力化がはかられることで所得向上が見込まれることから，実用性が高いと考えられる。

(4) 作付けモデルの提示

これまでの試験結果から，春作マルチ栽培における'西海31号'の収量および商品重量が多い作型モデルを第13図に示した。植付け時期を2月下旬，収穫時期を6月上旬，栽植密度は1a当たり833株程度（うね間60cmの場合，株間20cm）とし，使用する被覆資材は黒マルチまたは黒メデルである。さらに，半自動野菜移植機または黒メデルの使用により芽出し作業の省力化，低コスト化も期待できる。

8. 普及の可能性と栽培上の注意

(1) 半自動野菜移植機による効率化と注意点

長崎県のジャガイモ栽培では，種いもの植付け後，うね立て成形し，降雨後，土壌が十分に湿った状態でうねをポリフィルムで被覆する。この作業体系の場合，植付け前に降雨があると，圃場によっては数日，植付けできないこともある。また，植付け後に降雨が少なく，うね内に十分な水分を含んでいない場合にはポリフィルムの被覆時期が遅れる。その影響は，出芽期の遅れを招き，収穫時期の遅れや収量の不安定化につながり，年次による供給時期および供給量の不安定さにつながる可能性がある。

品種の持ち味を活かす

	植付日	収穫日	被覆資材	栽植密度 1)	2月 上	中	下	3月 上	中	下	4月 上	中	下	5月 上	中	下	6月 上
作型モデル	2月下旬	6月上旬	黒マルチ	密植 (株間20cm)			△⌒━	━	━	━	━	━	━	━	━	━	□
							野菜移植機利用 ⌒━━━━━━━━━━━										□
			黒メデル	密植 (株間20cm)			△⌒━	━	━	━	━	━	━	━	━	━	□
慣行（比較）	2月上旬	5月中旬	透明マルチ	標準値 (株間25cm)	△⌒━	━	━	━	━	━	━	━	━	□			

△植付け □収穫 ⌒透明マルチ ⌒黒マルチ ⌒黒メデル

第13図 春作マルチ栽培における西海31号の収量および商品重量を確保できる作型モデル
うね間60cmの場合：株間25cmの栽植密度は666株/a，株間20cmの栽植密度は833株/a

一方，半自動野菜移植機を使用する場合，種いもの植付け前に成形し，ポリフィルムによりうねの被覆を行なうことになる。植付け予定の圃場にあらかじめポリフィルムの被覆作業を実施していれば，うね内は適度な土壌水分であり，降雨の合間に植付けできるため，慣行の作業体系に比べ天候に左右されにくく，効率的に植付け作業を実施できる可能性がある。

今回使用した半自動野菜移植機はジャガイモの移植専用機ではなく，葉菜類の移植にも利用できる。つまり，ほかの野菜類を作付けする産地において，新たにジャガイモの作付けが行なわれる可能性を示唆するものである。その場合，ディガーなどの機械導入の必要があるが，半自動野菜移植機の汎用性を利用し，野菜類などの他品目と組み合わせた複合経営のなかに'西海31号'の作付けを組み込むことが可能となり，所得向上や経営の安定につながることが期待できる。

'西海31号'の塊茎は'男爵薯'や'ニシユタカ'に比べ，やや長い楕円形をしている（第1図参照）。今回の半自動野菜移植機による移植作業では，移植する深さや速度によって，種いもが植え穴に入らなかったり，十分な深さまで到達しない状況が確認された。このため，2009年は欠株が約10％発生し，慣行栽培の植付けより劣った。2010年の試験では植付けの深さ，速度を調整したため，欠株はほとんどなかった。半自動野菜移植機による欠株防止対策として，事前に植付けの深さ，速度を調整したうえで実施することが必要である。

(2) 収穫時の注意点

半自動野菜移植機や黒メデルを使用した栽培は，植付け時の植え穴やマルチにスリットがあるため土の露出が多いことから，出芽した株の部分以外の土の露出がない慣行栽培の黒マルチを使用した栽培に比べ，降雨によりうね内の水分含量が多くなることが予想される。

長崎県では6月上旬が入梅時期であり，降雨が続く場合がある。2010年の調査では，収穫前に降雨が続き，被覆資材の違いにより，収穫時の塊茎への土の付着程度に差がみられた。もっとも土の付着量が少なかったのは黒マルチを使用した栽培で，黒メデル，機械移植では土の付着量が多かった。塊茎への土の付着量が多い場合，掘取り後に手作業で塊茎から土を除去する作業に時間を要し，収穫作業の効率を大きく低下させる要因となる。

このため，土の付着量をより少なくするためには，うね内の土壌水分を減らす必要がある。その対策として，降雨後，収穫までに数日間，晴天が予測される場合には，事前に被覆しているポリフィルムを除去し，うね内を乾燥させることが必要である。または，圃場の排水性が悪い場合には機械移植や黒メデルを使用しないなど，圃場により栽培法を変えることも必要である。

(3) 実需者ニーズへの対応

食品加工向けの栽培を想定した場合、一般的に生食用に比べて取引価格が安価で一定しているため、収量および商品重量を確保し、省力化、低コスト化により生産コストを抑制することが重要である。このため、春作マルチ栽培における‘西海31号’の収量および商品重量を確保可能な栽培技術および省力化、低コスト栽培技術を検討し、その結果、第13図に示す作型モデルを提案した。

食品加工用ジャガイモの利用形態は、チップ、コロッケ、マッシュ、フレンチフライ、サラダ、チルドなど多様で、用途により実需者から求められる大きさ、重量、デンプン価などの品質が異なる。チップについては、60～260g程度の規格が必要とされ、それ以上の大きな塊茎は、工場において手作業で2つに切断する工程が必要になる。したがって、加工実需者のニーズに対応した規格の収量割合を高める栽培を目指す必要がある。

今回の調査により、‘西海31号’の商品重量を減少させる原因として二次生長の発生を示したが、これまでの調査では1塊茎当たり200gを超える塊茎で二次生長が多く発生している。加工用途により、実需者から大きいサイズのいもを求められる場合には、この点に十分注意して、産地の栽培時期を検討する必要がある。一方、小さないもが求められる場合には、栽植密度をさらに高めると、小さないもの生産が可能になることが期待できる。また、密植による栽植株数の増加により、増収も期待できる。

今後、食品加工向けの契約栽培を実施する場合、いもの大きさ（規格）、品質、出荷時期など実需者が求める条件をクリアできる栽培条件を検討し、産地に適応した栽培法を再構築する必要がある。

執筆　森　一幸（長崎県農林部農産園芸課）

参 考 文 献

森元幸・高田明子・高田憲和・小林晃・津田昌吾・中尾敬・梅村芳樹・林一也. 2009a. 肉質部にアントシアニン色素を含有する有色バレイショ新品種「インカパープル」および「インカレッド」の育成. 育種学研究. 11 (2), 45—51.

森元幸・高田明子・小林晃・津田昌吾・遠藤千絵・梅村芳樹・高田憲和・米田勉・木村鉄也・中尾敬・吉田勉・百田洋二・串田篤彦・植原健人・椎名隆次郎・林一也. 2009b. 有色バレイショ品種「キタムラサキ」,「ノーザンルビー」および「シャドークイーン」の育成. 育種学研究. 11 (4), 145—153.

長崎県. 2014. 長崎県農林業基準技術.

中尾敬. 2012. ジャガイモ辞典, 財団法人いも類振興会. 226.

農林水産省生産局生産流通振興課. 2016. いも・でん粉に関する資料. 87—88, 92.

田宮誠司・森一幸・草原典夫・向島信洋・中尾敬・石橋祐二. 2008. 赤肉バレイショ新品種「西海31号」, 長崎総農林試研報（農業部門）. **43**, 91—115.

水稲の省力栽培技術

＜各種の育苗技術＞

高密度播種した稚苗（密苗）による水稲移植栽培技術

　国内農業を取り巻く環境は，人口減少に伴う国内市場の縮小や農産物価格の低迷により，とりわけ稲作経営体で厳しさを増している。担い手の高齢化や後継者不足により，1経営体当たりの経営面積が増加しており，省力化技術の重要性がますます高まってきている。水稲生産のさまざまな作業のうち，育苗から移植までの作業には，育苗用ビニールハウスからの育苗箱の出し入れや移植時の田植機への苗補給など，機械化が進んでいないものが多く，とくに省力化が求められている。

　ここで紹介する技術は，育苗箱1箱当たりに乾籾換算で250～300gの種籾を播種した高密度播種苗（以下，密苗とする）を専用の田植機を用いて移植することにより，使用する苗箱数を慣行の3分の1へと大幅に削減できるものであり，水稲生産におけるコスト低減や省力化への貢献が期待できる。

1．開発の経緯

　密苗移植栽培技術の開発は，石川県において農業経営の効率化に先駆的に取り組む経営体の一つである株式会社ぶった農産の佛田利弘社長の考案から始まっている。佛田社長は，同じく県内の大規模農業法人である農事組合法人アグリスターオオナガの濱田栄治代表が行なっていた，育苗箱1箱当たりの播種量を200g以上にして育苗箱使用量を10箱/10a以下に削減する栽培方法をヒントに，播種量をさらに増やすことで育苗箱数を大幅に減らせないかと考えた。

　そして，この方法による田植えの技術確立をヤンマー株式会社および石川県農林総合研究センターに提案したことから，この4者の共同研究による密苗移植栽培技術の開発がスタートした。

　技術開発には2013年から取り組み，2016年にはヤンマー株式会社で密苗対応の田植機および改造キットが商品化されている。

　なお，本技術は，石川県民間提案型受託研究予算（ヤンマー株式会社より受託，2013～2015・2017年），農林水産省予算により農研機構生研センターが実施する「攻めの農林水産業の実現に向けた革新的技術緊急展開事業（うち産学の英知を結集した革新的な技術体系の確立）」（2014～2015年）および，「革新的技術開発・緊急展開事業（地域戦略プロジェクト）」（2016～2018年）により実施した研究の成果である。

2．技術の概要

　密苗移植栽培技術は，水稲育苗箱1箱当たり乾籾換算で250～300gの種籾を播種して育苗した密苗（第1図）を，専用の田植機を用いて

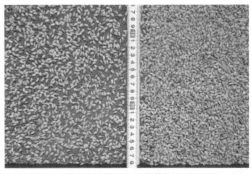

第1図　高密度に播種した催芽籾の育苗箱における状況
　　　左：乾籾120g/育苗箱，右：乾籾300g/育苗箱

第1表　移植時の苗質と植付け状況　　　　　　　　　　　　（澤本ら，2015）

試験区		移植時の苗質			1株当たり植付け本数（本）	10a当たり使用育苗箱数（箱）	移植時欠株率（％）
		葉齢	草丈（cm）	茎葉乾物重/草丈比（mg/cm）			
標植（5月2日移植）	100g播種	3.1	12.1	1.28	3.3	14.2	0.7
	250g播種	2.0	10.9	0.78	3.5	6.0	6.3
	300g播種	2.0	9.5	0.81	3.4	4.7	5.7
晩植（5月23日移植）	100g播種	2.7	14.3	1.33	3.5	12.2	1.7
	250g播種	2.0	11.2	0.81	3.4	6.5	0.9
	300g播種	2.0	11.6	0.72	3.4	6.0	3.4

注　2014年に実施。品種はコシヒカリ。苗質調査は各30個体を調査。乾物重は各100個体を調査。葉齢は不完全葉は数えない
　　10a当たり使用育苗箱数は試験圃場面積から10a当たりに換算した
　　植付け本数，欠株率は，移植直後に圃場に植え付けられた80株（8条×10株）または60株（6条×10株）を調査

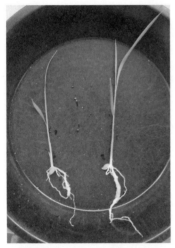

第2図　コシヒカリ密苗（左）と慣行稚苗（右）
育苗箱1箱当たりの乾籾播種量は
密苗300g，慣行稚苗120g

正確に1株当たり4本程度移植することにより，単位面積当たりの使用苗箱数を大幅に減らせる技術である。具体的には，'コシヒカリ'を用いて育苗箱1箱当たり乾籾300gを播種し，50株/3.3m^{2}の栽植密度で移植した場合，10a当たりに使用する育苗箱数は5〜7箱となり，使用する育苗箱数は乾籾100g程度の播種よりも約2分の1〜3分の1に低減できる（第1表）。

基本的に播種・育苗方法は，種子消毒や浸種などの種子予措や播種後の出芽，ビニールハウスでの育苗管理などはすべて慣行と同様でよく，また，使用する育苗箱，育苗培土などの資材や加温出芽器，ビニールハウスなどの機械，施設も慣行栽培と同じものを使用できる。

技術導入に必要となるのは，高密度播種が可能な播種機と密苗に対応した田植機である。播種機は対応播種機を導入するか，部品交換または外付けホッパーの増設で対応が可能となり，田植機は密苗対応田植機または密苗改造キットを使用する。密苗対応田植機は通常のものと価格差はほとんどなく，また密苗専用爪を装着した状態でも，乾籾120g/育苗箱程度のうすまきの苗の移植も可能である。

慣行稚苗と比較した密苗の特徴は，育苗期間を短くする必要があることと，葉齢が若いことがあげられる（第2図）。育苗期間の目安は，慣行の稚苗が20〜25日であるのに対し，密苗では15〜20日である。また目標とする葉齢は2〜2.3葉（不完全葉を0葉とした場合。以下同様），苗丈は10〜15cmである。

3. 育　苗

(1) 種子予措

種子予措は基本的に慣行方法で実施できるが，留意すべき点が2点ある。

1つ目は均一なハト胸催芽である。これはご

く基本的な技術であるが，均一な播種を行なう
ために非常に重要な作業である。芽や根が伸び
た種子は播種時に播種ホッパー内でからまり，
播種ムラの原因となるが，とくに密苗移植で
は，育苗箱内の少しの播種ムラが移植時に大き
な欠株につながる。そのためハト胸催芽は，と
くに徹底する必要がある。

もし，催芽後やむを得ず保管する場合は，種
子袋内の水分や温度のムラがないように保管す
る。種子袋に詰める種子量は5kg程度以下にし
て，かつ種子袋を風通しの良い場所におき，定
期的に反転するなどすれば比較的ムラは解消さ
れる。

なお，‘コシヒカリ’では催芽後にかなり乾
燥した状態でも支障なく出芽するが，催芽後の
乾燥によりその後の生育が著しく阻害される品
種も存在するので留意する。

2つ目は種子消毒の徹底である。うすまき苗
の3倍近い種子を播種した育苗箱が病気で使用
できなくなると大きな損害となるため，十分気
をつける必要がある。なお，2014 ～ 2016年に
石川県内ののべ51か所で密苗移植栽培を実施
してきたが，育苗期間中の病害の発生は確認さ
れていない。

（2）播種作業

播種作業には1）専用の播種機を使用する，2）
既存播種機で2回播種する，3）補助ホッパー
を使用するなどの方法がある。2）の既存播種
機で2回播種する方法は作業時間が2倍近くか
かるが，試験的に導入する場合は取り組みやす
い方法である。また，既存播種機でも一部の部
品交換で乾籾300g/育苗箱まで対応できる場合
がある。

‘コシヒカリ’では乾籾播種量250g/育苗箱
と300g/育苗箱で苗質に大きな差は認められな
いが（第1表），株当たり植付け本数を4本に
揃えるためには，植付け時のかき取り面積は
300g/育苗箱の場合，250g/育苗箱よりも狭く
設定する必要がある。かき取り面積を狭くする
と，かき取る土の量が減ることから，移植前の
田面の硬さやかき取り量の調整がむずかしくな

る。そうしたことから，籾千粒重が‘コシヒカ
リ’並みの品種では，播種量250g/育苗箱から
取り組み始めるほうが無難と思われる。

また，当然ながら籾千粒重が重い品種は育苗
箱1箱当たりの苗数を確保するため播種量を増
やす必要がある。また，育苗用培土は，床土，
覆土ともに慣行播種量のものがそのまま使用で
き，ロックウールマットでの育苗事例もある。
培土中の肥料量も慣行稚苗の育苗と同量を含む
ものを用いる。

播種作業はまず播種機の播種量，床土量，覆
土量，灌水量の調整を行なう。播種量の調整
は，まず催芽した籾の重量を測定し，乾籾から
の増加率を求める。脱水直後の‘コシヒカリ’
は乾籾の1.30倍程度の重量となっており，乾籾
300g播種する場合は，催芽籾を390g（300g×
1.30）程度播種することになる。穴をふさいだ
空の育苗箱を用いて，床土，培土，灌水を行な
わずに播種機を通して播種量を確認して，狙っ
た量が播種できるまで調整する。品種によって
籾の重量だけでなく形状も異なるので，品種が
変わるごとに調整する。とくに種籾が細長い品
種は播種量設定を多くしても，播種量が増えに
くい傾向があるので留意する。

次に床土量であるが，高さ30mmの苗箱で深
さ18 ～ 20mm程度に調整する。播種量が多い
ので，慣行よりも若干減らして実施すると覆土
が確保しやすい。覆土は種子が見えなくなる程
度にする。覆土の持ち上がりは密苗では慣行稚
苗よりも顕著となるので留意する。灌水量は慣
行どおりでよい。播種作業は播種量と覆土の状
態を確認しながら行ない，見た目に播種量が少
なくなっていないか，覆土が不十分で種籾が露
出していないかなどを観察する。種籾の露出は
のちに鳥獣害を受ける原因となるので，露出さ
せないようにする。

（3）出　芽

出芽方法は，加温出芽，無加温出芽ともに事
例がある。

まず，加温して出芽させる場合は，無加温に
比べ出芽の揃いが良く，また一般的に育苗箱を

積み重ねて出芽させるので，その場合は覆土の持ち上がりも問題にならない。しかし慣行稚苗に比べ，苗が育苗箱を持ち上げる力も強くなるので，とくにロックウールマットを使用する場合は積み重ねた育苗箱が倒れないように留意する。

無加温出芽では，覆土の持ち上がりが観察されるが，持ち上がった覆土を灌水により下げれば，そのあと問題なく育苗できる。ローラーで鎮圧する方法も実施されている。

密苗は苗の生育停滞が早いので，播種後15～20日，葉齢2～2.3葉ころの間に移植することが望ましい。そのため大規模な経営体では，煩雑な種子予措，播種作業を何度も行なう必要があり，大きな負担となる。そこで，播種後に出芽を遅らせる技術を組み合わせることで，播種から3週間経過後も老化していない密苗を移植することが可能となり，播種作業の回数を削減できる。

具体的には，蒸気出芽などの加温出芽と，播種後に無加温で遮熱・保温性の被覆資材をべたがけしてハウスまたは露地で出芽させる方法（無加温出芽）を組み合わせ，出芽の時間差を設ける方法（時間差出芽）である。時間差出芽については中村らが2017年に石川県で4月21日に実施した試験がある。それによると，加温出芽では2日間で発芽するのに対し，ビニールハウス内で遮熱・保温性被覆資材をべたがけし平置き無加温出芽させた場合は6日間，露地で無加温出芽させた場合は12日間で出芽しており，最大10日間出芽を遅らせることが可能であるとしている。

近年，高温により，被覆資材の被覆中に高温障害（苗やけ）が発生するリスクが高まっているため，無加温出芽には保温効果だけでなく，遮熱効果の高い資材を用いるのが無難と考えられる。これまでに，ピアレスフィルムTSタイプ，トーカンほなみで長期の被覆でも高温障害を起こさずに無加温出芽ができることを確認している。

(4) 育 苗

ビニールハウスおよび露地での育苗，灌水による育苗およびプール育苗での事例がある（澤本ら，2016；中村ら，2017）。目標とする苗丈は最低10cmとしており，短いと植付け姿勢の悪化や苗の水没枯死のリスクが高まる。近年は圃場区画が大型化しており，圃場内の田面高低差が大きい場合があり，その場合，低い場所でも水没しない草丈が必要となる。大型圃場における水没しない草丈の目安としては，水田圃場整備の目標とされる高低差±3.5cm（最大7cm），植付け深3cm，湛水深3cmの合計の13cm程度となる。

一方で，長すぎる苗は，移植時の蒸散過大，茎の折れなどによる植えいたみを招き，初期生育の不良を招くので，伸ばしすぎないように温度管理に留意する。緑化期は気温20～25℃，硬化期は15～20℃を目安として育苗する。総合すると10～15cm程度の苗丈を目標とし，田面高低差がある場合はこの範囲で長めとするのがよい。

そのさい，遮熱・保温性被覆資材を利用すれば，日中の高温障害（苗やけ）を回避しながら，夜間の温度が確保でき，苗の伸長が可能となる（第3図）。被覆期間の長期化に伴い，加湿条件の継続により苗のマット強度が低下する傾向があるが，緑化期から3日程度までの被覆であれば，マット強度の低下は少ない。

また澤本らが異なる播種量の苗の葉齢展開を調べた結果，乾籾播種量100gに比べ，200～300gで育苗2週間程度から，慣行稚苗よりも葉齢展開が緩慢となることを観察している（第4図）。これは，生育競合が強く起こっていることが原因と考えられる。そのため，密苗の育苗期間の目安は加温出芽・ビニールハウス育苗の場合で15～20日程度と，慣行稚苗に比べ短期間とする必要がある。そのさい，短期間の育苗で苗のマット強度を確保する必要がある。これまでの実証結果から，加温出芽・ビニールハウス育苗でかつ15日間以上の育苗において，おおむね作業に支障のないマット強度を確保でき

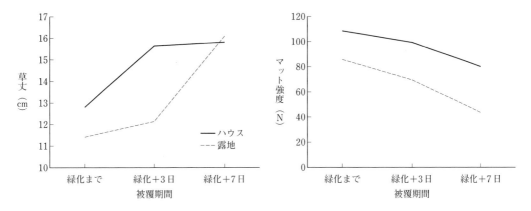

第3図　ビニールハウスおよび露地育苗における遮熱・保温性被覆資材の被覆期間と苗草丈およびマット強度の関係
(中村ら，2017)

品種はコシヒカリで，乾籾播種量300g/育苗箱。ピアレスフィルムTSタイプを用いて無加温出芽。ビニールハウスでは出芽後18日間育苗，露地育苗は出芽後12日間育苗した。
マット強度は摩擦の少ない板の上に苗を置き，中央に熊手を刺し，苗長辺方向に水平に引き，苗が破断したときの強度をフォースゲージを用いて測定した。移植作業に支障のないマット強度は60N

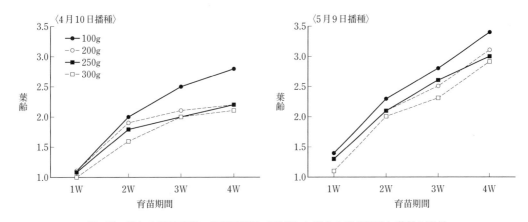

第4図　異なる播種時期，乾籾播種量で育苗した場合の育苗期間と葉齢の関係
(澤本ら，2014a)

図内の100〜300gは，育苗箱1箱当たりの播種量
コシヒカリを用いて加温出芽。ビニールハウスで育苗

た。

しかし，育苗期間が低温でかつ短い場合には，苗取板を使用しないと持ち運べないほどマット強度が低下する場合もみられた。マット強度確保の観点から慣行稚苗同様に灌水過多を避け，とくに低温時や蒸散量の少ない緑化期間中の灌水は最小限にとどめる。また，育苗期間も寒地では長めに，暖地では短めにするなど，気温に合わせて調整する。

4．移　植

密苗の田植え作業は専用の田植機を用いて行なう。ヤンマー株式会社が開発した田植機は，苗のかき取り面積を小さくしながらも精度良く植え付けることができるように改良されており，密苗を正確に4本程度かき取ることが可能となっている。そのさい，慣行稚苗の移植と同

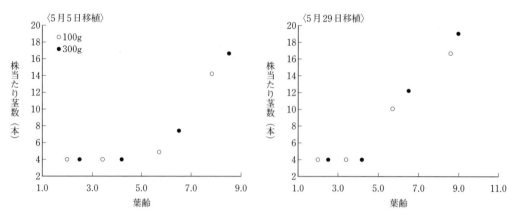

第5図　本田移植後の葉齢と株当たり茎数の関係　　　　　　　　　　　(澤本ら，2014a)

品種はコシヒカリで，株当たり植付け本数は4本

第2表　密苗と慣行稚苗の生育，収量，収量構成要素および玄米品質

(澤本ら，2014a；澤本・宇野，2016；澤本・宇野未発表データから作成)

	最高分げつ期茎数 (本/m^2)	精玄米重 (kg/10a)	穂数 (本/m^2)	一穂籾数 (粒)	総籾数 (千粒/m^2)	登熟歩合 (%)	千粒重 (g)	整粒歩合 (%)	玄米タンパク質含有率 (%)
密苗	412	546	370	91.2	33.7	74.9	21.9	67.2	6.4
慣行稚苗	437	533	369	82.4	30.1	81.7	21.9	66.9	6.4

注　石川県において2013～2016年に金沢市で密苗と慣行稚苗を同日に移植して栽培した結果の平均値。栽植密度は50～60株/3.3m^{2}設定で移植日は5月16日～5月29日。品種はコシヒカリ。整粒歩合はkett社RN-310，玄米タンパク質含有率はkett社AN820で測定

様に，水田土壌は硬すぎず，軟らかすぎない状態とする。具体的には，田植機のタイヤ通過時に土壌で苗を倒さない程度に硬く，植付け爪による植え穴がただちに埋め戻される程度の軟らかい状態であればよい。

また，田植え時の水深は，落水またはごく浅水とする。密苗はかき取り面積が小さいので，かき取る育苗培土も少なく，浮苗になりやすいので，深水での田植えは欠株を助長することになる。そのほかに欠株を招く要因としては，苗乾燥や苗残量低下による田植え機苗載せ台でのすべりの低下，播種ムラがある。

苗の植付け本数が少なすぎても欠株を招くので，4本程度植え付けられるように小面積を田植えしながら設定する。そのさいに植付け深が2～3cmとなるように併せて設定する。また，欠株の影響は品種，栽植密度，そのほか栽培法により異なるが，おおむね10％程度までの欠株であれば減収率は5％未満にとどまる（渡邊ら，2009；澤本・宇野，2016）。

栽植密度は，乳苗では分げつ発生節位が低下し分げつ発生が旺盛となることから疎植が推奨されていた。しかし，密苗は慣行稚苗と同一葉齢時の茎数が同等であり（第5図），最高分げつ期の茎数が慣行稚苗と同等であることから（第2表），慣行稚苗と同等の栽植密度で田植えを実施すればよい。一発処理除草剤の影響も慣行稚苗と同様であり，田植えと同時で利用可能である（第3表）。

5. 本田管理

本田の施肥量や水管理など栽培管理は基本的に慣行稚苗と同様に行なう。密苗は慣行稚苗に比べて移植時の葉齢が若いため，初期分げつの発生がおそくなる（第5図）。そのため，分げ

つの発生状況に合わせて中干しの開始時期を調節する。また，同時期に移植した慣行稚苗に比べ出穂期や成熟期は1〜3日遅れるので，慣行稚苗同様に穂肥施用時期は幼穂長や葉耳間長を確認して実施する。

収量，収量構成要素，玄米品質は同等となる（第2表）。

6. 密苗移植栽培技術の導入効果

密苗移植栽培技術を導入することで，さまざまな労力やコストが低減できる（澤本，2016）。育苗に必要な育苗箱，培土量が慣行稚苗（北陸地域では120g/育苗箱）の約3分の1ですみ，ビニールハウスの必要棟数も3分の1に削減できる。また育苗箱の運搬，管理にかかる労働時間も削減できることから，種子予措から移植作業までにかかる10a当たりの生産コストは2分の1程度に削減できる。玄米収量500kg/10aの場合，玄米1kg当たりの生産費は8.8円低減できることになる（第4表）。

また，とくに過密繁忙期である移植作業中に，苗補給でストップする時間や育苗ハウスへ苗を取りに行く回数が削減できるメリットは大きく，経営規模拡大にも貢献できると考えられる。加えて，余剰ハウスの活用による収益向上も可能である。受託苗を育苗することや，おもに冬季に作業を行なうことができるフリージア栽培を行なう試みも始まっている。

大規模な水稲経営では直播を導入して作業分散を行なっているが，天候リスクの高い直播と密苗を組み合わせることで，天候不順時に直播ができなくなり移植に切り替えるさいも，苗を用意するまでの期間が短くてすむ。

以上のことから，密苗移植栽培技術は生産コストの低減や労力軽減に有効な技術であり，水稲生産の収益性向上に寄与できるものと考えている。

執筆　宇野史生（石川県農林総合研究センター）

第3表　一発処理除草剤が密苗初期生育に及ぼす影響の慣行稚苗との比較

(宇野ら，2017)

除草剤	水管理	慣行稚苗に対する割合（％）		
		茎　数	草　丈	乾物重
無処理	浅植	100ns	111ns	78ns
	浅水	75ns	93ns	54 *
	慣行	124ns	103ns	115ns
	平均	97	102	80
A　剤	浅植	100ns	170 *	101ns
	浅水	119ns	103ns	115ns
	慣行	81ns	92ns	69ns
	平均	98	111	90
B　剤	浅植	107ns	110ns	109ns
	浅水	175 *	102ns	216 *
	慣行	124ns	96ns	146ns
	平均	135	102	161

注　品種：コシヒカリ。育苗箱1箱当たり乾籾播種量：密苗300g，慣行稚苗120g

1/5,000ワグネルポットにA剤（イマゾフルスロン0.9％，ピラクロニル2.0％，プロモブチド9.0％），B剤（イマゾフルスロン0.9％，オキサジクロメホン0.4％，ピラクロニル2.0％，プロモブチド9.0％）を10a当たり1kgとなるように移植直後に処理し，または処理しないで移植29日後に調査した

表中の数字は慣行稚苗に対する密苗の割合（％）を示す。

慣行稚苗と密苗の間でnsは有意差なし，*は5％水準で有意差ありを示す（t検定）

第4表　密苗における種子予措から移植作業までの費用

(澤本，2016)

	作業にかかる労働費（円/10a）	資材費（円/10a）	減価償却費（円/10a）	計（円/10a）	玄米1kg当たりの費用（円）
慣行稚苗	1,728	3,026	4,650	9,404	18.8
密　苗	835	1,694	2,452	4,981	10.0
削　減				▲4,423	▲8.8

注　石川農研における試算結果である。10a当たり玄米収量500kgとした。管理作業は石川県の慣行法に準じ，種子消毒は化学農薬，加温出芽器を使用，ビニールハウスで育苗管理を行なうものとした。必要な資材および機械器具を計上したが，田植機は含まない。労働単価は1,500円/時間とした

水稲の省力栽培技術

参 考 文 献

中村弘和・宇野史生・島田雅博・吉田翔伍. 2017. 異なる出芽・育苗方法が密苗の出芽までの日数と苗質に及ぼす影響. 北陸作報. **53**（別）, 8.

澤本和徳. 2016. 高密度育苗による水稲低コスト栽培技術. TPP時代の稲作経営革新とスマート農業. 148—153.

澤本和徳・八木亜沙美・伊勢村浩司・佛田利弘・濱田栄治. 2014a. 高密度播種が水稲稚苗の生育及び本田初期生育に及ぼす影響. 日本作物学会講演要旨集. **237**, 272—273.

澤本和徳・八木亜沙美・伊勢村浩司・佛田利弘・濱田栄治. 2014b. 高密度育苗が水稲の本田生育及び収量に及ぼす影響. 日本作物学会講演要旨集. **237**, 274—275.

澤本和徳・伊勢村浩司・佛田利弘・濱田栄治・八木亜沙美・宇野史生. 2015. 高密度播種・短期育苗による水稲移植栽培の開発. 日本作物学会講演要旨集. **239**, 11.

澤本和徳・宇野史生. 2016. 「高密度播種した稚苗による水稲移植栽培技術」の現地栽培における生育, 収量, 玄米品質および経営者評価. 北陸作報. **51**, 44—49.

澤本和徳・宇野史生・中村弘和. 2016. 異なる加工培土および育苗時の水管理が高密度播種した水稲稚苗の苗質および初期生育に及ぼす影響. 北陸作報. **52**（別）, 9.

宇野史生・今本裕士・澤本和徳. 2017. 一発処理除草剤が密苗初期生育に及ぼす影響. 北陸作報. **53**（別）, 9.

渡邊肇・佐々木倫太郎・関口道・鈴木和美・三枝正彦. 2009. 異なる栽培法における欠株が水稲の生育・収量に及ぼす影響. 日作紀. **78**（1）, 95—99.

ヤンマー株式会社. 2016. ヤンマーの密苗クイックマニュアル.

麦立毛間水稲直播技術による飼料用イネ─ムギ栽培体系

(1) 技術開発のねらいとポイント

三重県における飼料用イネおよび飼料用ムギの生産は，大規模な耕種農家や土地利用型農業生産法人が食用ムギ生産と併行して二毛作体系下において実施している。また，耕種側が飼料用イネと飼料用ムギの栽培から収穫作業までを担い，ロールベールサイレージとして販売していることも特徴である。飼料用イネおよび飼料用ムギの栽培管理作業は複数名で行われることも多いが，特に効率的な収穫作業には4〜5名の人員が必要となる（神田，2012）。食用ムギ生産と併行して飼料用イネと飼料用ムギの二毛作栽培面積を拡大すると，5〜6月に飼料用ムギおよび食用ムギの収穫と後作の飼料用イネの育苗や移植作業との競合が発生し，移植時期の遅れから飼料用イネは十分な収量が得られなくなる。

そこで，飼料用イネの減収を抑えるとともに，5〜6月の作業競合を回避するため，麦立毛間へイネを播種する栽培体系および作業方法について検討した。また，体系化した技術の実証試験を実施した。

立毛間直播技術による飼料用イネ─ムギ二毛作体系（以下，麦立毛間体系とする）を導入し，安定生産を行なうためには，1) 飼料用ムギの生育を確保し，圃場内での雑草発生を抑制すること，2) 飼料用イネの苗立ち数を確保すること，3) 入水後に湛水状態を数日間持続することが可能で，初中期一発剤の効果が期待できる圃場を選定することが重要である。

以下に，圃場選定から収穫作業に至るまでの栽培および作業のポイントを時系列的に示す。

(2) 圃場の選定と準備

排水性が良好な，縦浸透が大きい圃場の場合，飼料用ムギ栽培には適しているものの，飼料用イネ栽培時に湛水することがむずかしく，雑草防除が困難となる場合が多い。そこで，麦立毛間体系を導入するさいには，飼料用ムギの栽培時に排水口を通じた表面排水が十分に機能し，飼料用イネの栽培時には排水口を閉めることで湛水が可能な圃場を選定することが望ましい。戦略作物として飼料用イネを選択する経営体であることから，排水性が不良な圃場が多いと考えられるが，排水口の位置が高い場合，飼料用ムギが低収となることが多いので留意が必要である。

また，可能な限り団地化をはかることで，飼料用ムギ栽培時の隣接圃場からの漏水および飼料用イネ栽培時の隣接圃場への漏水を防止することも重要である。

排水性が中程度から不良な圃場における飼料用ムギ栽培となるため，額縁明渠を施工するとともに，排水口と連結し，圃場内に降った雨が額縁明渠および排水口を通して速やかに排出されるよう早い時期から準備しておくことが重要である。

一方，飼料用ムギ・飼料用イネともホールクロップとして収穫することから，地力維持のため家畜糞堆肥などの有機物を積極的に還元する必要がある。飼料用ムギを播種すると，飼料用イネを収穫するまで耕起できないため，有機物を補給するタイミングとしては，飼料用ムギを播種する前（耕起前）が望ましいと考えられる。

(3) 飼料用ムギ播種

①機械・作業方法

ロータリでの事前耕起後，表面排水を促進し，苗立ちを安定させるため，小明渠浅耕播種機（作業幅2.15m〈うね肩幅1.90m，小明渠0.25m〉，9条播き，条間20cm）を用いて播種する（第1図）。本機はロータリにサイドディスクおよびうね成形板付ロータリ側板と牽引式播種機を取り付けた，耕うんと同時にうね立播種が可能なロータリシーダである（中西，2012）。一方，飼料用イネ播種に用いる不耕起V溝直播機は条間が20cmで固定されているため，飼料用ムギ播種時の条間も20cmとすることがポイ

水稲の省力栽培技術

第1図　飼料用ムギ播種に用いる小明渠浅耕播種機　　　　　　　　　　（川原田ら，2017）

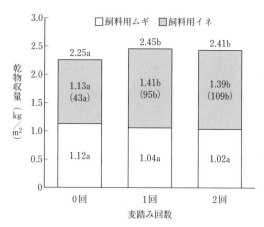

第3図　麦踏み回数が飼料用イネおよび飼料用ムギの乾物収量と飼料用イネ苗立ち数に及ぼす影響　　　　　　　（川原田ら，2017）
麦踏み作業回数は，後進走行，前進走行の往復処理を1回とした
（　）内の数値は1m²当たりの飼料用イネの苗立ち数
飼料用イネ，飼料用ムギ，飼料用イネ苗立ち数ごとに異なるアルファベットを付した値の間に有意差あり（Tukey法，P＜0.05）

第2図　滑面ローラによる麦踏み作業

ントとなる。

　飼料用ムギの収量を確保し，雑草の発生を抑制するためには，飼料用ムギの苗立ち数の確保が重要である。苗立ちを良くするためには，砕土率を確保するとともに，小明渠と額縁明渠をつなげ，降雨後の表面水が速やかに排出されるような対策をとる必要がある。

②播種時期と播種・施肥量

　飼料用ムギの播種時期は11月上中旬～下旬，播種量は7～9kg/10a，施肥量は窒素，リン酸，カリウムとも7kg/10a程度とし，いずれも食用ムギ栽培に準ずる。

(4) 麦踏み

①機械・作業方法

　麦立毛間体系における麦踏みには滑面ローラ（直径0.5m，作業幅2m，重量540kg）を用いている（第2図）。作業時にはトラクタ走行による踏圧部を最小限にするため，後進して滑面ローラ側から圃場に侵入し，後進走行，前進走行の作業順序で往復処理する。

②作業時期および作業のポイント

　麦踏みは食用ムギと同時期の3～5葉期に実施する。食用ムギの麦踏みでは圃場がよく乾燥した状態で実施することが一般的であるが，麦立毛間体系の場合，圃場表面を締め固めることがおもな目的となるため，土壌表面が白く乾く前に食用ムギよりも強めの麦踏みを実施することがポイントとなる。

　麦踏み回数が飼料用イネおよび飼料用ムギの乾物収量と飼料用イネ苗立ち数に及ぼす影響を第3図に示した。麦踏み回数は飼料用ムギ収量に有意な影響を及ぼさなかったが，飼料用イネ

の苗立ち数は0回区に比べて1回区および2回区で有意に増加した。麦踏みを実施した区では，飼料用イネの苗立ち数が増加することで，飼料用イネ収量が向上し，飼料用イネと飼料用ムギの合計乾物収量が増大した。一方，麦踏み1回区と2回区で飼料用イネ乾物収量に有意な差はなかった。

これらのことから，麦踏みを1回実施することで飼料用ムギ立毛間に播種した飼料用イネの苗立ち率が向上し，飼料用イネ収量が増加すること，および，麦踏みは飼料用ムギの収量に影響を与えないことが示された。麦踏みの実施により飼料用イネの苗立ち数が高まる要因としては，イネ播種作業時のトラクタタイヤによる轍の凹凸を最小限に抑え，飼料用イネの播種深度が安定すること，飼料用イネ出芽時の乾燥を防ぐことができること，飼料用ムギ収穫時の飼料用イネ専用収穫機（自脱型コンバインタイプ）の踏みつけによる飼料用イネへのダメージを軽減できることにある。

食用ムギでは麦踏み作業が省略されることも多いが，麦立毛間体系では「麦踏み」は必須の作業となる。

(5) 飼料用ムギの追肥時期および施肥量

追肥時期および追肥量は食用ムギ栽培に準じ，6葉期および止葉抽出始期に窒素およびカリウムを各3kg/10a程度施用する。ただし，播種後に降水量が多く，肥料の流亡が懸念される場合には4葉期前後に窒素およびカリウムを各2kg/10a程度施用する。適正な施肥管理を行なうことで飼料用ムギの収量が確保されるだけでなく，飼料用ムギが圃場表面を覆うことで，雑草の発生抑制にもつながる。

(6) 飼料用イネ播種

①機械・作業方法

飼料用ムギ立毛間への播種には，不耕起V溝直播機（作業幅2m，10条播き，条間20cm）を用い，うね中央の麦条（5条目）が車体の中心になるようにして播種する。播種位置が麦条間中央から外れると飼料用ムギを傷つけるため，

第4図　不耕起V溝直播機に装着したガイド輪
(川原田ら，2017)

車体の中心と麦条（5条目）を合わせて播種することがポイントとなる。

麦条間中央に播種する工夫として，播種機の両サイドにガイド輪を装着し，飼料用ムギ播種時にできた小明渠にガイド輪を落とし込みながら，飼料用イネを播種できるように改良したものを用いると，飼料用ムギに損傷を与えずに播種することができる（第4図）。

②圃場条件

飼料用イネの播種前に麦踏みを実施しても不耕起V溝直播栽培において推奨される土壌硬度（0.24MPa）を確保できないことが多いため，乾燥条件下では良好なV溝が成形されにくく，表面播種になる場合がある。25mm程度の播種深度が確保できない場合には鳥害のリスクが高まるとされていることから（中嶋ら，2001），良好なV溝が成形されるように，やや高めの土壌水分状態で播種することが望ましい。

ただし，土壌表面が水分で光るような極端な過湿条件下では，播種溝の側面に種子が張り付いて播種深度が浅くなる可能性があるため，作業を避ける必要がある（愛知農総試，2007）。

③播種時期

麦立毛間体系において合計乾物収量を高めるためには，飼料用イネの苗立ち数を確保するとともに，播種による飼料用ムギへの損傷を最小限にとどめることが重要となる。

2011～2012年に実施した，飼料用イネの播種時期ごとの飼料用イネおよび飼料用ムギの乾物収量と飼料用イネの苗立ち数を第5図に示

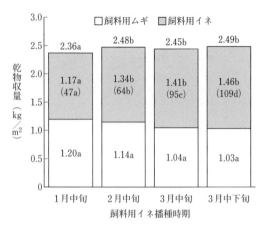

第5図　飼料用イネ播種時期が飼料用イネおよび飼料用ムギ乾物収量と飼料用イネ苗立ち数に及ぼす影響（2011〜2012年）
（川原田ら，2017）
（　）内の数値は1m²当たりの飼料用イネの苗立ち数
飼料用イネ，飼料用ムギ，飼料用イネ苗立ち数ごとに異なるアルファベットを付した値の間に有意差あり（Tukey法，P＜0.05）

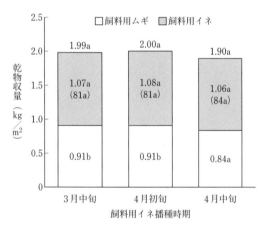

第6図　飼料用イネ播種時期が飼料用イネおよび飼料用ムギ乾物収量と飼料用イネ苗立ち数に及ぼす影響（2013〜2014年）
（川原田ら，2017）
（　）内の数値は1m²当たりの飼料用イネの苗立ち数
飼料用イネ，飼料用ムギ，飼料用イネ苗立ち数ごとに異なるアルファベットを付した値の間に有意差あり（Tukey法，P＜0.05）

す。飼料用ムギ乾物収量は飼料用イネの播種時期がおそいほど低下する傾向がある。一方，飼料用イネの苗立ち数は播種時期がおそいほど増加する。飼料用イネ乾物収量は，1月中旬（飼料用ムギ5葉期）播種で低く，2月中旬（同6葉期）から3月中下旬（同止葉展開期）播種では差はなかった。その結果，飼料用イネと飼料用ムギの合計乾物収量は，1月中旬播種で低く，2月中旬から3月中下旬播種では同等となっている。

2013〜2014年に実施した試験結果を第6図に示す。飼料用イネ播種時期が3月中旬（同7葉期）および4月初め（同止葉抽出始期）に比べ，4月中旬（同出穂始期）播種では飼料用ムギ収量は低下するが，飼料用イネの苗立ち数および乾物収量は播種時期による有意な差はなかった。3月中旬以降の麦立毛間播種では，飼料用イネの播種時期が出穂始期になると，トラクタおよび播種機の駆動輪による踏圧や作溝輪による飼料用ムギ葉身の切断や茎折れなどの影響により，飼料用ムギの収量が低下する。

また，4月初め（同止葉抽出始期）播種では，飼料用ムギ乾物収量は減少しないものの，立毛間への播種作業時にうね中央の麦条（5条目）が確認しにくいため，播種作業がやや困難となる（第7図）。

以上のことから，飼料用イネの播種時期は，イネの苗立ち確保のため2月中旬以降にするとともに，飼料用イネ播種時の飼料用ムギへのダメージと作業性を考慮し，飼料用ムギの止葉抽出始期までに播種することが望ましいと考えられる。

④播種・施肥量

飼料用イネの播種量は苗立ち率を20〜30％と想定し，300粒/m²程度とする。飼料用イネの千粒重が30g程度である場合，9kg/10a程度の播種量となる。飼料用イネは自家採種されることもあることから，発芽率の良好な種子を用いることが重要である。

また中晩生品種を用いることで，生育期間が長く，茎数が確保されるため，減収のリスクを低減することができる。100本/m²程度の苗立

ち数が確保されることが望ましいが，中晩生品種では最低60本/m^2程度の苗立ち数が確保されれば，大きく減収することはないと考えられる。

飼料用イネの施肥は播種と同時に窒素単肥（40％）の被覆尿素肥料（乾田直播LP（中生用））を30〜40kg/10a程度施用する。ただし，飼料生産圃場においては，家畜糞堆肥が還元されていることが多いため，土壌肥沃度により施肥窒素量を増減することが必要となる。

第7図　飼料用ムギ立毛間への飼料用イネ播種作業
（川原田ら，2017）
左：飼料用ムギ7葉期，右：飼料用ムギ止葉抽出始期

(7) 飼料用ムギ収穫

飼料用ムギの収穫適期は糊熟期（おおむね出穂後30日程度）とされており，三重県では飼料用イネ専用収穫機を汎用利用して5月20日前後に収穫することが多い。

飼料用イネは飼料用ムギの立毛下で5月上旬から出芽を開始し，飼料用ムギ収穫時には2葉期程度になっている個体もあることから，収穫機による踏圧の影響を受ける（第8図）。飼料用イネ専用収穫機では直線走行時の飼料用イネへのダメージは小さいが，収穫機が旋回する枕時部分におけるダメージは大きくなる。収穫機の旋回時に大きな轍ができてしまうと，飼料用イネが減収するだけでなく，雑草の発生リスクが高まることから，飼料用ムギの収穫作業能率をやや低下させても飼料用イネの苗立ち確保を優先し，収穫時の急旋回は避けるべきである。

(8) 選択性茎葉処理剤および初中期一発剤の散布

飼料用ムギ収穫後，選択性茎葉処理剤を散布する時期は，飼料用イネの苗立ち数と圃場内の雑草発生状況を考慮し決定する。収穫後，飼料用イネの苗立ち数が90本/m^2以上確保されており，2葉期に到達している場合は速やかに選択性茎葉処理剤を散布する。散布後は3日程度乾田状態を維持し，入水後数日して，減水がお

第8図　麦立毛下での飼料用イネの苗立ち

さまってから初中期一発剤を散布する。

乾燥などにより苗立ちが遅れている場合にはフラッシング（走水）を行ない，飼料用イネの苗立ち数が少なくとも60本/m^2以上となるまで除草剤散布時期を遅らせる。ただし，フラッシングにより雑草の発生も旺盛になることから，選択性茎葉処理剤の散布時期を逸しないように注意が必要である。

麦立毛間体系ではムギがホールクロップとして収穫されるため，圃場表面を収穫後の麦稈が覆うことはない。したがって，薬剤を適用時期内に処理できれば選択性茎葉処理剤の効果は高い。

選択性茎葉処理剤の種類は，雑草の草種に合

第9図　入水後の飼料用イネの状況

わせて選択する。広葉雑草とイネ科雑草が発生している場合，シハロホッブブチル・ベンタゾン液剤（商品名：クリンチャーバスME液剤）およびビスピリバックナトリウム塩液剤（商品名：ノミニー液剤）を用いる。ただし，イボクサが発生している場合は後者を用いるようにする。問題となる雑草がイネ科のみの場合，シハロホッブブチル乳剤（商品名：クリンチャーEW）を散布する。

初中期一発剤は，稲発酵粗飼料生産・給与技術マニュアルを確認し，直播栽培に適用できる薬剤を用いる。入水後，初中期一発剤を散布したあとの飼料用イネの状況を第9図に示す。

（9）水管理

雑草発生を抑制する観点から中干しは実施せず，間断灌水または常時湛水して管理する。あぜぎわからの漏水が多い圃場の場合，飼料用ムギを収穫後，あぜ塗り作業を実施するとともに，トラクタのホイールであぜぎわを踏圧することで漏水を減少させることができる。

（10）飼料用イネ収穫

飼料用イネの収穫適期は糊熟期〜黄熟期（おおむね出穂後30日程度）とされており，三重県では飼料用イネ専用収穫機を用いて収穫することが一般的である。

（11）慣行移植体系との比較

飼料用ムギとして'ニシノカオリ'，飼料用イネとして'タチアオバ'を用い，三重県津市（灰色低地土の水田転換畑）の20a区画圃場において第10図に示す麦立毛間体系と慣行移植体系を比較検討し，作業時間，燃料消費量，全刈乾物収量，経済性などを調査した。麦立毛間体系と慣行移植体系の作業日および利用した作業機を第1表に示すとともに，耕種概要を両体系に共通する条件と各体系に特有の条件に分けて記載した。

①耕種概要

共通の条件　2013年11月5日に食用ムギ用肥効調節型肥料（麦名人，ジェイカムアグリ，22-8-8）を用い，10a当たりN：P_2O_5：K_2O＝14.2：5.2：5.2kg，播種量9.0kg/10aで施肥と

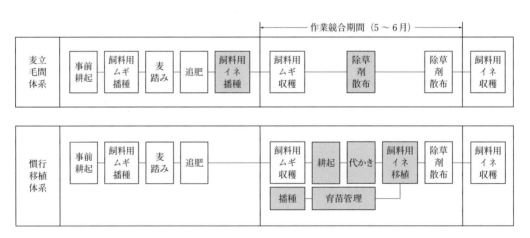

第10図　麦立毛間体系と慣行移植体系　　　　　　　　　（川原田ら，2017）

麦立毛間水稲直播技術による飼料用イネ—ムギ栽培体系

第1表 体系別の作業時間および燃料消費量（2013～2014年）　　　　（川原田ら, 2017）

作業名	作業機	作業日(月/日)	麦立毛間体系 作業人数(名)	延べ作業時間(h/10a)	燃料消費量(l/10a) 軽油	混合油	慣行移植体系 作業人数(名)	延べ作業時間(h/10a)	燃料消費量(l/10a) 軽油	ガソリン	混合油
耕起	ロータリ2m	11/1	1	0.38	3.04	—	1	0.34	2.69	—	—
播種	小明渠浅耕播種機	11/5	2	0.93	2.24	—	2	0.89	2.14	—	—
麦踏み	滑面ローラ2m0.5t	1/29	1	0.23	0.71	—	1	0.19	—	—	—
麦立毛間播種	不耕起V溝直播機10条	3/4	2	0.43	1.60	—	—	—	—	—	—
追肥	乗用管理機（21ps）	3/28	2	0.09	0.66	—	2	0.09	0.66	—	—
播種	播種機	5/12	—	—	—	—	3	0.95	—	—	—
飼料用ムギ収穫	専用収穫機	5/25	1	0.31	3.52	—	1	0.27	3.53	—	—
耕起	ロータリ1.8m	5/28	—	—	—	—	1	0.46	3.44	—	—
代かき	水田ハロー2.6m	6/2	—	—	—	—	1	0.49	2.71	—	—
除草剤散布	乗用管理機（21ps）	6/2	2	0.20	0.77	—	—	—	—	—	—
移植関連	6条田植機（11ps）	6/4	—	—	—	—	2	0.61	—	0.97	—
除草剤散布	背負式動力散布機	6/12	2	0.04	—	0.24	2	0.04	—	—	0.24
殺菌剤散布	背負式動力散布機	6/25	2	0.04	—	0.24	2	0.04	—	—	0.24
飼料用イネ収穫	専用収穫機	10/25	1	0.53	5.38	—	1	0.51	5.26	—	—
合計			—	3.17	17.93	0.49	—	4.88	21.01	0.97	0.49
5～6月の延べ作業時間			—	0.59			—	2.87			

注　播種作業には，緑化・硬化および灌水などの育苗管理作業時間を含む

同時に播種し，2014年1月29日に麦踏みを1回実施した。2014年3月28日に飼料用ムギへの追肥としてNK化成（NKC-6，セントラル化成，17-0-17）を用い10a当たりN：P_2O_5：K_2O＝3.0：0：3.0kgを施用し，5月25日に飼料用ムギを収穫した。湛水後の6月12日に初中期一発剤としてシハロホップブチル・ピラゾスルフロンエチル・メフェナセット粒剤を，6月25日には殺菌剤としてイソチアニル粒剤を標準使用量で散布した。その後の水管理は間断灌水を基本とした。飼料用イネの収穫は10月25日に実施した。

麦立毛間体系の条件　2014年3月4日の飼料用ムギ7葉期に飼料用イネ種子を9.1kg/10a播種し，窒素単肥（40％）の被覆尿素肥料（乾田直播LP（中生用））を用い10a当たりN：P_2O_5：K_2O＝11.2：0：0kgを播種と同時に施用した。雑草防除には乾田状態でシハロホップブチル・ベンタゾン液剤を同年6月2日に標準量で散布し，6月7日に入水した。

慣行移植体系の条件　2014年5月28日に耕起，6月2日に代かき，6月4日に乗用田植え機（PZ60，井関）を用いて，栽植密度を11.2株/m^2の設定で移植した。施肥は慣行栽培で用いられる高度化成肥料（グリーン化成，共同肥料，14-14-14）を用い，移植と同時に10a当たりN：P_2O_5：K_2O＝9.0：9.0：9.0kgを側条施肥した。

② **作業時間**

飼料用ムギの事前耕起から後作の飼料用イネ

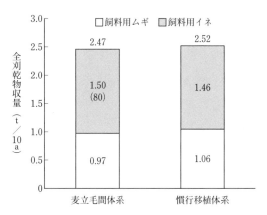

第11図　作業体系別の飼料用イネおよび飼料用ムギ全刈乾物収量　　　（川原田ら, 2017）
（　）内の数値は1m^2当たりの飼料用イネの苗立ち数

水稲の省力栽培技術

第2表 麦立毛間体系と慣行移植体系における経済性の評価（10a当たり）（川原田ら，2015）

作業体系	飼料用ムギ		飼料用イネ		売上げ (円)	労働費 (円)	燃料費 (円)	減価償却費 (円)	各種資材費 (円)	費用合計 (円)
	生草収量 (kg)	ロール数 (個)	生草収量 (kg)	ロール数 (個)						
麦立毛間体系	2,406	7.1	4,420	14.9	84,606	6,342	2,430	37,215	42,502	88,489
慣行移植体系	2,527	7.4	4,270	14.6	84,055	9,755	3,037	42,493	34,460	89,745

注　生草収量は全刈収量を示し，売上げは，飼料用イネ・ムギのロール数とロール単価（ムギ：3,500円，イネ：4,000円）
　　の積により算出した
　　減価償却費は，利用した全機械を計上し，イネ・ムギ延面積を20haと仮定して計算した
　　なお，トラクタおよび乗用管理機は利用規模の下限面積とした

収穫までの作業時間を第1表に示す。

麦立毛間体系での飼料用ムギの収穫は，すでに苗立ちしている飼料用イネへのダメージを低減するため，枕地付近での急旋回を避けながら実施したため，作業時間が慣行移植体系と比較してやや増加したものの，10a当たり合計作業時間は，麦立毛間体系で3.17時間，慣行移植体系で4.88時間となり，麦立毛間体系で35％程度削減される。

また，5～6月の作業内容は，麦立毛間体系が飼料用ムギ収穫，2回の除草剤散布および殺菌剤散布のみに対し，慣行移植体系では，播種（育苗管理作業を含む），飼料用ムギ収穫，耕起，代かき，移植，除草剤散布，殺菌剤散布が必要となる。この期間の延べ作業時間は，前者で0.59時間，後者で2.87時間となり，麦立毛間体系で79％程度削減される。

③燃料消費量

10a当たり軽油消費量は麦立毛間体系で17.9lであるのに対し，慣行移植体系では21.0lとなる。また，移植作業においては，ガソリンを1.0lを使用しているのに対して，麦立毛間体系では使用していない。麦立毛間体系では飼料用イネ播種と乗用管理機を用いた除草剤散布作業が必要になるものの，飼料用イネにかかわる耕起と代かき作業を省略可能であり，軽油消費量を3.1l削減可能である（第1表参照）。

これらのことから，燃料消費量節減の観点からも麦立毛間体系が有利である。

④全刈乾物収量

全刈乾物収量は，麦立毛間体系と慣行移植体系でほぼ同等となった（第11図）。中晩生の飼料用イネ品種を用いた本試験においても，麦立毛間体系の苗立ち数が80本/m^{2}確保されれば，慣行移植体系と同等の収量が得られることが実証された。

⑤経済性の評価

飼料用イネおよび飼料用ムギの売上価格は両体系でほぼ同等であったが，労働費，燃料費，減価償却費，各種資材費の10a当たり費用合計は，慣行移植体系では8万9,745円だったのに対して，麦立毛間体系では8万8,489円となり，前者より1,256円削減できた（第2表）。

慣行移植体系に比べ，費用合計はやや低減できることから，両体系で同程度の収量が得られれば，収益性は麦立毛間体系でやや高まると考えられる。

＊

麦立毛間体系を成功させるうえで，飼料用イネの苗立ち数を確保することはきわめて重要である。これまでの検討のなかで，品種により飼料用イネの苗立ち率が異なる傾向が認められるため，麦立毛間体系にあった品種選定が重要と考えられる。近年，穂が非常に小さく，消化性に優れる'たちすずか''たちあやか'などの極短穂型の飼料用イネ専用品種の導入が進みつつあることから，これらの品種群の麦立毛間体系への適応性を明らかにしていく必要がある。

執筆　川原田直也（三重県農業研究所）

参 考 文 献

愛知農総試. 2007. 不耕起V溝直播栽培の手引き（改

定第4版）. 31.

神田幸英. 2012. 三重県における水田粗飼料生産体系の特徴と「飼料イネ」生産の可能性. 日草誌. **58** (1), 37—42.

川原田直也・中西幸峰・出岡裕哉・田畑茂樹・中山幸則・大西順平. 2015. 省力的な飼料用稲・麦二毛作作業体系. 日草誌. **61** (別号), 11.

川原田直也・中西幸峰・出岡裕哉・田畑茂樹・中山幸則・大西順平. 2017. 麦立毛間水稲直播技術を活用した温暖地飼料イネと飼料コムギ二毛作体系の最適化. 日草誌. **63** (1), 1—8.

中嶋泰則・田中義信・濱田千裕・釋一郎・籾井隆志・松家一夫. 2001. 水稲不耕起直播栽培技術の開発―冬季代かき代替技術の実証―. 日作紀. **70** (別2), 7—8.

中西幸峰. 2012. 小明渠浅耕播種機を用いたイネ・ムギ・ダイズの2年3作輪作体系. 農業技術大系第8巻 (追録第34号), 42—51.

乾田直播栽培での圃場鎮圧による減水深の低減

(1) 乾田直播栽培の導入に向けて

米の生産コストの低減や土地利用型農業の経営規模拡大に対応するには，移植栽培から直播栽培への切替えが効果的である。直播栽培には湛水直播と乾田直播があるが，乾田直播は用水の供給時期にかかわらず作業が可能になるため，作業可能期間が長く，かつ乾田状態での高速作業が可能であることから，作業分散や短縮した労働時間をほかの作業に振り替えるなどのメリットが得られる。しかし乾田直播は，漏水のはなはだしい圃場では実施不可能といわれており，従来の移植栽培のようにさまざまな土壌状態の水田において実施可能な栽培手法とはなっておらず，限られた条件でのみ可能であった。このことが，これまで乾田直播の普及が進まなかった一因とも考えられる。

乾田直播では畑状態で播種するため，圃場には適度な排水機能が求められる。一方，出芽後の入水以降には，移植栽培と同様に湛水機能が必要とされる。乾田直播は，一作のなかで短期間のうちに排水機能および湛水機能という，相反する圃場条件が求められる高度な水稲栽培技術である。とくに湛水機能が不十分だと，除草剤の効果の低下，肥料の流出，用水量の増大，水温上昇の抑制などの問題が生じる。除草剤（土壌処理剤）の効果を得るには減水深が20mm/d以下となる必要がある。

従来の水稲移植栽培では，土壌状態や水分状態の異なる圃場であっても，入水して土壌を攪拌する代かきにより，土壌状態を均一にすることが可能であった。しかし，乾田直播栽培では代かきがなされないため，土壌の種類や圃場の利用履歴に由来する土壌状態の変化などの圃場条件に応じて対応をする必要がある。これまでの乾田直播栽培技術では，このようなさまざまな圃場条件に対する乾田直播栽培の適用条件

などはあきらかにされていなかった。しかし近年では，どのような圃場で漏水対策が必要であるかなど，圃場の土壌状態に基づいた乾田直播栽培の適用性についてもあきらかになりつつある。

ここでは，乾田直播栽培が実施可能な土壌状態や，実施可能とするための対策について解説する。具体的には，乾田直播栽培で適正とされる減水深を20mm/dとし，その適正な減水深を得るための手法について，水田の分類とそれに応じた乾田直播適用技術，乾田直播圃場の特徴，圃場面鎮圧による縦浸透抑制手法について紹介する。

(2) 乾田直播圃場の特徴と播種方式

圃場の漏水には，用水が圃場全体から鉛直に浸透する縦浸透と，畦畔部分から横方向に浸透する横浸透がある。移植栽培では，代かきにより縦浸透を低減することができる。代かきを行なわない乾田直播栽培では，事前に代かきを行なうまたは圃場全体を鎮圧することによって縦浸透を低減する必要がある。横浸透に対しても同様に代かきが行なわれないため，あぜ塗りなどにより横浸透を防ぐことが必須である。

乾田直播栽培にはさまざまな播種様式が開発されているが，漏水防止の観点からそれらを分類すると，鎮圧作業や事前に代かきを行ない密になった硬い圃場表面に播種する方式と，耕起直後の膨軟な作土または不耕起の圃場に播種する方式に分けられる。前者が縦浸透に対する漏水対策が可能な播種方式であり，プラウ耕鎮圧体系乾田直播やV溝乾田直播栽培などがある。後者には従来の乾田直播様式であるロータリシーダによる手法や不耕起播種機によるものがある。乾田直播を成功させるためには，圃場の土壌状態に合わせて播種方式を選択する必要がある。

(3) 乾田直播栽培を成功させるために

乾田直播栽培を成功させるための基本的要素は，第一に播種時に圃場の乾燥状態を得ることである。第二に苗立ち数を確保すること，第三

に苗立ち後の入水開始時に湛水深の維持が可能なことである。つまり第一は圃場の排水性を確保し，播種床の準備から播種作業までを円滑に行なえることである。第二が出芽時の種子に必要な水分や土壌通気性の確保であり，播種床の保水性，排水性などに関係する。第三は，漏水防止による湛水可能性の問題であり，雑草管理と水稲の生育に直接影響を及ぼす問題である．

このような問題に対して，従来のロータリシーダによる播種方式では，これらすべてに対応することが困難なため，収量が移植栽培に及ばず，乾田直播栽培が継続的に導入されないケースもみられた。プラウ耕鎮圧体系乾田直播やＶ溝乾田直播栽培などは，このような問題に対処可能な播種法となっている。たとえば，プラウ耕鎮圧体系乾田直播では，前作終了後にプラウで深耕することにより，暗渠排水などの地下排水性の向上をはかり，春作業を迎えることができる。苗立ちに対しては，ケンブリッジローラなどによる砕土，鎮圧作業により，硬さの均

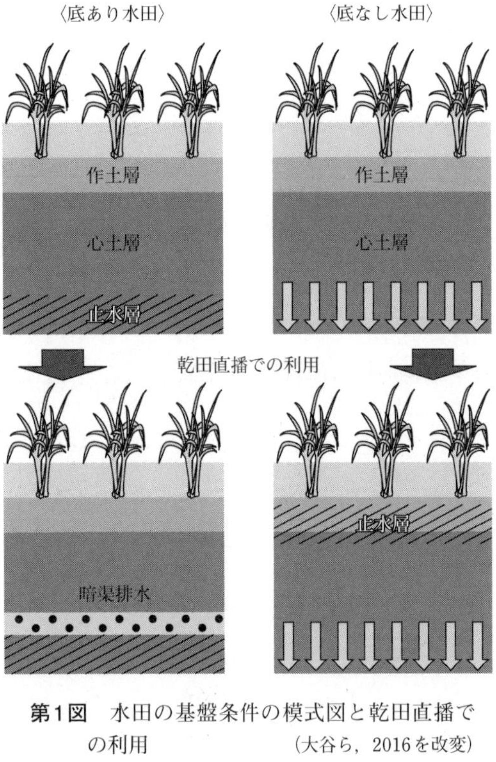

第1図　水田の基盤条件の模式図と乾田直播での利用　　　　（大谷ら，2016を改変）

一な圃場にすることで播種深度が安定することや，種子と土壌の密着により水分供給が円滑になることが効果的に作用する。漏水防止に対しては，同じくケンブリッジローラなどにより鎮圧による浸透抑制が可能となっている。したがって，乾田直播の問題に対処できる技術がすでに利用可能となっている。

しかし，代かきによる圃場の均一化ができない乾田直播では，これらの手法を圃場の土壌状態に合わせて選択する必要があるため，圃場の状態を的確に把握することが求められる。

(4) 湛水の形態による圃場分類

①湿田かざる田か

乾田直播圃場の排水機能から湛水機能へ切り替えが容易にできるか否かは，圃場の基盤条件，すなわち本来，湿田であるか乾田であるかによるところが大きい。従来の移植栽培では，代かきによりこれらの圃場状態は均一化されたが，乾田直播では水田基盤条件に応じた対策が必要となる。もともと水もちのよい水田，いわゆる湿田であれば，播種期までの排水機能が問題となる。一方，移植栽培において湛水機能を発揮させるために代かきが必須とされる乾田では，縦浸透の増大に伴う漏水が問題となる。このように水田の基盤条件の違いにより乾田直播を成功させるための対策技術が異なることから，対象とする水田がどのように湛水されているかを把握する必要がある。

湿田は排水性が乏しいことからも水田下層に縦浸透性の低い土層が存在する。いわば水田に水を溜めることができる「底」が存在すると考えられる（第1図）。このような水田（底あり水田）は，圃場整備のさいに汎用化水田として暗渠による排水改良が行なわれることが多い。そのような圃場では暗渠の水閘により湛水と排水を容易に切り替えることができる。したがってこのような暗渠が備わった水田は，水田一筆が水閘により独立した水管理ができる一面のプール構造となっており，排水機能から湛水機能へ切り替えが容易な圃場条件となる。

代かきを行なわないと漏水するような乾田

は，上記の例でいえば「底なし」水田と表現できる。「底なし水田」では除草剤散布時に適正な減水深が得られないため，鎮圧作業により地表付近に止水層を形成して減水深を低減させる必要がある。

②湛水機能はどの層位で発揮されるか

「底」の有無で水田を区分したが，「底なし」水田は鎮圧などにより，土層内に「底」となる止水層を形成する必要がある。そこで，その必要性を分類するため第2図では，上記の「底」の有無，すなわち下層の透水性に加え，水田表面付近の透水性，この2つの性質により水田を分類した。第2図では縦軸を下層土（－60cm程度）の透水性，横軸を作土層（－5cm程度）の透水性とし，水田の止水層（第2図の模式図中の斜線部）の有無および位置により水田を大きく4タイプに分類した。この図によれば水田の湛水形態を，止水層なし型（右上Ⅰ型），表面止水型（左上Ⅱ型），表面地下止水型（左下Ⅲ型），地下止水型（右下Ⅳ型）の4つに大きく分類できる。

これまでとくにⅠ型およびⅢ型は乾田直播が適さないといわれてきた。Ⅰ型は「底なし」の乾田であり，無代かきでは水もちが悪い。逆にⅢ型は水もちが良好だが排水不良であり，播種時期に乾田状態が得られにくいためである。しかしⅢ型は，弾丸暗渠などの心土層破砕技術により低下した作土層の透水性を高めることが可能でありⅣ型へ移行できる。また，暗渠が整備されれば，心土層以下への透水性が高まることにより，見かけ上ではⅠ型Ⅱ型へ移行することが可能である。したがって，暗渠の水閘操作により排水機能を制御できることから，乾田直播に適した圃場条件となり得る。このようなこと

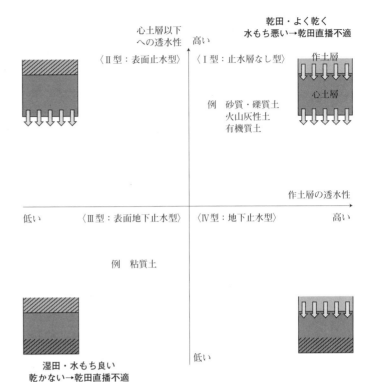

第2図　作土層の透水性と心土層以下への透水性からみた圃場分類の模式図

から，これまで排水条件が悪く，その改善のため暗渠排水を導入した圃場は，乾田直播栽培の適用性が高いと判断され，現在では乾田直播が多く導入されている。

Ⅰ型はこれまでの乾田直播の手法では止水層を形成する手段がなかったが，鎮圧によりⅡ型へ移行することが可能である。したがって，さまざまな条件の水田において乾田直播が適用できるようになってきている。

なお現在では，これまで暗渠整備により乾田直播の適性が高かったⅢ型やⅣ型の圃場であっても，暗渠整備後の水田汎用利用（畑転換）により下層土が変化し，Ⅰ型Ⅱ型になる場合も多くみられる。圃場の利用履歴により，圃場透水性が大きく異なる場合があるため注意が必要である。

第1表　調査圃場の概要

(冠ら，2017を改変)

鎮圧条件	地域	圃場名	土壌
無鎮圧	宮城	1	泥炭土
	宮城	2	黒泥土
	宮城	3	細粒灰色低地土　灰褐系
強鎮圧	宮城	4	中粗粒グライ土
	宮城	5	黒泥土
	宮城	6	黒泥土
	宮城	7	中粗粒グライ土
	岩手	8	厚層腐植質多湿黒ボク土
	岩手	9	厚層腐植質多湿黒ボク土
低鎮圧	宮城	10	黒泥土
	宮城	11	中粗粒グライ土
	宮城	12	細粒強グライ土
	宮城	13	細粒強グライ土
	宮城	14	細粒強グライ土
	秋田	15	細粒強グライ土
	秋田	16	細粒強グライ土
	秋田	17	細粒強グライ土
	秋田	18	細粒強グライ土
	宮城	19	細粒灰色低地土　斑紋なし
	宮城	20	細粒灰色低地土　斑紋なし

(5) 乾田直播圃場の土層と減水深

① 鎮圧の有無・程度と減水深

乾田直播が実施しやすい圃場と漏水対策が必要な圃場をあきらかにするために，上記の圃場の分類を，実際に乾田直播が実施された圃場に適用する。調査した圃場は第1表に示した東北地方における20筆の乾田直播圃場である。土壌は岩手県の黒ボク土以外は，泥炭土，黒泥土，グライ土，灰色低地土などの低平地における典型的な水田土壌である。ここでは圃場全体の鎮圧作業を行なわない無鎮圧と，漏水対策として鎮圧を行なう鎮圧圃場に区別した。また鎮圧圃場は，漏水が多いと想定された圃場では，圃場全体で2回以上の鎮圧を行なった圃場（強鎮圧圃場）と，それ以外の1回のみの鎮圧とした圃場（低鎮圧圃場）に区別した。これらの圃場において，土壌断面の状況，作土層と下層土の飽和透水係数，減水深を調査した。

第3図に各圃場の減水深を示した。また，土壌断面調査のさいにグライ層が確認された圃場を区別した。漏水対策として鎮圧作業を行なわない無鎮圧の圃場は減水深が高くなっている。下層の透水性が高い「底なし」型の水田であるためとみられる。強鎮圧圃場には減水深が20mm/dより高い水田もみられたが，おおむね目標値に近い値であった。低鎮圧圃場は播種後に，種子と土壌の密着を良好にして種子への水分供給を促進するために1回の鎮圧を行なった圃場であり，漏水対策のために積極的に鎮圧作業は行なっていない圃場であるが，ほとんどが目標値の20mm/d以下となっている。

その特徴は，グライ層をもつ圃場となっていることである。グライ層をもつ圃場は底あり水田の可能性が高く，漏水が問題になることは少ないと考えられるため，低鎮圧条件，あるいはロータリシーダのような無鎮圧条件でも乾田直播が導入しやすいといえる。

② 飽和透水係数と減水深

第4図に地表と下層の土壌の飽和透水係数と減水深の関係を示した。第2図の模式図に実際の圃場のデータを加えた形である。Ⅰ型，Ⅱ型は底なし水田に分類され，実際の圃

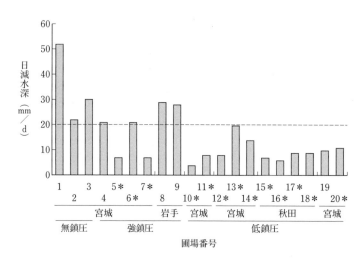

第3図　各圃場の減水深　(冠ら，2017を改変)

＊はグライ層が確認された圃場を示す

場でも無鎮圧の水田は減水深が高くなっている。鎮圧した圃場はおもにⅡ型に配置され，減水深が比較的低下している。無鎮圧ではⅠ型に分類される圃場でも，鎮圧後にはⅡ型に移行して減水深が低下することを意味する。

グライ層をもつ圃場はⅠ型にも多く配置されているが，減水深は低くなっている。透水係数からはⅠ型に分類されていても，グライ層をもつため，圃場全体としては，地下水位の上昇などにより下層土で止水される条件となっているため，減水深が低下しているとみられる。したがってこれらの圃場は漏水防止の観点から，乾田直播を導入しやすい圃場といえる。

同様にⅢ型，Ⅳ型に分類された圃場においても，下層の透水性が低いことから，漏水の危険性から判断すると乾田直播が導入しやすい圃場になる。しかしそのような圃場は春先の播種作業の準備のさいに圃場の乾燥が得にくい圃場になる。そのような圃場では前作から排水機能が向上するように準備する必要がある。

実際，今回の調査圃場である秋田県大潟村圃場では，重粘土であることから，前作にダイズ栽培を行ない圃場の乾燥化をはかっている。ダイズ栽培を行なうさいには，暗渠排水の効果を高めるために弾丸暗渠を施工し，排水機能が収穫後まで高い状態に維持されているため，乾田直播の播種時に乾燥状態が得られやすい。出芽後には暗渠の閉塞により容易に湛水可能となる。このように排水機能と湛水機能を自在に制御することが可能となれば，乾田直播栽培の成功に大きく近づくことができる。

③土壌の種類の判別と乾田直播への適応性

このような圃場の土壌の種類を判別するに

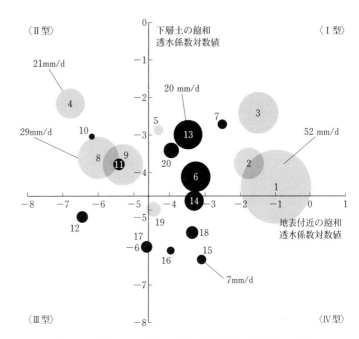

第4図 地表および下層の飽和透水係数と減水深の関係
(冠ら，2017を改変)

原点：−4.6（減水深の適正値20mm/d相当）
円の大きさ：減水深
黒色円：グライ層あり

は，農研機構農業環境変動研究センターが提供している日本土壌インベントリー内の土壌図（農研機構農業環境変動研究センター，2017）により確認が可能である。縦浸透による漏水が問題となりにくく，乾田直播栽培の導入可能な土壌統群として，細粒灰色低地土灰色系，細粒灰色低地土褐色系，細粒強グライ土，細粒グライ土などがあり，それらの圃場では，無鎮圧や低鎮圧条件で乾田直播が実施できる可能性が高い。しかし，下層土の状態は圃場利用履歴，畑転換年数によって畑地化が進行するなど透水性が大きく変化する場合が多いため，転換年数が長い圃場では注意が必要である。

これまで乾田直播の適用性，すなわち無代かき状態での湛水可能性を知る手段が示されていなかったが，どの層位で水田の湛水機能が発揮されるかを把握することにより，乾田直播の適応性の確認や，そのための対策を講じることができる。

水稲の省力栽培技術

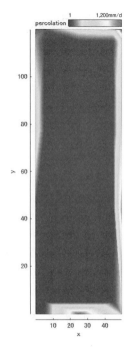

法尻部分	踏圧なし	踏圧あり
圃場A	5,325mm/d	23mm/d
圃場B	2,526mm/d	16mm/d

第6図　あぜ塗り後の踏圧による漏水防止

（大谷ら，2016を改変）

左：踏圧なし，右：踏圧あり

第5図　乾田直播圃場（60a）における漏水量の測定例

（大谷ら，2016を改変）

(6) 鎮圧作業の要点

①圃場外周部の横浸透対策

乾田直播では代かきを行なわないので，「底あり」「底なし」水田のいずれにおいても横浸透が多くなる傾向にある。第5図は乾田直播圃場内の各地点の漏水量を測定した結果である。圃場外周部分が白色で表示されており，漏水量が50～1,000mm/dと中央部に比べ高くなる傾向がみられる。そのためあぜ塗りなどにより横浸透を防ぐことがきわめて重要となる。とくにあぜ塗りを行なった場合，畦畔法面の直下が耕起される。それら畦畔ぎわの耕起部分はケンブリッジローラなどによる鎮圧が困難であるため，別途鎮圧を行なうことが効果的である。

第6図はあぜ塗り後の畦畔ぎわの浸透量を測定した結果である。畦畔ぎわをトラクタで走行し，ホイールによる踏圧により1,000mm/dを超える浸透量を20mm/d程度にまで低減させることが可能である。したがって，畦畔ぎわ，畦畔の法面直下をトラクタのホイールで踏圧することが圃場外周部の横浸透対策として効果的である。

②縦浸透低減の鎮圧作業で考慮すべき点

これまで代かきを行なわなければ適切な減水深を保つことが不可能であった「底なし」水田では，乾田直播のような無代かきでの水稲栽培が困難であった。しかし，ケンブリッジローラやカルチパッカなどの畑作用の圃場鎮圧機械を水田へ汎用利用することにより，代かきによらずとも縦浸透量を低減できる。鎮圧作業によって縦浸透量を低減するために考慮すべき点は，1) 鎮圧時の土壌水分条件，2) 圃場全体を余すところなく鎮圧すること，である。

代かきでは，水中での攪拌により分散した細かい土粒子が沈降し，水を通しにくい層を形成しつつ，水みちが目詰まりすることにより浸透が抑制される（第7図）。しかし乾田直播では畑状態であるため，土壌を圧縮して水みちとなる空隙を減らす必要がある。畑状態で浸透を抑制するには，圃場を適度な水分状態で踏圧し土壌を締め固める必要がある。乾燥した状態では土粒子間に摩擦抵抗が生じ，土壌が十分に締まらないため浸透が抑制されにくい。土壌の水分が高いほどよく締まって，浸透も抑制される傾向にある。

乾田直播栽培での圃場鎮圧による減水深の低減

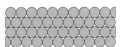

第7図　代かき圃場と乾田直播圃場の違い　　　　（大谷ら，2016を改変）

しかし，あまり水分が高い状態で土壌を締め固めると土が変形し，乾燥時に収縮亀裂が生じて水みちができるので，作業が可能な程度の高い水分状態で締め固めることが有効である。

また，代かきでは水を入れて土壌を撹拌するので，圃場全体で均一な漏水防止効果が期待できるが，乾田直播では，入水しないため圃場の各地点で水分状態が異なる。したがって，圃場全体の縦浸透が低減するように全体を意識して作業することが必要となる。第8図にハローパッカによる鎮圧作業の軌跡を示した。圃場内部は縦方向および横方向の走行を繰り返し，全面ムラなく鎮圧することが必要である。また，第8図からわかるように圃場外周畦畔ぎわや圃場四隅は鎮圧されにくいため，トラクタのホイールによる踏圧が必要となる。

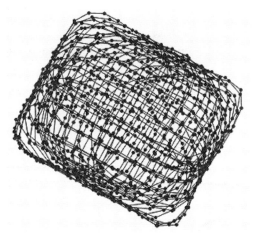

第8図　鎮圧作業時における作業軌跡
（大谷ら，2016）

30a圃場（50×60m）での作業例
縦横方向の鎮圧を3セット繰り返した

187

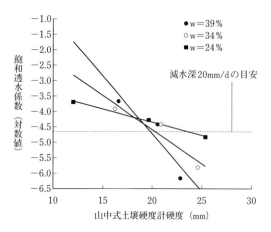

第9図　土壌硬度と飽和透水係数の関係（粘性土圃場サンプリング土壌）　（冠ら，2015を改変）
w：土壌水分。縦軸は0に近いほど透水性が高い

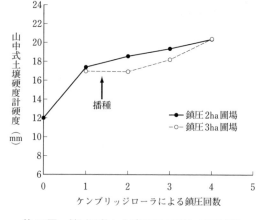

第10図　鎮圧回数と土壌硬度の関係（現地圃場）
（冠ら，2015を改変）

(7) 粘性土圃場で減水深を低減した事例

粘性土圃場は底あり水田である場合が多いが，畑作との輪作が行なわれている場合は，下層土の畑地化が進み，底なし水田へ変化している場合がある。そのような圃場において，鎮圧による水分の浸透抑制を行なった事例を紹介する。

①鎮圧時の土壌水分

圃場は，宮城県内の2.2haおよび3.4haの圃場である。土壌は黒泥土に分類され，作土層の土性はLiC（軽埴土）である。はじめに減水深を低減するために必要な鎮圧作業量の目安を得るために，作土層から土壌を採取し，鎮圧量と土壌の透水性の関係を調べた。具体的には，土壌の透水性は締め固めるさいの土壌水分に影響されるため，異なる水分条件を設定し，締め固める力を弱，中，強として，土壌サンプルを作製して，土壌の透水性を調べた。そのさいには実際の鎮圧のさいの目安を得るために，山中式土壌硬度計によって土壌硬度を調べた。それらの結果を第9図に示した。

ここでも目標とした減水深は，除草剤の効果発現の観点から20mm/dである（飽和透水係数では2.3×10－5となり，第9図ではこの常用対数値である－4.6以下が目安となる）。土壌水分が低く（24％）乾いた状態では，硬くなるまで鎮圧しても飽和透水係数があまり低下していない。しかし，34％，39％と土壌水分が高くなるほど飽和透水係数がより低下している。したがって，畑作の作業であれば，土埃が上がるほどの乾いた状態での作業が推奨されるが，減水深の低減を目的とした鎮圧作業では，畑作の作業では行なわないような，できるだけ高い水分で作業することが効果的となる。鎮圧のさいに目標とする土壌硬度は，土壌水分が高い状態であれば，山中式土壌硬度計で20mm前後となる。第9図の実験では土壌水分が39％までしか行なっていないが，より高くなるほど透水性が低下する傾向にあるので，土壌硬度が20mm以下でも減水深を20mm/d以下にすることが期待できる。

②鎮圧回数と土壌硬度の変化

実際に2ha圃場および3ha圃場において，ケンブリッジローラで作業を行なったさいの土壌硬度の変化を第10図に示した。ケンブリッジローラによる作業では，圃場全体を鎮圧することが重要であり，圃場を横方向に走行し圃場全面を鎮圧した場合，または縦方向に走行して圃場全面を鎮圧した場合をそれぞれ鎮圧回数1回と数えた。播種前に，播種機の安定走行および播種深度の均一化をはかるため，鎮圧を1回行

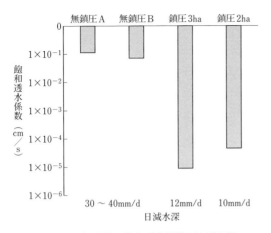

第11図　各圃場の飽和透水係数と日減水深
（冠ら，2015を改変）

飽和透水係数は0に近いほど透水性が高い

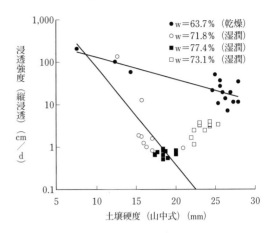

第12図　異なる土壌水分条件で鎮圧したあとの土壌硬度と浸透強度の関係（黒ボク土）
（大谷ら，2016を改変）

w：土壌水分

なった。播種後に種子と土壌を密着させるため少なくとも1回の鎮圧作業が必要であり，減水深を低減させるためにはさらに鎮圧作業が必要となる。

ここでは山中式土壌硬度計による土壌硬度の目標値を20mmとしており，減水深低減の目的で播種後に3回の鎮圧を行なった。作業時の土壌水分は地表下0～5cmで24～32％，地表下5～10cmで42～46％であった。地表面は白く乾いた状態であれば，ローラに土が付着することがなく，さらにその下の土壌が黒く高水分状態であれば，鎮圧による浸透抑制効果が発揮されやすい。降雨後に地表面の乾燥が得られた時点で作業する，といった方法が減水深低減に効果的である。

これらの圃場および近接した鎮圧を行なわない圃場における飽和透水係数と日減水深を第11図に示した。鎮圧を行なわない圃場では減水深が30～40mm/dを示したのに対し，鎮圧圃場は10～12mm/dとなり，鎮圧による浸透抑制効果が得られている。

③苗立ち・収量への影響

このような播種前後の鎮圧作業が苗立ちや収量に及ぼす影響については，この2ha圃場および3ha圃場では，目標とする100本/m²以上の苗立ちが得られ，宮城県の平均収量（552kg/10a）とほぼ同等の収量（549kg/10a）が得られている（大谷，2015）。したがって，鎮圧が苗立ちおよび収量に及ぼす影響はほぼないとみられる。

苗立ちについては出芽時の土壌水分状態が重要であるため，むしろ，鎮圧を行なうことにより，保水性の向上やフラッシング時に田面水が広がりやすいなどのメリットが得られる。収量についても，肥料分の流出が少ないことや，水管理が容易になるなどの収量増に結びつくメリットが得られる。

(8) 黒ボク土で減水深を低減した事例

黒ボク土壌は透水性に富むことから，水田として水を湛水させることが困難な土壌の一つである。しかし黒ボク土壌も粘性土と同様に，高水分で締め固めることによって透水性が低下するという性質を利用することで，鎮圧による減水深低減が可能である。第12図に黒ボク土圃場において，異なる土壌水分条件で鎮圧したさいの土壌硬度と縦浸透の関係を示した。粘性土と同様に土壌水分の少ない乾燥した土壌条件では，何度も鎮圧して硬くしても縦浸透は低下していない。このような状態になると，のちに水

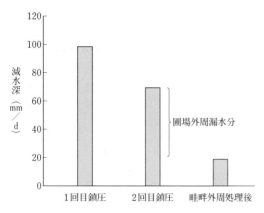

第13図　段階的に鎮圧したさいの減水深の変化
（大谷ら，2016を改変）

分を増加させて鎮圧しても，土層内の骨格構造が強固に形成されているため，浸透を抑制することは不可能となる。したがって，縦浸透を低減させるためにはプラウなどで再び耕起を行ない，土層構造を破壊するところからやり直す必要があるので注意を要する。

縦浸透を低減させるためには，作業が可能な範囲で水分が高い状態（ローラに土が付着しない程度）のときに鎮圧することが必要である。土を手で握って簡単に固まる程度の水分状態である必要がある。鎮圧程度の目安は地表下3～5cm程度において，山中式硬度計の読みが20mm前後である。鎮圧時の水分が高いほど仕上がりが軟らかくなる傾向にあり，縦浸透はより低下する。

実際の作業においては，プラウなどによる耕起後の膨軟な土壌は乾きやすいことから，一度鎮圧することにより，乾燥を防ぐことができ，のちに高含水比条件で鎮圧可能となる。また，鎮圧された土壌は，間隙が減少し緻密化していることから，不耕起状態のようになり降雨後に作業しやすくなる。第13図に段階的に鎮圧した場合の減水深の変化を示した。段階的に鎮圧することにより，減水深を約100mm/dから適正な減水深である20mm/dへと徐々に低下させることができ，乾田直播に必要な圃場機能を付与することが可能である。

ただし，圃場表面の乾燥により亀裂が発生し，それらが水みちとなり減水深が増大することがあるため，乾燥が続く場合には，フラッシングにより圃場表面に亀裂を発生させないように管理することが必要である。

執筆　冠　秀昭（農研機構東北農業研究センター）

参　考　文　献

冠秀昭・関矢博幸・大谷隆二．2017．水田の土壌状態に基づいたプラウ耕鎮圧体系乾田直播栽培の適用性．農作業研究．**171**，63—75．

冠秀昭・大谷隆二・関矢博幸・中山壮一・齋藤秀文．2015．大区画水稲乾田直播圃場における鎮圧作業による浸透抑制効果．農作業研究．**165**，103—113．

農研機構農業環境変動研究センター．2017．日本土壌インベントリー．http://soil-inventory.dc.affrc.go.jp/figure.php（2017年8月10日閲覧）．

大谷隆二．2015．水田輪作の新しいフレームワークと土壌学・植物栄養学の展開方向7．プラウ耕鎮圧体系乾田直播と水田農業の今後．土肥誌．**86**（1），42—47．

大谷隆二・齋藤秀文・冠秀昭・関矢博幸・中山壮一・宮地広武．2016．乾田直播栽培技術マニュアルVer.3．http://www.naro.affrc.go.jp/publicity_report/publication/files/dry-seeding_rice_v3.pdf（2017年10月23日閲覧）．

長野県における雑草イネに対する総合防除対策

雑草イネが発生した長野県では2007年に関係機関による対策チームを編成し，長野県農業試験場（以下，長野農試）での防除対策試験，普及組織・生産者による防除効果の実証を行ない，雑草イネ総合防除対策マニュアルを策定した（長野農試，2012）。これに掲載した内容を主体に，長野県に発生する雑草イネの生態や動態，防除技術や防除体制について紹介する。

1. 雑草イネとは

(1) 由来，発生経過

日本では，近年までイネが雑草として認識されていなかったものの，雑草イネ（Weedy Rice）はイネを栽培するすべての国で報告され（徐・許，2003），このうち赤米（Red Rice）は直播栽培が行なわれるアメリカやヨーロッパで大きな問題となっている（渡邊，2015）。

雑草イネは，近世まで全国的に栽培された‘唐法師’‘唐干’など中国大陸から移入された赤米などが近縁とされ，1950年ころまで栽培の記録が残る。

長野県における雑草イネは，1970年代までは県内北部の一地域の乾田直播や陸苗代の圃場において残存し，1980年代にはいったん，発生が収束した。しかし，県下各地で湛水直播栽培が増加し始めた1990年代に再び発生が確認され，拡大している。

(2) バイオタイプと特徴

雑草イネは玄米種皮が赤朱から赤褐色の赤米で，成熟とともに穂から籾が自然に脱粒していく。籾の色，籾先端部や芒（籾先端の突起）の色，稈長，出穂期，脱粒性や休眠性の違いにより，7系統（バイオタイプ）に分類される（牛木，2007）。その後，新たに発見された2タイプは，栽培イネ（‘コシヒカリ’）と圃場では外観での判別が困難なことが（細井ら，2013），防除をいっそう困難にしている。

2. 防除の緊急性と困難性

(1) 想定される被害

雑草イネの発生による直接的な被害には，栽培イネの減収，製品玄米の品質低下に大別される。雑草イネの発生を放置し，雑草イネが多発した場合，最大25％の減収被害が発生している（第1図）。また，農産物検査法では雑草イネが異種穀粒として扱われるため，混入によって等級が下落し，栽培イネの品種銘柄証明ができなくなる。つまり，生産量および販売価格の低下による農業経営への影響が大きい。

(2) 脱粒性，除草剤，種子拡散

雑草イネの防除の困難性は，脱粒性であるこ

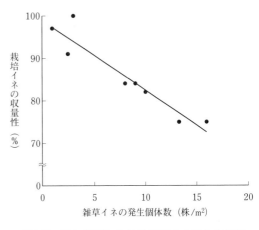

第1図 現地圃場における雑草イネによる栽培イネの減収　　（長野農試，2012を改変）

水稲の省力栽培技術

第2図　栽培イネの収穫期に大量に脱粒した雑草イネ籾（2009年）

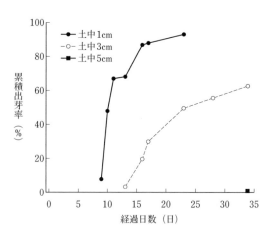

第4図　雑草イネの発生パターン
（長野県，2013を改変）
5月25日に同一ポット内に雑草イネの乾燥種子を土中1，3，5cm深度に埋設した。埋設種子数に対する調査日ごとの出芽数の累積割合を示す

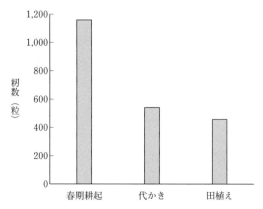

第3図　春期水田作業における作業機への雑草イネ籾の付着状況　（酒井ら，2011）
作業後に作業機を洗いだした土壌から籾を回収した

とおよび一般的な水田除草剤による効果が期待できないことによる。雑草イネは出穂約2週間後から1か月の間に自然脱粒し，脱粒種子は80％以上の発芽能力を有する（細井ら，2008）。この一方で，'コシヒカリ'は出穂期から成熟期まで43日間を要する（長野県，2010）ため，'コシヒカリ'の収穫期には大部分の雑草イネ籾が脱粒する（第2図）。コンバインにより圃場外に搬出されるのはごく一部にとどまることから，自然脱粒した籾は埋土種子となって翌年以降の発生源となる。

水田除草剤による防除効果については，一般に除草剤は作物に害なく雑草だけを枯らす選択性がある（日本植物防疫協会，2016）。水田除草剤は栽培イネに対する安全性が高いため，栽培イネと同じイネ科イネ属の雑草イネに対して防除効果は低い。一般雑草を対象として除草剤を複数回使用しても，雑草イネの防除には結びつかない。

加えて雑草イネ種子は，水田作業に用いる作業機に付着し，圃場間で拡散する。耕起，代かき，田植えの作業終了後の作業機に付着した水田土壌には，大量の種子が含まれ（第3図），これらの種子は次に作業する圃場に持ち込まれていると考えられる。また，収穫作業においても，コンバインでの刈込みとともに，コンバインの排出口から隣接圃場への飛散も想定される。

こうして，雑草イネは圃場にいったん侵入すると，一般的な水田除草剤では防除が困難なため雑草イネが残存し，種子が脱粒する過程を繰り返すことで繁殖する。さらに水田作業に伴い隣接圃場や地域内に拡散するため，発生圃場をかかえる経営体はもとより，地域全体に被害が蔓延する懸念がある。

(3) 発生消長，要防除期間

雑草イネの発生パターンをポット試験で調査すると，土中1cmにある種子は埋設後，8日目から一斉に出芽したが，土中3cmにある種子

長野県における雑草イネに対する総合防除対策

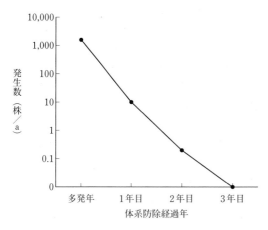

第5図 体系防除の経過年による雑草イネ残草量の変化（2004～2007年，長野農試）
雑草イネに有効な初期剤，初中期剤，中期剤を体系防除し，出穂期の手取り除草を3年間実施した

第1表 雑草イネ防除に有効な除草剤（2012年）

区 分	除草剤名
初期剤	アルハーブフロアブル，エリジャン乳剤，キルクサ1キロ粒剤，マキシーMX1キロ粒剤，農将軍フロアブル
初中期剤	ワンオールS1キロ粒剤，パンチャー1キロ粒剤，エースワン1キロ粒剤，ポッシブル1キロ粒剤，ボデーガード1キロ粒剤，スパークスター1キロ粒剤，ダイナマンDフロアブル，テロスフロアブル，アピロトップMX1キロ粒剤
中期剤	ザーベックスDX1キロ粒剤，ナイスミドル1キロ粒剤，クミメートSM1キロ粒剤

注 （公財）日本植物調節剤研究協会「雑草イネ有効剤として実用化可能と判定された除草剤」および長野県農業試験場試験による

は13日後から20日間にわたり出芽が継続した（第4図）。現地圃場においても，種子の深度がさまざまであるため，水田への入水日から第4図のように1か月以上にわたり発生すると考えられるが，気温，移植期による影響を考慮すれば，水田への入水後の約1か月間が要防除期間と想定される。

土壌中の雑草イネ種子の生存年限については，雑草イネ種子を土壌表面および土壌中10cm深度に埋設し，経年生存率を試験した結果，土壌表面では2回の越冬後，土壌中では3回の越冬後に生存種子がなくなった（細井ら，2010）。このことは，耕起や代かきによる土壌攪拌が行なわれる圃場においても，新たな発生個体をすべて防除すれば，最短3年間で完全防除が可能であることを示している。雑草イネの多発圃場において，集中的に除草剤の体系処理と手取り除草を3年間行なったところ，実際に根絶した事例もある（第5図）。

3. 個別の防除技術

（1）水田用除草剤の3回使用

栽培イネと雑草イネとの選択性を有する水田

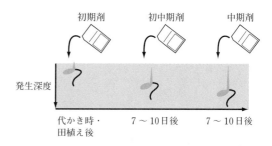

第6図 雑草イネの発生に合わせた除草剤の散布間隔

除草剤はないが，移植栽培では栽培イネ（移植直後の稚苗であれば2.5葉程度）と水田への入水後に出芽する雑草イネ（栽培イネの移植直後には出芽前や出芽始め）の生育差を利用することで，除草剤による防除ができる。ただし酒井ら（2011）は，雑草イネの出芽前から出芽直後には有効な除草剤であっても，1葉期以上の雑草イネに対しては効果が激減するとしている。そのため，除草剤の使用に当たっては，有効な除草剤（第1表）を選択すること，前述のとおり1か月間の発生期間に対応して有効な除草剤を7～10日間隔で3回使用することが重要となる（第6図）。

（2）耕種的防除など

一般水田では，水稲収穫後の秋期に耕起するが，雑草イネ発生圃場では冬期間を不耕起状態

水稲の省力栽培技術

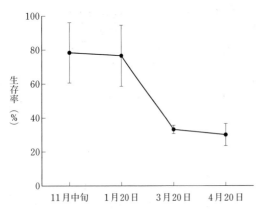

第7図 越冬による土壌表面の雑草イネ種子生存率の推移（2011・2012年，長野農試）
11月中旬は，採種後の風乾種子の生存率を示す

として，低温や乾湿により種子を死滅させ，鳥類による捕食を促すのがよい。このことにより越冬後の種子生存率が3〜4割程度に減少する（第7図）。なお，こぼれ籾の漏生対策として，宮城県の飼料用イネでは耕起せずに田面が滞水しないようにして越冬させること（宮城県古川農試，2013），温暖地西部の飼料用イネでは収穫後に耕起することによる死滅効果（大平・佐々木，2015）が確認されている。雑草イネについても，地域や気象条件による確認が必要である。

春期の耕起後に1か月間の湛水を行なうこと，代かき作業前に土中で出芽した雑草イネを複数回の耕起，ていねいな代かきにより完全に埋没させることも有効である（長野農試，2012）。

このほか，機械作業に伴う拡散が懸念されるため，作業行程の最後を雑草イネ発生圃場とすること，作業後は作業機の洗浄を行なうことが有効である（長野農試，2012）。

(3) 機械除草，手取り除草

前述の防除を行なっても，現地圃場では，田面の不均一や漏水などによる除草剤効果の低下などにより残草となる圃場が多くみられる。そこで，手作業もしくは機械による除草作業を組み入れる必要がある。

出穂2週間後から雑草イネの自然脱粒が始まるため，それまでに草丈や籾先端の赤い着色などにより栽培イネと見分けて，複数回の除草作業を行なう。除草は，再生を防止するため，出穂期直後までの地ぎわ部からの刈り捨てが実用的である（細井ら，2012）。なお，この時期は盛夏にあたり負担の大きい作業となるため，早い時期（移植1か月後以降）に条間，株間，畦畔ぎわなど移植した位置以外にあるイネをすべて抜き取ることも行なわれる。'コシヒカリ'と出穂期，草丈では判別しにくいバイオタイプの雑草イネが発生している圃場では，短程で出穂期が異なる品種と組み合わせることにより，手取り除草の効率化，除草作業の精度向上が可能である（細井ら，2012）。

水田除草機（みのる産業社製，乗用管理機KE3＋水田工藤除草機KWM4，4条対応）による防除効果も紹介する。3回の除草剤体系処理を行なう現地圃場において，2回目までの処理後に水田除草機による除草を行なった。最大葉数2葉の雑草イネが0.1個体/m^2残存する条件での除草であったが，機械除草直後に3回目の除草剤散布を実施したところ，残草がなく，手取り除草作業を代替できる効果が認められた。現地慣行である3回の除草剤使用圃場では，延べ180分/10aの手取り除草が必要だったことに比べると，高能率かつ高精度の作業が可能であり，多大な労力を要する手取り除草の代替として有効であった（長野農試，2016a）。

(4) 畑転換

畑転換は水稲作を継続して防除対策を実施するより簡便で，雑草イネ防除の観点からは，もっとも有効な防除手段となる。畑条件において8割以上の雑草イネが出芽するのは，6月上旬以降であり，土壌中での伸長を考慮すると，5月下旬以降の耕起作業による防除効果が高い（第8図）。雑草イネの発生圃場を畑転換し，この時期以降に播種するダイズ，ソバなどの夏作物，もしくは，収穫後の耕起となるムギ類などの冬作物栽培と前後の耕起作業を組み合わせる

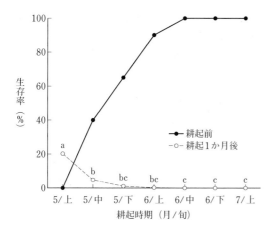

第8図　畑条件における耕起時期の違いによる雑草イネの生存率への影響（2011年，長野農試）

異符号間に5%水準で有意差がある（Tukey法）
畑に雑草イネ種子を3月下旬に散播し，各時期にロータリによる耕起を行なった。生存率は播種粒数に対する個体数の割合

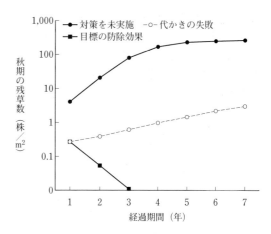

第9図　雑草イネ動態モデルによる雑草イネに対する防除効果の変動　（長野農試，2016）
春期に20粒/m²の雑草イネ（Dバイオタイプ）埋土種子がある圃場において，防除対策を未実施の場合，目標の防除効果（ていねいな代かき作業＋有効な除草剤の適期3回使用＋手取り除草）が得られた場合，目標の防除効果のうち代かきを失敗した場合を試算

と，雑草イネ防除に高い効果が認められた（長野農試，2011）。ただし夏作物の場合，播種期，降雨や土壌条件によっては雑草イネが発生し，種子生産に至る事例もみられる。このため畑転換でも中耕培土やイネ科雑草に効果が高い除草剤による防除が必要である。

(5) 防除効果と変動要因

雑草イネ防除には，ていねいな代かき作業による雑草イネの埋込みを行なったうえで，有効な除草剤を適期に3回使用すること，残った場合は手取り除草する防除体系が基本である。しかし，有効な除草剤を3回使用したにもかかわらず，残草が多い圃場では，移植1か月後ころに栽培イネと葉齢が同程度の雑草イネが多く確認されている。これは，代かきの失敗による既発生個体の撹拌埋込み不足，初期除草剤処理時期の遅れ，水管理の不備による除草剤効果の低下が考えられる。このように現地圃場では，人為的なミスも含めて，結果として防除効果が不安定な事例もみられる。

そこで雑草イネの埋土種子，発生パターン，防除効果などの試験結果を利用して，耕地雑草の個体群動態モデル（中央農研，2008）をもとに雑草イネ動態モデルを作成した（長野農試，2016b）。これを用いて，春期の水田耕起前に20粒/m²の雑草イネ種子があった場合に，防除成否によるその後の残草の推移を試算した（第9図）。この結果，体系防除を行ない目標の防除効果が得られた場合には，2年後に発生がみられなくなるのに対し，有効な防除を行なわず放任する，前述の防除体系のうち代かきの失敗を続けると雑草イネが増え続けてしまう。

このことは，一つ一つの有効な技術を体系化して確実に行なうこと，発生がみられなくなるまで毎年実施することの重要性を示している。

(6) 保証された種子の利用

雑草イネの発生が少ない場合には気づかないこともあり，そうした圃場で栽培イネの自家採種を行ない，拡散を招く事例もみられた。雑草イネの発生地域では，信頼できる販売者からの種子を用いることも重要である。

(7) 色彩選別機

これまで述べた複数の防除技術には，経費，

水稲の省力栽培技術

労力の掛かり増しに対する抵抗感もある。こうした抵抗感から，雑草イネがある程度発生していても色彩選別機で玄米製品への混入を除去できれば検査等級の下落がないため，圃場での防除をおろそかにする事例もみられる。しかし，雑草イネの多発によって栽培イネが減収すること，地域内の意図しない拡散の原因となってしまうことから，色彩選別機は根本的な解決手段になり得ないことを強く認識する必要がある。

4. 地域ぐるみの総合防除対策

(1) 総合防除対策の必要性

雑草イネは，一般雑草に比べ防除が困難であり，作業機を介して拡散することや，水田の受委託が進んでいることから，個々の農業経営者が実践，努力しただけでは地域の雑草イネ問題を収束させられない。早期収束のためには，雑草イネがどういうもので，なぜ特別な防除をする必要があるかを知ってもらうこと（啓発），どの圃場に発生しているか明確にすること（発見），防除技術を行なってもらうこと（実践）を地域内で同時に行なわなければならない。地域には多様な経営者が存在し，受委託の多少，

経営規模，畑作を含む輪作体系の有無など地域の特色があり，雑草イネの発生状況も一様でない。このため，それぞれの地域性も加味した防除技術の選択が必要である。

(2) 地域ごとの防除対策体制

地域ぐるみで防除を推進する体制づくりが必要であり，この体制を動かしていくため実効性のあるチーム活動が必須である。関係機関としては，JA，地域農業改良普及センター，市町村農政担当課や再生協議会，農業共済組合がある。その構成，チームを総括する事務局，チーム内に地区ごとの小チームの設置などについては，地域ごとの特色に合わせ，機能性，永続性のあるチーム体制とする。さらに生産法人，集落営農組織，大規模個人といった実践や地域誘導の当事者でもある経営者代表の参画が理想的である（酒井ら，2014）。

(3) 水稲栽培様式および発生程度による対策メニュー

雑草イネが発生した地域では，発生状況に応じた防除対策が必要である（第2表）。雑草イネの発生程度および水稲の栽培様式にもとづく区分（A～D）に応じ，対策目標を掲げ，農業

第2表　地域における雑草イネ発生程度別の対策メニュー　（長野農試，2012を改変）

発生程度	多　発		少発生	未発生
発生圃場	直播のみ，直播と移植で併発	移植のみ	移植	直播，移植
区　分	A	B	C	D
対策目標	多発圃場の解消によりCランクへの移行		根絶	侵入警戒
対策技術メニュー*	●除草剤による体系防除＋手取り除草		●除草剤による体系防除＋手取り除草による早期解決	
	●耕起，代かき法の改善による耕種的防除			
	●耕種的防除技術の実践			
	●水田輪作体系の導入，畑転換効果の活用			
	●作業機による拡散防止対策			
共通した技術対策*	○地域全体に啓発活動，早期発見のための情報提供			
	○経営者への啓発（想定される被害，防除の必要性など）			
	○発生圃場の地図化と関係機関での情報共有			
	●採種圃場産の優良種子の利用			

注　＊○：関係機関による対策体制が中心となる対策，●：おもに個々の経営者が行なう実践対策

経営者が実践する対策技術と，関係機関による対策体制（チーム）が地域全体に対して取り組む対策がある。とくに，近隣や同一市町村内に発生情報があった場合には，地域内の圃場巡回や出荷物情報により侵入警戒を行ない，発生が確認された初発段階での徹底防除による早期根絶がもっとも効果的である。

発生程度にかかわらず地域内で雑草イネ発生圃場を発見し，その情報を永続的に共有するには，従来からの耕地図などへの記入といった紙ベースの管理では限界がある。そこで，車窓からの達観により発生程度を判定する簡易な立毛調査，位置情報付き画像をGPS連動型地図ソフトでマッピングする手法が有効となる（細井ら，2014）。こうした発生圃場のデジタル情報化により，関係機関（人），年次（時間）をつないだ情報共有を効率的に行なうことができる。

5. 早期の対応，情報の共有

これまで長野県の防除対応の経過から，まずは初期防除，初動態勢が重要であることを強く訴えたい。このためには，関係機関の技術者などでは限界があるモニタリングを生産現場，農業経営者に担ってもらう必要がある。同時に普及組織，JA営農指導は，雑草イネ対策の必要性を確実に啓発し，発生情報をとらえたら，即座に地域対策チームを組み，有効な防除対策を農業者とともに実践することにより即応性を高められる。これまでに県内に設立された地域対策チーム活動の経験では，農業経営者が安心して取り組める的確な対策技術とそれをサポートする実働的な対策チームの存在および農業経営者自身の認識の高まりの三者のマッチングが総合防除対策を推し進める原動力であることが示されている。

一方，雑草イネの非意図的侵入は経済的損失が大きい災難であるため，風評被害を恐れて発生を秘匿する傾向もあった。実際，長野県でも2000年代当初までは，対策技術も発生地域にしか公にしなかった経過がある。その後，情報

共有不足に対する危機感と各地への蔓延状況を受け，県対策チーム編成と同時に情報開示を行なった。一方で中央農研（2017）は，聞き取り調査により全国8県27地区における雑草イネの発生実態を明らかにしている。雑草イネの難防除性，拡散性を考えると，さらに広範な問題化が予見されるので，情報共有および早期防除への着手を迅速に行なうべきである。長野県の歩んだ経過が，こうした地域の参考になり，全国での早期解決につながることを切に願うものである。

執筆　青木政晴・酒井長雄（長野県農業試験場）

参 考 文 献

中央農研. 2008. 耕地雑草の個体群動態モデルプロトタイプ. http://www.naro.affrc.go.jp/project/results/laboratory/narc/2008/narc08-28.html.

中央農研. 2017.（研究成果）移植栽培での「雑草イネ」の発生を多数確認. http://www.naro.affrc.go.jp/publicity_report/press/laboratory/narc/075218.html.

細井淳・牛木純・酒井長雄・青木政晴・手塚光明. 2008. 長野県で発生した雑草イネ（トウコン）における脱粒性の推移と脱粒籾の発芽能力. 日作紀. 77（3），321—325.

細井淳・牛木純・酒井長雄・青木政晴・斉藤康一. 2010. 長野県で発生した雑草イネ（トウコン）における地表面種子の越冬生存性と埋土種子の寿命. 日作紀. 79（3），322—326.

細井淳・高松光生・酒井長雄. 2012. 雑草イネおよび漏生イネの手取り除草における作業効率の向上法. 日作紀. 81（別1），2—3.

細井淳・赤坂舞子・高松光生. 2013. 新規バイオタイプに区分された雑草イネの整理形態的特徴. 日作紀. 82（別1），208—209.

細井淳・渡邉修・宮原薫・西谷務. 2014. 雑草イネ発生状況の効率的なマップ調査方法および確率分布にもとづく発生レベル構成のモデル. 日作紀. 83（別1），208—209.

宮城県古川農試. 2013. 飼料用稲収穫後の不耕起による漏生イネの抑制. 参考資料. https://www.pref.miyagi.jp/uploaded/attachment/256486.pdf.

長野県. 2010. 主要穀類等指導指針. 5—6.

長野農試. 2011. 雑草イネの畑転換による防除. 平

成23年度第2回普及に移す農業技術・試行技術.

長野農試. 2012. 雑草イネ総合防除対策マニュアル. 普及に移す農業技術（普及技術）. https://www.agries-nagano.jp/wp/wp-content/uploads/2016/10/2012-2-h02.pdf.

長野農試. 2016a. 水稲栽培における雑草イネ防除に乗用水田除草機を利用することで，手取り除草の労力を軽減できる. 平成28年度第2回普及に移す農業技術・試行技術.

長野農試. 2016b. 雑草動態モデルは，水稲移植栽培における雑草イネに対する個別防除技術の効果が可視化できる. 平成28年度普及に移す農業技術（第2回）. https://www.agries-nagano.jp/wp/wp-content/uploads/2017/09/2016-2-h02.pdf.

日本植物防疫協会. 2016. 農薬概説. 222.

大平陽一・佐々木良治. 2015. 温暖地西部における飼料イネ種子の土中埋設時期が越冬後の発芽力に及ぼす影響. 日作紀. **84**（4），345—350.

酒井長雄・青木政晴・細井淳・谷口岳志・岡部知恭. 2011. 長野県に発生した雑草イネとその防除対策（第2報）. 北陸作物学会報. **46**，42—44.

酒井長雄・青木政晴・細井淳. 2014. 長野県における雑草イネの総合的防除対策：その展開と課題. 雑草研究. **59**（2），74—80.

徐學洙・許文會. 2003. 野生イネの自然史. 森島啓子編. 北海道大学図書刊行会. 107.

牛木純. 2007. 国内に発生する雑草イネの現状と今後の課題. 植調. **41**（7），4—9.

渡邊寛明. 2015. 雑草イネとは何か―発生経過や被害にみる海外との違い―. 第240回日本作物学会講演会要旨集. 144.

「集落ぐるみ型」地域営農組織による水田活用と収益確保—岩手県・門崎ファームの事例—

1. 調査の目的と背景

　農地改革以降，日本の農地利用は自己所有地における個別農家の農業経営が中心であった。小規模であり，分散していた農地の是正がはかられたが，兼業農家の滞留や農地の不動産的価値の増加から，農地利用の大規模化や組織化は進まなかった。個別農家が農地利用の中心であったため，集落営農組織は「むら」の社会的な紐帯（血縁・地縁・利害など）を用いて個別農家の農業経営を補填することが主であった。すなわち，農業機械の共同利用による農業経営費の削減や生産調整への効率的な対応が，集落営農組織を設立する目的であった（小林，2005）。

　しかし，1999年の「食料・農業・農村基本法」において集落営農組織が農業の重要な担い手として認識され，農業政策によって集落営農組織の育成が継続的に促されてきた。現在では集落営農組織が地域農業の中心である地域も少なくない。その背景には，2007年に施行された「品目横断的経営安定対策」がある。品目横断的経営安定対策では，20ha以上の農地を集積し，かつ5年以内の法人化計画をもつ集落営農組織が助成金の交付対象となり，集落営農組織の大規模化と法人化が促された。こういった政策的な誘導に加えて，農業従事者の高齢化と離農による農業労働力の減少と，農産物価格の低落，とりわけ米価の低落によって，集落営農組織の営農範囲は1集落規模を上まわりつつある（市川，2011）。こうした状況を踏まえ，ここでは1集落規模を超えるスケールの集落営農組織を「地域営農組織」と表記する。

　地域営農組織による効率的な農地利用が模索されつつあるのと同時に，水田の利用に関しては新たな潮流がみられる。その潮流の一つが飼料用米や米粉用米の作付けである。食の多様化によって米の需要が減少する一方，食肉需要は拡大している。そのため，その多くを輸入に依存する飼料の供給を念頭に置いた水田の多目的利用を目指し，「水田活用の直接支払交付金」制度が施行された。この水田活用の直接支払交付金では，飼料用米および米粉用米の作付けに対して，10a当たり最大で10.5万円の助成金が交付されるということもあり，多くの地域営農組織が飼料用米や米粉用米の作付けに取り組みつつある。

　水田活用の直接支払交付金では，1) ムギ・ダイズ・飼料用作物が10a当たり3万5,000円，2) ホールクロップサイレージ用イネが8万円，3) 加工用米が2万円，4) 飼料用米・米粉用米が5万5,000円から10万5,000円が戦略作物助成の交付単価となっている。飼料用米および米粉用米に関しては10a当たりの収量が380kg以下の場合，交付単価は5万5,000円であり，収量が680kgより多い場合は10万5,000円となる。380kgから680kgまでは1kg当たり167円で変動し，交付される。

　もう一つの水田の利用に関する潮流は，米の付加価値化と直接販売の増加である。長らく続く米価の下落に対し，農業者はJAS有機の認証を取得したり，環境保全型農業に取り組んだりすることによって慣行栽培の米と差別化をはかり，再生産可能な米価を保とうとしている。また，こういった米をインターネットや産直施設への出荷を通じて消費者に直接販売する動きもみられる。

　以上を踏まえれば，水田利用の今日的な課題は，地域営農組織の設立による農地利用の効率化と，各種助成金の獲得や農産物の付加価値

水稲の省力栽培技術

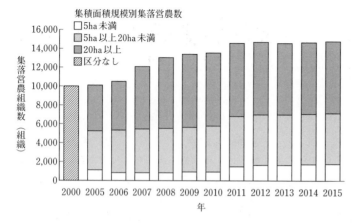

第1図　全国の集落営農組織数の推移
(集落営農実態調査より作成)
2000年の統計には集落営農数のみが記載されている
集積面積とは経営耕地面積と農作業受託面積の合計である

2. 集落営農の展開

(1) 全国の動向と地域的特徴

　全国の集落営農組織の数は，2000年で9,961組織だったが，2006年から2011年にかけて増加し，2011年には1万4,643組織となった（第1図）。しかし，その後の増加は緩やかになり，2015年時点では1万4,853組織となった。集積面積（所有農地，借入れ農地，農作業受託によって農業経営体が利用している面積）の規模別に集落営農数の増加をみると，集積面積20ha以上の組織が2005年4,859組織，2011年7,848組織と推移している。したがって，2006年から2011年にかけての集落営農組織の増加は，集積面積20ha以上の組織が中心である。2015年では集落営農組織の51.9％が20ha以上の組織となっている。

　集積面積が大規模な集落営農組織の増加に加え，集落営農組織の法人化率も増加している（第2図）。2005年の法人化率は6.4％に過ぎなかったが，2015年では24.4％に上昇した。また，複数の集落で組織が構成される地域営農組織の割合も，2005年の20.7％から2015年には25.8％に増加した。こうした集落営農組織の大規模化と法人化は，2007年に施行された「品目横断的経営安定対策」の影響を強く受けていると考えられる。「品目横断的経営安定対策」の要件は，1) 5年以内の法人化計画の策定，2) 組織規約の作成，3) 地域内の3分の2以上を目標とする農地利用集積目標の設定，4) 経理の一元化，5) 主たる従事者の所得目標であり，これによって集落営農組織の大規模化と法人化が促された。

　一方で，複数の集落で構成される地域営農組織の増加には政策的な誘導だけでなく，集落の内的な要因も指摘できる。日本の農業就業人口（農業就業者とは，16歳以上の農家家族員

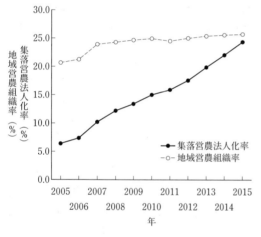

第2図　全国の集落営農組織の法人化率と地域営農組織率の推移
(集落営農実態調査より作成)
地域営農組織数とは複数の集落で構成されている集落営農を表わす

化による農業収益の確保である。そこでここでは，岩手県一関市の地域営農組織である門崎ファームを事例に，地域営農組織がいかにして存立しているのかを，地域営農組織の水田利用に注目してあきらかにする。なお，主要な調査は2013年と2014年に実施し，2017年に水田利用に関する補足調査を実施した。

のうち，過去1年間に従事した仕事が自家農業だけの者，または他産業に従事していても年間従事日数において自家農業従事日数のほうが多い者をいう）に占める65歳以上の割合は52.9％（2000年）から63.5％（2015年）に増加し，農業の担い手の高齢化は深刻となっている。「集落営農活動実態調査」（2015）によれば，後継者の確保が課題であると回答した集落営農組織は全体の59.0％，従業員の確保を課題とする集落営農組織の割合は37.3％となっている。したがって，地域営農組織が増加している背景には，集落における農業従事者と後継者の減少が深刻となり，農業の担い手を単独の集落で確保することが困難になっていることがある。

増加傾向にある集落営農組織であるが，2000年時点では西日本で多く，東北地方や関東地方では少なかった。その後，2000年から2015年にかけて東北地方において集落営農組織が大きく増加した（第3図）。また，「経営所得安定対策」に加入している集落営農組織の割合は，福島県を除く東北地方や北陸地方において高い。したがって，東北地方における集落営農組織の増加は，経営所得安定対策が一つの契機となっているといえる。

次に，「販売金額1位の農産物別集落営農組織の割合」の2008年から2015年の数値に現われた地域性の変化をみると（第1表），1）どの地域・年でもイネ1位の組織が多くを占める，2）東北地方のイネ1位の組織の割合は，2008年には9割を占めた，3）2015年では東北地方のイネ1位の割合が15ポイントも減ってダイズ1位の割合が増加，といった特徴が読み取れ

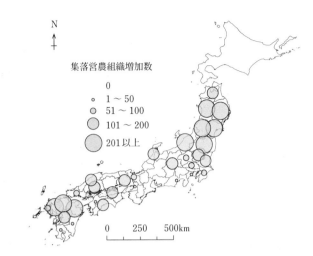

第3図 都道府県別の集落営農組織の増加
（2000年，2015年集落営農実態調査より作成）
沖縄県は集落営農組織が少ないため除外した

第1表 集落営農組織の主要な農作物

	2008年			2015年		
	水稲・陸稲	ムギ類	ダイズ	水稲・陸稲	ムギ類	ダイズ
全　国	80.0	12.1	4.3	77.3	7.2	7.0
北海道	42.9	21.4	3.6	45.1	9.8	2.0
東　北	89.7	0.7	7.0	74.3	0.8	12.7
北　陸	89.7	5.6	3.3	88.9	4.0	4.3
関東・東山	60.5	29.7	5.7	61.5	17.9	6.7
東　海	76.4	15.8	3.5	78.4	12.1	4.3
近　畿	53.8	33.8	3.6	68.4	14.2	7.6
中　国	88.5	3.4	2.8	86.3	0.4	3.9
四　国	72.3	25.5	2.1	69.6	15.5	1.4
九　州	78.2	15.5	3.8	80.3	11.2	5.1

注　2008年，2015年集落営農実態調査より作成
　　表中の数値は，販売金額1位の農作物別集落営農組織の割合である
　　上位3位の作物を示した

る。また，第1表には示さなかったが，東北地方では飼料用作物1位の割合も0.3％から5.3％に増加した。これらの変化は，この間の米価低落に対して，東北地方の集落営農組織が稲作と米の生産調整の合理化を目的に組織されたものであることを示唆している。

(2) 岩手県での動向

全国における集落営農組織の増加と同様に岩手県でも集落営農組織が増加しており，2000

水稲の省力栽培技術

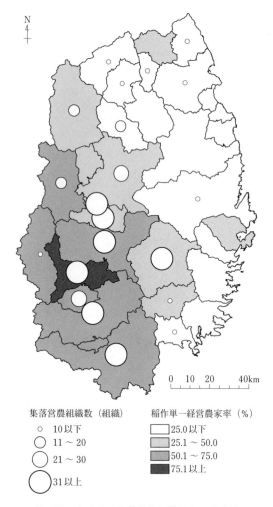

第4図　岩手県の集落営農組織設立の地域差
2015年集落営農実態調査，2010年世界農林業センサスより作成

陸南部に位置しており，これらの地域は稲作単一経営農家の割合が高いという特徴をもつ（第4図）。加えて，これらの地域は岩手県内において農地の基盤整備が進んでいる地域である。2008年時点の内陸部の水田整備率はおおむね70％以上であるのに対し，北上山地が広がる沿岸部では，水田整備率が25％未満である自治体が多い（一般的に水田整備率は30a以上の区画に整備された水田の割合のことであるが，岩手県では地形や傾斜に考慮して20a以上の区画としている）。したがって，岩手県の集落営農組織は，稲作が盛んであり，農地の基盤整備が進んだ地域で設立される傾向にある。

3. 門崎地区における地域営農組織の設立

(1) 旧川崎村における農業の特徴

岩手県の内陸南部において集落営農組織が多い市町村の一つが一関市である。一関市は2005年に1市4町2村（一関市と西磐井郡花泉町，東磐井郡の大東町，千厩町，東山町，室根村，川崎村）が合併したあと，2011年に藤沢町を編入合併したことで現在の市域となった。市域の西部は奥羽山脈に含まれ，東部は北上山地に属しており，市域の東西は山間部となっている。一方，一関市の中央部を北上川が流れており，磐井川，砂鉄川，千厩川がこれに流入している。これらの河川によって沖積地が形成されている。

北上川に砂鉄川と磐井川が合流する地点が事例対象地域がある旧川崎村（以下，川崎村と記す）である（第5図）。川崎村は北西部の門崎地区，南東部の薄衣地区から構成される。2010年における人口は4,003人，高齢化率は34.4％であり，岩手県平均の27.2％よりも高い。村内には千厩川と並行して国道284号が通っており，一関市中心部と一関市に隣接する宮城県気仙沼市と結ばれている。この国道284号沿線には道の駅やスーパーマーケット，コンビニエンスストアなどが立地している。

年の232組織から2008年には563組織となった。その後，集落営農組織の増加は緩やかになり，2011年658組織，2015年667組織と推移している。集落営農組織の集積面積も，2006年では1万1,995haであったが，2008年には約2.2倍の2万5,819haにまで広がった。組織数の推移と同じく，集積面積の拡大も2008年以降は緩やかになり，2015年の集積面積は2万7,462haとなっている。

次に岩手県内における集落営農組織設立の地域性をみると，集落営農組織が多い市町村は内

「集落ぐるみ型」地域営農組織による水田活用と収益確保―岩手県・門崎ファームの事例―

川崎村は北上川の狭窄部に位置していることに加え，砂鉄川と磐井川が合流しているため水害の常襲地域であった。堤防が未整備であった1950年から1980年にかけては約2年に1回の頻度で水害が発生しており（川崎村，2005），堤防工事が北上川本流で1959年，千厩川で1970年，砂鉄川で1991年に着手され，2009年に全事業が完了した（第6図）。

川崎村の総農家は1970年の963戸から減少し続けており，2010年には567戸となった。農家減少の経年的な特徴をみると，1995年以降は農業専従者がいない農家の減少が激しい（第7図）。また，川崎村における農業就業人口に占める65歳以上の割合は1975年で22.4％であったが，2010年には70.0％にまで上昇しており，農業就業人口の高齢化が著しい。

農業産出額の推移をみると，川崎村の主要な農産物は米である（第8図）。冷夏の年を除いて米の産出額は，1970年代後半から1990年代前半まで4億円から5億円で推移していた。しかし，「食糧管理法」が廃止された1995年以降は低落し，2004年に2.3億円となった。一方，米以外の主要な農産物の構成は1985年を境に異なる。1985年以前は，葉タバコを中心とする工芸作物が米に次ぐ農業産出額であった。しかし，葉タバコの管理価格制度が撤廃された1985年以降，川崎村における工芸作物の産出額は低落し，2004年では1000万円となっている。これに代わって産出額2位となったのが野菜であり，1980年後半以降は2億円から3億円で推移している。

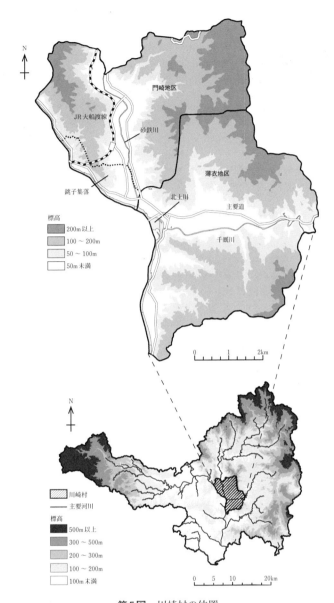

第5図　川崎村の位置
基盤地図情報，国土数値情報より作成

したがって，川崎村の農業は米と葉タバコを主としていたが，葉タバコの市場自由化によって野菜栽培に転換したものの，全体的な傾向からすれば，米価の低落によって農業産出額が減少している状況にある。

水稲の省力栽培技術

第6図　川崎村の農地と堤防

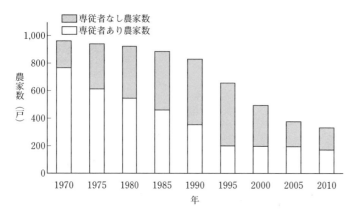

第7図　川崎村における販売農家数の推移
(世界農林業センサスより作成)

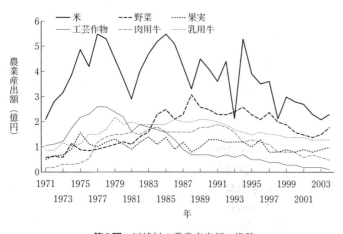

第8図　川崎村の農業産出額の推移
(生産農業所得統計より作成)

(2) 門崎ファーム設立の経緯

門崎ファームは，2004年に開始された大規模基盤整備事業を契機として設立された農事組合法人である。門崎地区の農地は北上川と砂鉄川に沿った平坦部を中心に分布しているが，これらの農地の排水設備は未整備であり，生産性に乏しかった(阿部，1970)。そのため，農地の大規模基盤整備事業が実施され，これを契機に地域内の中核農家への農地集積が計画された。2004年時点では門崎地区4戸，薄衣地区3戸の農家が農地集積の対象となり，これらの農家に川崎村の農地の41.5％を集積する計画であった。

しかし，薄衣地区の集積対象農家3戸は農業従事者が高齢であることから農地集積を断念し，門崎地区のみで農地集積が模索された結果，2007年に「門崎地区農地管理組合」が設立された。その翌年には門崎地区の農地を対象に，上述した4戸の農家に農地を集積する計画が策定された。この「オペレーター型」集落営農組織によって，経営所得安定対策の補助金受給の経営規模要件を達成する見込みであった。しかし，2011年に4戸では経営規模要件を満たさないことがわかり，門崎地区の全農家が構成員となる「集落ぐるみ型」の集落営農組織の設立を目指した。

集落ぐるみ型集落営農組織とは，農産物の販売収入が組織に入り，組織への農地の貸付け面

第2表 門崎ファームのオペレーターの属性

(2014年門崎ファーム聞取り調査より作成)

農家番号	年齢	居住集落	就業形態	経営耕地面積(ha)	転作従事	所有機械				後継者
						トラクター	田植機	コンバイン	乾燥機	
A	61	銚子	兼業	12	○	○	○	○	×	×
B	55	官紅	専業	12	○	○	○	×	×	未定
C	25	千手堂	専業	12	○	○	×	×	×	未定
D	67	神平	専業	4	×	○	×	×	○	×
E	77	官紅	専業	4	×	○	×	×	○	×
F	79	千手堂	専業	7	×	○	○	○	○	×

注　オペレーターはいずれも男性である
　　転作従事とは門崎ファームの米の生産調整作業を示す

積と組織の農作業への出役時間に応じて販売金額が構成農家に配分される形態である。そのため，集落ぐるみ型は大規模な農地集積が可能であるとともに，個別農家の農業労働力の状況に応じて出役する農作業の内容を変えられるため，多くの農家が参加できるという利点をもつ。

その反面，集落ぐるみ型は構成員が多くなるため，農地利用の調整に多くの時間がかかるという欠点もある。この欠点は，小規模な農地が数多く分布し，農地の所有者が細かく分かれていた門崎地区ではとくに大きい課題であった。そのため，農地の所有者に対する説明会は，2012年9月から半年間で12回も開催された。そして，「食とともに環境を守る」という理念を掲げ，2013年3月に「門崎ファーム」は設立され，門崎地区に農地を所有する189戸が構成員となった。2013年現在の役員構成は，組合長1名，副組合長1名，理事8名，監事2名であり，部会は総務部，水稲部，機械管理部，転作部，女性青年部が置かれている。

4. 門崎ファームの農業経営

(1) 農作業従事

①オペレーター層の特徴

門崎ファームの農業機械操作を担うオペレーターは6名おり，いずれも男性である（第2表）。このオペレーターは，米の生産調整作業への従

事の有無によって，「転作オペレーター層」と「水稲オペレーター層」に分類できる。

米の生産調整作業に従事する転作オペレーター層は，農家AからCまでの3名であり，平均年齢は47.0歳と若く，農家Aを除いて専業従事者である。また，彼らの経営耕地面積はいずれも12haと大規模である。これに対して，農家DからFまでが水稲オペレーター層である。彼らの平均年齢は74.3歳，平均経営耕地面積は5haであり，米の生産調整作業には従事していない。門崎ファームでは，転作オペレーター層によって農作業がおもに担われ，それを水稲オペレーター層が補うという体制になっている。

②銚子集落の農家構成と農作業従事の特徴

次に門崎地区に位置する集落の一つである銚子集落を事例に，農家構成の特徴を示す。なお銚子集落は，集落規模や高齢化の状況からみて門崎地区の平均的な集落である。

2014年現在，銚子集落は21戸の農家から構成され，男性28名，女性29名（就業前の居住者を除く）が居住している（第3表）。このなかには住民票は銚子集落にあるものの，他地域で居住している5名が含まれている。

銚子集落の農家は，各農家の営農状況から「オペレーター農家層」「自作農家層」「農地貸付け農家層」に分類される。オペレーター農家層には農家1が該当し，この農家は第2表のAである。門崎ファームのオペレーターである農家1の経営耕地面積は12haであるが，所有する田畑の面積は135aであり，所有面積の規模は

水稲の省力栽培技術

第3表　銚子集

農家層	農家番号	所有田面積 (a)	法人貸付け面積 (a)	所有畑面積 (a)	男性						
					20代	30代	40代	50代	60代	70代	80代
OP	1	120	120	15					△		
自作農家層	2	40	20	15		▲					
	3	125	100	5						○	
	4	75	40	0					▲		×
	5	40	40	15		▲					
農地貸付け農家層	6	25	25	0			■				×
	7	110	110	5	■		■	■			×
	8	40	40	0	■		■				
	9	30	30	0				■			
	10	40	40	10				■			
	11	20	20	20				■			
	12	25	25	3				■			×
	13	15	15	0					×		
	14	75	75	5			■			×	
	15	40	40	10					□		
	16	45	45	10	■			■			
	17	25	25	0							
	18	20	20	10				■			×
	19	80	80	15			■			×	
	20	60	60	15	■				□		
	21	15	15	10			■			□	

注　農家層のOPはオペレーター農家層を表わす
　　世帯員の記号は以下を表わす。○：農業専従者，△：就業先が村内の兼業従事者，▲：就業先が村外の兼業従事者，□：
　　作業委託の番号は委託先農家の番号を表わし，田植は田植え作業，非管は水管理以外の農作業，全は全農業を委託し
　　村外に居住する世帯員はグレーで塗りつぶした

他の農家と同程度である。

　自作農家層の農家2〜5は，門崎ファームから農地を借りて農業経営を行なっている。彼らの農業経営規模は大きくても25a（農家3）であり，小規模である。

　農作業委託の状況に注目すると，自作農家層は二つに細分される。その一つが「自己完結農家層」である。この層には，70代男性の農業専従者と60代女性の兼業従事者をもつ農家3が該当する。農家3は稲作に関する主要な農業機械すべてを自らが所有し，全農作業を自家で完結している。

　その他の自作農家層は何らかの農作業を農家1に委託しており，彼らは「一部自作農家層」と捉えることができる。一部自作農家層の世帯員に注目すると，いずれの農家においても専業従事者はおらず，農業に従事しているのは男性

の兼業従事者のみである。この兼業従事者の年齢は，農家4は60代であるが，農家2と5は30代である。農家5の兼業従事者は若いものの，門崎地区外に居住しているため，すべての農作業に従事することが困難であり，水管理以外の農作業を農家1に委託している。兼業従事者が高齢となりつつある農家4も同様に，水管理以外の農作業を農家1に委託している。

　彼らの委託理由は，農業従事者の高齢化や通農が困難といった農業従事者に関するものであったが，田植え作業のみを農家1に委託している農家2の理由は異なる。この委託は農家2が田植え機を更新しなかったことを契機としている。すなわち，農業に対して設備投資を行なわなくなったことが委託の理由となっている。

　自作農家層の農業従事者は，農家3の70代男性を除き，いずれも兼業従事者である。そのた

落の農家構成 (2014年銚子集落聞取り調査より作成)

女性							就業前人数	所有機械				作業委託
20代	30代	40代	50代	60代	70代	80代		トラクター	田植機	コンバイン	乾燥機	
								○	○	○	×	
	■						1	○	×	○	○	1田植
			■	△				○	×	○	○	
			■					×	×	×	×	1非管
						×		×	×	×	×	1非管
		■			×		1	×	×	×	×	1全
■			■		×			×	×	×	×	
		×			×			×	×	×	×	
			■					○	×	×	×	
			■					○	×	×	×	
								×	×	×	×	
		×						×	×	×	×	
				×		×		×	×	×	×	
		■			×			○	×	×	×	
■		■					1	○	○	○	×	
			■		×	×		×	×	×	×	
		■			×			×	×	×	×	
			■		×		2	○	○	○	○	
		■			×		3	×	×	×	×	
			■					×	×	×	×	
		■					2	×	×	×	×	

村内の農外産業従事者, ■：村外の農外産業従事者, ×：就業なし
ていることを表わす

め，家計の中心は農外収入であり，自作の継続は自家消費用米と縁故米の確保が理由となっている。

　農地貸付け農家層には農家6〜21までの16戸が該当する。農家6は自家消費用米と縁故米を確保するために門崎ファームから農地を借りているが，全農作業を農家1に委託しているため，農地貸付け農家層に含めた。農家6以外の農地貸付け農家層は，所有する全農地を門崎ファームに貸し付け，自家での農業経営は行なっていない。世帯員には若年層もいるが，彼らはいずれも一関市中心部や千厩町において農外産業に従事している。

（2）農地利用

①基盤整備前後の農地の変化

　ここでは銚子集落を事例に，2004年に開始された基盤整備事業による農地の変化を示す。

　基盤整備前である1976年の農地分布（第9図）をみると，北西から南東に流下する北上川と，北上川に北方向から流入する砂鉄川の平坦部に多くの農地が分布している。また，家屋の多くは，この平坦部と北西部の斜面との境界に沿って立地しているが，北西部の斜面にも農地と家屋が点在している。これらは戦後の入植者によるものであり，農地は1950年代から1960年代にかけて造成された。当時の銚子集落では平坦部に位置している農地も小規模であり，1976年の全農地（1,028筆）のうち，5a未満が587筆（57.1％），5a以上10a未満が377筆（36.7％）と，10aに満たない農地が93.8％を占めていた。

　2004年に開始された基盤整備事業に加え，堤防の造成と緑地の整備が行なわれたため，銚

水稲の省力栽培技術

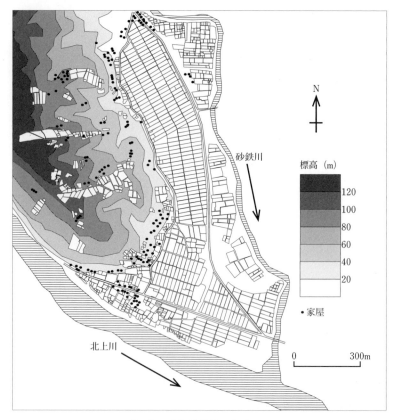

第9図　基盤整備前の農地分布
(1976年国土地理院航空写真より作成)

子集落では北上川と砂鉄川に隣接していた農地が失われ，農地は215筆に減少した（第10図）。このうち5a未満が145筆（67.4％），5a以上10a未満が31筆（14.4％）であり，10a未満の農地の割合は81.8％に減少した。一方，平坦部の農地は50a以上の基盤整備が実施され，50a以上の農地は全筆数の9.3％を占めている。こうして2014年現在，銚子集落の農地は平坦部の基盤整備が実施された大規模な農地，北西部の斜面に点在する1950年代から1960年代に造成された小規模な農地に大別される。

②基盤整備後の農地の利用状況

銚子集落では基盤整備が行なわれた平坦部の大規模な農地は水田として，家屋に隣接する農地は畑として利用されている。これらの畑では自家消費用の野菜が生産されている。また，集落の南東部に集中している畑は，法人格をもつ農家によってトマトを中心とした野菜が生産されている。一方，斜面に造成された農地の多くは，除草作業のみが実施される「保全管理」の農地や草地となっており，一部の農地は不作付け地となっている。

門崎地区内に，基盤整備が実施された平坦部の農地は110筆存在する（第4表）。農地利用の内訳は，門崎ファームによって水稲が作付けされている農地が55筆，門崎ファームによって米の生産調整が行なわれている農地が26筆，個別農家が水稲を作付けしている農地が29筆となっている。このうち1筆の面積が50a以上の農地に注目すると，門崎ファームの水稲作付け農地の47.3％，米の生産調整対象農地の69.3％が50a以上の農地であるが，個別農家による水稲作付け農地は3.4％にとどまっている。

③作付けの特徴と販売

このように，門崎ファームは基盤整備が実施された大規模な農地を利用して農業経営を行なっている。2013年における作付けの構成は，主食用米が28.4ha，ホールクロップサイレージ（以下，WCSと記す）が18.0ha，飼料用米が2.6ha，酒米が0.3haであった。主食用米の品種は'ひとめぼれ'であるが，このなかには有機JAS規格による有機栽培米（0.5ha）と門崎地区の独自ブランドである「メダカ米」（4.0ha）が含まれる。メダカ米は特別栽培米基準で栽培されている（特別栽培米は，1）節減対象農薬の使用回数，2）使用される化学肥料の窒素成

分がそれぞれ慣行栽培レベルの50％以下であることが基準となっている）。

これに加えて，生き物調査や魚道の整備（第11図）も実施されている。そのため，メダカ米が作付けされている農地は田植え体験などの環境教育にも利用されている（第12図）。

主食用米は組合員への販売と「いわて平泉農協」への出荷がほとんどであるが，メダカ米は一関市内のレストランなどに直接販売されている。WCSと飼料用米は，米の生産調整への対応作物として作付けされており，これらは全量がいわて平泉農協に出荷されている。また，酒米は一関市花泉町の酒造会社へ出荷され，製品は川崎村の道の駅や東京都のアンテナショップなどで販売されている。

④収入と支出の特徴

2013年の門崎ファームの収入において，主食用米やWCS，飼料用米の売上げが占める割合は46.1％であり，助成金収入が過半の53.2％を占めている。とくに助成金収入のうち68.7％

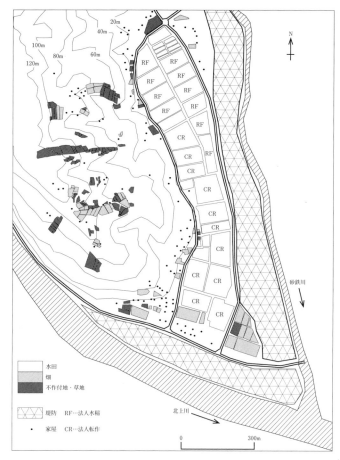

第10図　銚子集落における農地利用（2014年）
（門崎ファーム提供資料，2014年現地調査より作成）
不作付け地には除草作業のみを実施している保全管理農地を含む
法人水稲は門崎ファームの水稲作付け農地，法人転作は門崎ファームによる米の生産調整農地を表わす

第4表　基盤整備農地の利用状況（2014年）

	基盤整備農地		門崎ファーム水稲		門崎ファーム転作		個別農家水稲	
	農地数（筆）	割合（％）	農地数（筆）	割合（％）	農地数（筆）	割合（％）	農地数（筆）	割合（％）
20a未満	14	12.7	7	12.7	0	0.0	7	24.1
20a以上30a未満	19	17.3	6	10.9	2	7.7	11	37.9
30a以上40a未満	22	20.0	13	23.6	3	11.5	6	20.7
40a以上50a未満	10	9.1	3	5.5	3	11.5	4	13.8
50a以上100a未満	33	30.0	22	40.0	10	38.5	1	3.4
100a以上	12	10.9	4	7.3	8	30.8	0	0.0
合　計	110	100.0	55	100.0	26	100.0	29	100.0

注　門崎ファーム提供資料，2014年現地調査より作成
　　門崎ファーム水稲は門崎ファームの水稲作付け農地，門崎ファーム転作は門崎ファームによる米の生産調整農地，個別農家水稲は個別農家による水稲作付け農地を表わす

第11図　魚道整備のようす

第12図　田植え体験のようす

は，水田活用の直接支払い交付金やWCSの団地加算金などであり，米の生産調整に関する助成金が占める割合は大きい。

一方，門崎ファームの支出においてもっとも割合が大きいものは作業委託費であり，全支出の24.0％を占めている。これに除草作業と水管理の労務費を含めると，全支出の29.0％が農作業に関わる人件費の支払いである。こうした支出の構成からも，多くの構成員が農作業に関与する集落ぐるみ型の特徴がうかがえる。

(3) 農地の再配分と作業委託

門崎ファームでは効率的に農地を利用しつつ，自家の水稲作付けを希望する個別農家の意向を尊重するために農地の再配分を行なっている。門崎地区の農家は，転作オペレーター層3戸，水稲オペレーター層3戸，自作完結農家層14戸，一部自作農家層33戸，農地貸付け農家層136戸に分類される（第13図）。まず，門崎ファームの構成員である農家は，基盤整備が実施された自己所有農地をすべて門崎ファームに10a当たり1万円で貸し付ける。

その後，オペレーター層が作付けを行なう農地が配分され，作業委託される。そのさいの委託料金は，耕起4,800円，代かき5,400円，田植え5,000円，刈取り1万5,200円（刈取りの委託料金1万5,200円は稲わらを切り落とした場合の単価であり，稲わらを束ねた場合の単価は1万6,200円である。門崎ファームでは前者が刈取り面積の約80％を占めているため，ここでは刈取りの委託料金を1万5,200円とした）である。また，オペレーターの時給は1,250円となっている。

オペレーター層の利用農地が決まったあと，自作完結農家層と一部自作農家層に対して農地が配分される。そのさい，各農家は，配分面積に応じて農地貸付け料と同額を門崎ファームに支払う。自作を希望する理由は自家消費用米や縁故米の確保であるため，自己所有面積を上まわって作付けを行なっている農家はいない。また，オペレーター層が利用する農地が決まったあとに，各自作農家の農地が決められるため，自作農家が利用する農地はオペレーター層の農地と比較して小規模である。

以上のような農地の再配分が行なわれているため，オペレーター層による効率的な農地利用と，自作を希望する個別農家の自家消費米および縁故米の確保を両立させることが可能となっている。

次に農作業受委託の流れについて検討する。門崎ファームが実施する水稲作付けの機械操作や米の生産調整の作業は，門崎ファームからオペレーター層に作業委託されているが，水管理や除草作業は自作農家層や農地貸付け農家層に作業委託されている。農産物生産費統計によれば，東北地方における2013年産米の10a当たり労働時間は，耕起・整地2.71時間，田植え3.31時間，刈取り・脱穀2.61時間であるのに対し，管理作業は5.74時間となっている。管理作業は耕起や田植え，刈取りに比べて省力化されておらず，多くの人手を要する。そのため，門

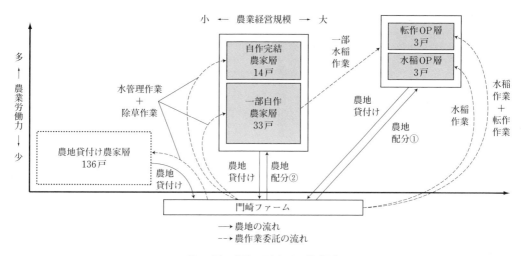

第13図 農地の再配分の模式図

(2014年門崎ファーム聞取り調査より作成)

農地配分の番号は農地が配分される順序を示す
OP層はオペレーター層を表わす
転作作業とは米の生産調整作業を示す

崎ファームでは自作農家層や農地貸付け農家層に作業を委託しているのである。そのさいの賃金は1時間当たり1,500円に設定されている。

このように門崎ファームでは，基盤整備が実施された農地を対象にオペレーター層，自作農家層という順で農地を再配分することで，オペレーター層の農作業の効率を高めている。また，大型の農業機械の利用による効率化が困難である水管理作業や除草作業を，農業経営を縮小させつつある自作農家層や農地貸付け農家層に作業委託することで，地域内の農業労働力を残さず利用しているといえる。

5. 環境保全型農業による収益の確保

米価の低落に対し，門崎ファームではメダカ米の作付け面積を拡大し，直接販売を行なうことで対応している。門崎地区では農地の基盤整備が実施されるさいに，水田にメダカが生息していることがわかり，環境保全型の基盤整備事業が採用された。そのため，門崎地区の用水路は土側溝であり，基盤整備が実施された農地間にも用水路があるため，一部の農地はメダカが自由に移動できる環境が整備されている。

メダカ米の作付け面積は，2015年に6.1haとなり，2017年には6.5haにまで拡大した。門崎地区では自作を希望する個別農家の離農が増加している。離農農家が利用していた農地のうち，メダカが生息することができる環境の農地に門崎ファームがメダカ米を作付けし，メダカ米の作付け面積が増加している。門崎地区にはメダカ米を作付けできる農地は13haあり，門崎ファームではメダカ米の需給バランスを考慮しつつ，将来的にはメダカ米の作付けを13haまで拡大する意向をもっている。

門崎ファームで生産されるメダカ米は，同組織の主食用米とは販路が異なっている。2016年度の主食用米は2,400袋が収穫され，まず組合員に対して生産費とほぼ同額で販売される。この組合員に対する販売量が800袋である。組合員に販売されたあと，地域内の飲食店に100袋，次に川崎村の道の駅で30袋が販売される。そして最後に，いわて平泉農協に1,470袋が出荷される。

このように主食用米は，米の生産費と同額で

211

第14図　物産展でのメダカ米の販売

の組合員に対する販売量が多いこと，飲食店や道の駅での直接販売量が少なく，いわて平泉農協への出荷が販売量の過半を占めることから，主食用米だけで十分な農業収益を確保することは困難な状況にある。

一方，メダカ米は2016年度に1,000袋が収穫され，一関市内や東京都内において複数店舗を展開する飲食店に300袋が直接販売されている。この次に200袋がいわて平泉農協を通じて大阪府の米穀業者に販売され，門崎ファームで300袋が利用されている。門崎ファームで利用されるメダカ米はインターネットでの販売や，東京都内や岩手県内で開催される物産イベントで販売されている（第14図）。

この物産イベントでは田植え体験などの写真の掲示に加えて，門崎地区に生息するメダカも水槽で展示している。液体酸素を使用してメダカを輸送するだけでなく，用水路の水も輸送しているため，メダカの展示には多くの労力がかかる。しかし，メダカを展示することによって，特別栽培米という栽培方法による付加価値化に加え，豊かな自然や環境保全を端的に示すことによる付加価値化が果たされている。メダカは門崎地区の農業や環境を表わすシンボルとして利用されているのである。残りのメダカ米の収穫量200袋はいわて平泉農協に出荷されている。

メダカ米は主食用米とは異なり，その多くが直接販売されている。そのため，メダカ米は主食用米と比較して値段を高く設定することが可能であり，玄米30kgのメダカ米は1万1,000円で販売され，門崎ファームの農業経営の重要な収入源となっている。

6. 米価低落下の水田利用再編への取組み

岩手県一関市の地域営農組織である門崎ファームを事例に，地域営農組織の存立構造を，組織の水田利用に注目して検討した。門崎ファームは大規模な基盤整備事業を契機として設立され，基盤整備農地の大部分でオペレーター層が水稲と米の生産調整部分を団地化して作付けしている。こうした土地利用型作物の作付けの効率化は，基盤整備された農地を門崎ファームが借り上げ，オペレーター層，自作農家層という順で，利用する農地を再配分することによって達成されている。

このように門崎ファームは，序列を設けた農地の再配分によってオペレーター層の稲作の作業効率を高めるとともに，自作を希望する農家の作付けも継続させている。

農地の効率的な利用を達成するだけではなく，門崎ファームは米価の低落に対して環境保全型農業の取組みと，直接販売による米の付加価値化によって対応している。この環境保全型農業の取組みでは，特別栽培米の認証を取得するだけではなく，門崎地区の水田に生息するメダカを地域農業のシンボルとして活用し，農業体験や物産展などに積極的に取り組んでいる。こうした取組みによって東京ステーションホテルなどの新たな販路が生まれており，門崎ファームは首都圏への販路を今後も拡大させていく意向をもっている。

門崎ファームのメダカをシンボルとする稲作への取組みは，特別栽培米の認証が米の価格を保持する機能を必ずしももっているわけではない（小金澤ら，2010）という課題に対し，特別栽培米間での差別化をはかる取組みであると捉えることができる。

門崎ファームの農業経営は，地域営農組織を中心とする農地利用の効率化と，農作物の認証

制度およびメダカという地域農業のシンボルを用いた付加価値化によって米価低落下の水田利用を再編しようとする取組みである。また，こうした取組みは門崎ファームが門崎地区内の農家の意向を最大限尊重し，地域農業をまとめてきたからこそ可能となっている。農地利用の効率化と農作物の付加価値化が求められている現在，門崎ファームの農業経営から，地域に立脚した営農組織の重要性が指摘できる。

　執筆　庄子　元（青森中央学院大学）

参 考 文 献

阿部和夫. 1970. 砂鉄川流域の土地改良と農業の変

貌. 東北地理. 22, 197—203.
市川康夫. 2011. 中山間農業地域における広域的地域営農の存立形態—長野県飯島町を事例に—. 地理学評論. 84, 324—344.
川崎村. 2005. 川と人の軌跡. 川崎村.
小金澤孝昭・庄子元・青野快. 2010. 宮城県における環境保全農業の展開と定着. 宮城教育大学環境教育研究紀要. 12, 85—94.
小林恒夫. 2005. 営農集団の展開と構造. 九州大学出版.

減収しない
転作ダイズ

地下水位制御システム「FOEAS」における弾丸暗渠の機能

(1) 弾丸暗渠の役割

　FOEAS（フォアス）は排水口側に設置されている水位制御器を操作することによって、圃場の地下水位を上下させ、作物の生育状況に応じて最適な水分状態を維持することを目的としてつくられたシステムである。地下灌漑を行なう場合、用水の流れは給水栓を起点に暗渠管（本暗渠）、本暗渠直上の疎水材、弾丸暗渠、表層全体へと行き渡る。地下排水（暗渠排水）の場合は、田面の湛水は、土壌中の間隙、弾丸暗渠、本暗渠直上の疎水材、本暗渠へと流れ、水位制御器を通って排水路に到達する。

　灌漑の場合も排水の場合も、水の流れがどこかで阻害されると、耕作者が企図した水管理を行なうことができなくなる。とくに、FOEASの効果を発揮させるうえで重要な役割を担っているのが弾丸暗渠である。その理由として2点あげられる。

　第1点は圃場内の設置密度が高いことである。弾丸暗渠は1m間隔で設置されており、本暗渠の約10m間隔と比べて数が多く、水の流れは弾丸暗渠に大きく依存している。たとえば、望月ら（2013）は、FOEASが施工された2つの圃場のうちの一方の地下水位を田面下300mm、他方を田面下600mmに設定したところ、平年を上まわる降雨時にも両圃場とも表面湛水を生じさせず、隣接するFOEAS未施工圃場と比べて良好な排水が認められたことを報告している。

　第2点は、弾丸暗渠が設置されている深さが比較的浅いことである。弾丸暗渠は田面から約300mmの深さに設置され、下端が深さ600mmとなるよう設置されている本暗渠に比べて浅い（第1図）。すなわち、水が弾丸暗渠を円滑に流れることによって、根群域に近い領域の水分状態に影響を与え、水位制御器で設定された地下水位を的確に反映させることができる。実際に、作物への適用研究として、竹田・佐々木（2013）は、水田畑作でのダイズ栽培（品種：サチユタカ）では、FOEAS圃場において梅雨期に播種した場合には排水性が、梅雨後の播種では保水性が優位に働き、苗立ち率の向上が認められたことを報告している。

　一方、FOEASのなかで耕作の影響を受けやすい場所も弾丸暗渠であり、栽培する作物や地下水位制御の方法によって、弾丸暗渠の機能の持続性が変化する。冠ら（2007）は、水稲、ムギ、ダイズによる水田輪作が行なわれている圃場を対象に断面調査や浸透に関する調査を行なっている。その結果、圃場の排水性は、弾丸暗渠施工部分の浸透能と、畑作時に発達する弾丸暗渠を施工していない部分の浸透能の増加によって向上し、代かきによって両者が低下することを示している。また、鈴木ら（2014）は、FOEAS施工直後のダイズ作で地下水位を田面下250mmに設定した圃場と、田面下600mmに設定した圃場の土壌中の粗大孔隙を比較した。その結果、施工から1年半経過後に、前者の粗大孔隙のほうが縮小することによって浸透能が

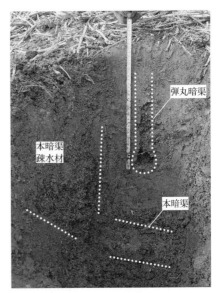

第1図　FOEAS圃場の断面
本暗渠と弾丸暗渠は直交している

低下し，湿害の影響を受けやすいオオムギ作では収量が低下したことを報告している。

以上のように，弾丸暗渠の通水性を意識した栽培方法や地下水位制御を行なうことが，FOEASの機能を十分に発揮させるうえで重要である。以下では，FOEASを用いた灌漑と排水のそれぞれについて，その機能と機能を発揮させるための留意点を述べる。

(2) FOEASによる地下灌漑

①地下灌漑の活用

にわか雨の直後のように，圃場全体が湿潤状態になるが，湛水している部分がない状態を水管理で実現するためには，地下灌漑は有効な手段となる。すなわち，水田畑作や水稲における乾田直播栽培の苗立ち期（生育初期）などの灌漑方法として地下灌漑が行なわれる。

地表灌漑の場合，取水の状況を目視で確認することができる（第2図）。一方，地下灌漑の場合は取水の状況を目視で確認することが困難であり，圃場に供給された水量を判断することは容易ではない。そのため，地下灌漑を何度か試行し，感覚をつかむことが求められる。実際に地下灌漑を経験すると，地表灌漑と地下灌漑を併用して日常の水管理を行なうことが可能になる。

以下では，乾田V溝直播栽培の生育初期に地下灌漑を行なった場合の時間変化を視覚的に捉えた結果を示す。具体的には，小型無人航空機（DJI製：F550）にデジタルカメラ（GoPro製：HERO2）を装着し空中写真を撮影した。撮影は地下灌漑開始から，47，72および141分後に行なった。オルソ補正（正射投影により空中写真の歪みを補正）後，土壌表面が湿潤状態に達したと判定できる領域（以下，湿潤域）を特定し，地理情報システム（ESRI製：ArcGIS 10.4.0 for Desktop Basic）を用いて湿潤域の面積（以下，湿潤面積）を算出した。取水強度は一定とし，150分間に13.4mmの地下灌漑を行なった。水位制御器の設定水位は田面と同じ高さとした。なお，撮影を行なった圃場に施工されているFOEASは水位制御器のみがあり，水位管理器（取水側のフォアス枡）のないタイプである（第3図右）。

②地下灌漑時の湿潤域変化

地下灌漑中の撮影画像と湿潤域の描画を第4図に示した。また，圃場の短辺を2分割，長辺を3分割し，6つに分けられた領域ごとに湿潤

第2図　地表灌漑の例（取水口側が湛水する）

第3図　水位管理器ありタイプ（左）となしタイプ（右）

地下水位制御システム「FOEAS」における弾丸暗渠の機能

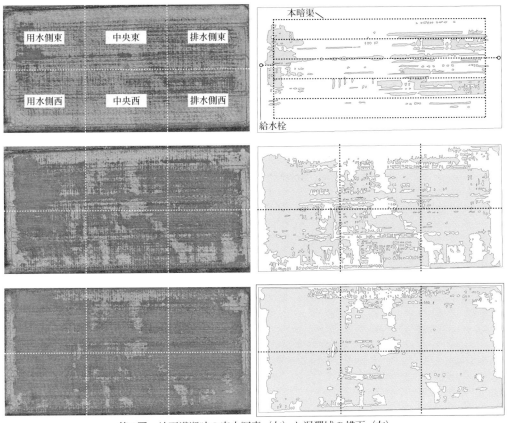

第4図 地下灌漑時の空中写真（左）と湿潤域の描画（右）
上：地下灌漑開始47分後，中：地下灌漑開始72分後，下：地下灌漑開始141分後

面積の割合（以下，浸潤面積割合）を求め，経過時間ごとの割合を第5図に示した。なお，地下灌漑開始から150分後には湿潤域は圃場全体に達していた。

第4図を概観すると，47分後にはすでに6つの領域のすべてに湿潤域が見られ，時間の経過とともに湿潤域が拡大しているようすが確認できる。詳細に見てみると，本暗渠の直上付近は相対的に早く湿潤域が到達し，本暗渠周辺に湿潤域が拡大していくようすが見られる。本暗渠から離れている畦畔近傍は給水栓付近（第4図の左側）であっても湿潤域の到達がおそい。

第5図によると，圃場中央部は他の領域と比較して湿潤域の到達がおそいが，これ以外の領域の湿潤面積割合は，47分後には10〜20％，72分後には50〜60％，141分後には約80％に

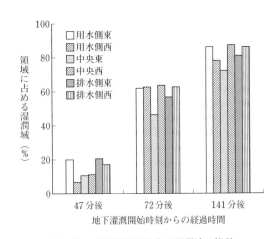

第5図 地下灌漑開始後の湿潤域の推移

219

減収しない転作ダイズ

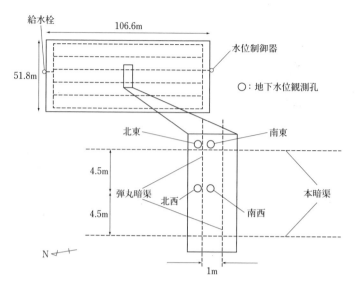

第6図　地下水位観測孔の配置
弾丸暗渠は圃場全体に1m間隔で施工されている

達し，灌漑開始から150分後までに全体が湿潤状態となっている。また，領域による浸潤面積割合の差は小さく，圃場全体にまんべんなく用水が行き渡っていることがデータからも示されている。

本研究と同じように，湛水深が大きくない粘質の圃場で，長辺長が100m程度であれば，地表灌漑による取水開始から排水路側に到達するまでは，同程度の時間を要するため，灌漑方法の違いによる時間の差は見られないと考えられる。ただし，地表灌漑では排水路側に用水が到達するまでは，給水栓側が湛水状態になることは避けられない（第2図参照）。一方，地下灌漑の場合は，ほとんど湛水状態を生じさせることなく圃場全体に湿潤状態をつくりだすことが可能である。したがって，FOEASには乾田直播栽培を行なう基盤として優位性があると考えられる。

③地下灌漑時の地下水位変化

地下灌漑では，数時間で圃場を均一に灌漑できるが，灌漑開始直後には圃場内でのバラツキが見られる。この原因は，冒頭に記述したとおり，地下から供給された用水は暗渠管（本暗渠），本暗渠直上の疎水材，弾丸暗渠，表層全体の順に流れるためである。以下では，本暗渠，弾丸暗渠の位置関係によって，地下水位の変化が異なることを示したうえで，地下灌漑を行なうさいの水位設定に関する留意点を示す。

第6図には，特徴の異なる4点の位置関係を示した。第1点は本暗渠と弾丸暗渠が交差する地点付近（第6図下図の北東）である。第2点は，本暗渠直上付近，かつ，平行する2本の弾丸暗渠の中間地点（同，南東）である。第3点は弾丸暗渠直上付近，かつ，平行する2本の本暗渠の中間地点（同，北西）である。第4点は本暗渠と弾丸暗渠のそれぞれの中間となる地点（同，南西）である。これら4点に加え，給水栓付近の暗渠立ち上げ管と水位制御器内に水位計を設置し，地下灌漑時の水位を計測した。

第7図に地下灌漑時の取水量と観測孔地点の地下水位の経時変化を示した。各点の水位は均一には上昇せず，水移動が容易な地点を用水が優先的に移動していることがわかる。すなわち，地下灌漑開始後は水位制御器および給水栓付近の水位が最初に上昇する。次に本暗渠と弾丸暗渠が交差する地点（第7図の北東）で水が満たされ，その後，弾丸暗渠と交差していない本暗渠（同，南東），本暗渠と交差していない弾丸暗渠（同，北西）の水位が順に上昇する。最後に，本暗渠や弾丸暗渠から離れた地点（同，南西）が上昇している現象が捉えられた。

地点による水位の変化が異なる原因として，透水性の違いが考えられる。水位制御器および給水栓付近は本暗渠管内の水位であり，水移動がもっとも容易であるため灌漑開始直後から水位上昇が見られる。本暗渠の直上では疎水材中を上昇し，弾丸暗渠では上昇した用水が水平方向に移動する。最後に本暗渠や弾丸暗渠からも離れた地点では，晴天による乾燥や小動物などにより掘削された亀裂，および，一部田面への

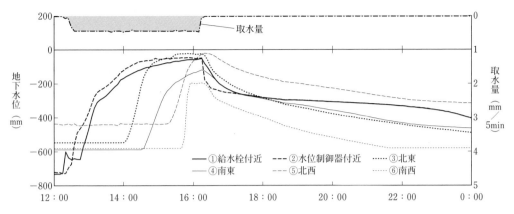

第7図　地下灌漑時の取水量および観測孔地点の地下水位の経時変化
図中の方角③〜⑥は第6図の地下水位観測孔の位置と同じである

湧出を経て水平方向の水移動が生じていると考えられ，場所による違いが大きい。

第7図のとおり，調査地区の土壌分類である細粒質グライ化灰色低地土のように透水性が低い圃場では，土壌中の水平方向の水移動が緩慢であると考えられる。すなわち，地下灌漑により圃場全体の水位が企図する水準まで到達するには，水位制御器内の水位が設定水位に達してから数時間を要する。当地区に水位管理器は設置されておらず自動で取水が停止される状態ではないため，水位制御器からの越流は観測されたが，取水を継続することが可能であった。

水位管理器が設置されている場合，設定水位に到達すると自動で取水が停止される。取水の停止を判断するのは給水栓付近の水位であるため，圃場全体に用水が行き渡る前に取水が停止される可能性がある。その場合，本暗渠から土壌への水移動が進み，水位管理器付近の水位が低下するまでは取水が再開されず，圃場全体が設定水位に到達するまでに取水の停止と再開が繰り返されることにより，長時間を要する可能性がある。したがって，設定水位を目標よりも高くするなど，圃場の透水性に応じて地下灌漑の方法を調整する必要がある。

(3) FOEASの排水機能

圃場からの排水は，地表排水と地下排水に分けられる。稲作時の強制落水や降雨強度の大きい雨水の排除は地表排水がおもな経路となる。一方，畑作時において圃場に散在する湛水や土壌中に溜まる過剰な水分の排除は，地下排水がおもな経路となる。FOEAS圃場の地下排水は，本暗渠の直上にある疎水材部分と弾丸暗渠の直上にあるスリット部分がおもな経路となる。FOEAS施工から年数が経過するとスリット部分が閉塞し，透水性（排水機能）が低下することが予測される。以下では，現場透水試験と降水前後の地下水位変化を計測することによってFOEASの排水機能を評価した。

具体的には，圃場整備によりFOEASが施工されてから9年が経過した圃場を選定した。FOEASでは，スリット部分に籾がらが充填されている弾丸暗渠（以下，旧施工暗渠）と，充填されていない弾丸暗渠が交互に施工されている。試験では後者を籾がら暗渠施工機（スガノ農機製：モミサブロー）により再施工した（以下，再施工暗渠）。

旧施工暗渠と再施工暗渠の排水性を比較することで，FOEAS整備による弾丸暗渠が施工直後の弾丸暗渠に比べてどの程度変化しているかを評価した。

①現場透水試験による評価

再施工直後から2年後にかけて現場透水試験を4回実施した。試験時には，耕うんなどの影響を除くために，作土層を取り除いて耕盤層を露出させた状態で，内径20cmのシリンダーを

減収しない転作ダイズ

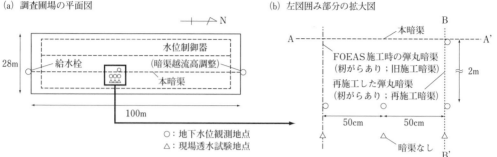

(a) 調査圃場の平面図
(b) 左図囲み部分の拡大図
(c) A-A'の断面図
(d) B-B'の断面図

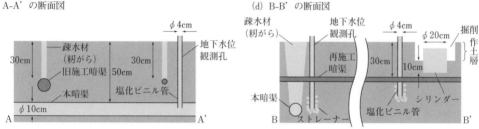

第8図 圃場および現場透水試験・地下水位の観測地点の配置

第9図 現場透水試験のようす

10cm打ち込んだ（第8図d）。結果は，計測開始からの経過時間 T (min) と積算浸入量 D (mm) を用いて，次式によりベーシックインテークレート Ib (mm/h) を求めた。

$$Ib = 60Cn\{600(1-n)\}^{n-1}$$

ここに，C, n は D と T の関係に $D = CT^n$ を当てはめ，最小二乗法により得られた定数である。測定地点は，長辺の中間付近かつ本暗渠で挟まれた範囲のうち，旧施工暗渠および再施工暗渠の直上，ならびに，両観測地点の中点（以

下，「暗渠なし地点」と記述）の計3か所である（第8図b，第9図）。

第10図に再施工直後および各作物収穫後の Ib の変化を示した。再施工暗渠，旧施工暗渠ともに暗渠なし地点に比べて大きな値を示した。後述するように，暗渠の排水性に大きく寄与するのは暗渠上部に位置するスリットの残存状況（庄司ら，1959）である。現場透水試験では再施工暗渠および旧施工暗渠のスリット部分を含めた透水性を計測した。すなわち，評価対象である旧施工暗渠に関して，FOEAS施工から11年が経過した時点におけるスリットを含む暗渠の排水機能を評価したものである。

全地点に共通する Ib の変化として，再施工直後に比べてオオムギ収穫後（再施工から8か月後）には上昇が見られた。その後，ダイズ1作目の収穫後（同，1年後）には低下し，ダイズ2作目の収穫後（同，2年後）に再び上昇した。

弾丸暗渠の排水性が低下する原因として，庄司ら（1959）は以下の7点を指摘している。すなわち，1）施工時のスリット部からの土砂流入，2）排水路が浅い地区における排水口から

の浸入, 3) 施工不良による暗渠の不等沈下, 4) 排水路水位を排水口よりも高い状態で放置, 5) 機械作業による踏圧, 6) 作物根の侵入, および, 7) 小動物の侵入である。

これらのうち, 1) 〜 4) についてはFOEAS整備地区には当てはまらず, 調査圃場において弾丸暗渠の排水性が低下する原因として考えられる要素は, 5) 機械作業による踏圧, 6) 作物根の侵入および7) 小動物の侵入である。作付け体系は再施工後において同一 (ダイズとオオムギの連作) であること, および, 小動物の影響が半年から数年で変化する可能性が低いことを考慮すると, 機械作業による影響が考えられる。再施工後1年目のダイズ作の夏季には降雨が多く観測されたことにより, 圃場が他年度と比較して湿潤状態で収穫作業などの機械作業が行なわれたため踏圧の影響が大きく, 排水性が低下した可能性が考えられる。そのため, ダイズ1作後の現場透水試験では全地点で排水性が低下したと考えられる。

暗渠直上の透水性は, 疎水材や孔隙の減少により経年的に低下すると考えられる。一方, 暗渠なし地点の透水性は, 暗渠設置後の構造発達により, 上昇すると考えられる。ダイズ2作後には全地点でIbが回復していることから踏圧による透水性の減少は一時的であったと考えられる。

調査圃場ではFOEAS整備後5年目と9年目 (調査開始直前) に移植による稲作が行なわれたが, FOEAS (旧施工暗渠) 整備から11年が経過した時点 (再施工から2年後) のIbは, 再施工後に畑作を2年継続した弾丸暗渠と同程度の透水性であった。すなわち, 第10図の結果は, FOEAS整備により施工された弾丸暗渠は施工後10年以上経過しても, 施工後数年の弾丸暗渠と同程度の高い排水性をもっていることを示している。

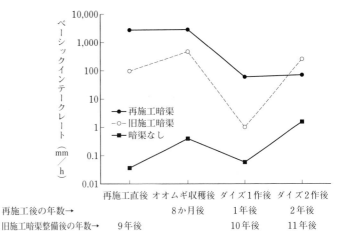

第10図 弾丸暗渠再施工後のベーシックインテークレートの推移

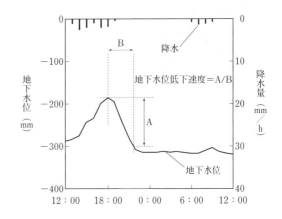

第11図 地下水位低下速度の定義

②地下水位変化による評価

降水時に地下水位が弾丸暗渠の深さに相当する田面下300mmを下まわるまでに要した時間を排水性の指標として, 本暗渠, 第10図と同じ各弾丸暗渠および暗渠なし地点を比較した。具体的には, 第11図に示すように, 降水開始後にもっとも地下水位が高くなった時刻と地下水位を起点とし, 地下水位が田面下300mmを下まわるまでの時間, および, 低下した地下水位から地下水位低下速度を求めた。分析対象は, 1降水イベントの総降水量が10mm以上, かつ, 同一降水イベント中に全地点の地下水位

減収しない転作ダイズ

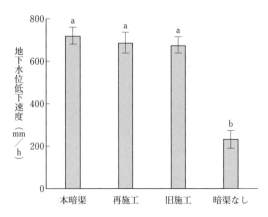

第12図　観測地点ごとの地下水位低下速度
棒グラフは平均値を示し，棒グラフ上端の縦線は標準誤差を示す．また，図中の異なる英文字はTukeyの多重検定により有意水準1%で統計的な差があることを示す

の最大値が−300mmを上まわった降水イベントとした．なお，分析期間（約1年間）には降水イベントが合計71あり，そのうち上記の基準を満たした21の降水イベントを分析に用いた．

　第12図には，分析を行なった降水イベント当たりの地下水位低下速度の平均値と標準誤差を観測地点ごとに示した．現場透水試験と同様に，地下水位低下速度は暗渠なし地点と比べて再施工暗渠，旧施工暗渠とも十分に大きな値を示し，いずれの暗渠地点においても降水の排除が速やかに行なわれているといえる．また，旧施工暗渠は，本暗渠と再施工暗渠の地下水位低下速度と有意な差が見られず，両者は同等の排水性をもっている可能性が高い．すなわち，FOEAS整備に伴って施工された弾丸暗渠は施工後10年が経過した状態であっても，営農作業による施工後1年未満の弾丸暗渠と同等の排水性をもっていると考えられる．

　留意点として，試験を行なった圃場では転作が中心の作付け体系であったため，代かきなどによる弾丸暗渠スリット部分の劣化が抑制された可能性がある．作目により劣化の速さが異なるため，排水性が低下した場合は，弾丸暗渠の追加や本暗渠疎水材の入れ替えなどによって対処することが望まれる．

　　執筆　坂田　賢（農研機構中央農業研究センター
　　　　　北陸研究拠点）

参 考 文 献

冠秀明・岩佐郁夫・星信幸・加藤誠．2007．水田輪作における弾丸暗渠の排水効果持続性と施工意義．農業農村工学会論文集．**250**，107—115．

望月秀俊・竹田博之・松森堅治・奥野林太郎・亀井雅浩．2013．ダイズ作付期間中の深さ別土壌水分量の変化による地下水位制御システム（FOEAS）の機能評価．農業農村工学会論文集．**286**，51—57．

坂田賢・大野智史・加藤仁・鈴木克拓・横山浩．2017a．地下水位制御システムを利用した地下灌漑時における湿潤域・地下水位の経時変化と水収支．農業農村工学会論文集．**304**，I_129—I_135．

坂田賢・谷本岳・大野智史・鈴木克拓．2017b．重粘土転換畑における地下水位制御システム整備で施工された弾丸暗渠の排水性．農業農村工学会論文集．**304**，II_1—II_6．

庄司英信・長崎明・石川武男・涌井学．1959．もぐら暗キョに関する研究（III）—主として水田におけるキョ孔の耐用性について—．農業土木研究．**27**（3），1—7．

鈴木克拓・大野智史・谷本岳．2014．多雪重粘土地帯の地下水位制御システム圃場における不耕起V溝直播水稲—冬作大麦—大豆2年3作体系下での水・窒素・リン・懸濁物質の流出．土壌の物理性．**127**，19—29．

竹田博之・佐々木良治．2013．転換畑ダイズ不耕起栽培における地下水位制御システムを利用した梅雨期および梅雨明け後播種栽培．日本作物学会紀事．**82**（3），233—241．

関東地域 FOEAS 圃場でのダイズ不耕起狭畦栽培

1. FOEAS および不耕起栽培のねらい

(1) 水田転換畑でのダイズ栽培

最近の25年間のダイズ平均単収は日本では約164g/m²で，ダイズ主要生産国であるアメリカ合衆国の約260g/m²，ブラジルの約240g/m²と比較すると約100g/m²も少ない。また，アメリカ合衆国，ブラジルなどのダイズ単収がここ数十年間で着実に増加しているのに対し，日本のダイズ単収はほぼ横ばいまたは低下してきているのが現状である。最近の報告では，アメリカ合衆国で1,000g/m²以上の収量を上げた事例も報告され，その差が著しい（島田ら，2012）。

日本ではダイズ栽培の約80％以上が水田転換畑で行なわれている。水田は，灌漑水の供給，あぜの形成，代かきなどによって湛水が可能であり，水稲生産に特化している圃場である。したがって，ダイズなどの畑作物を水田で栽培する場合は，土壌が湛水するときに酸素が欠乏し，湿害，生育不良，収量や品質の低下が生じるので，圃場の排水性を良好にして作土を好気的に保つ必要に迫られる。また，関東地域では生育前半が梅雨に遭遇することが多いので，根の発達が十分でなく生育が貧弱な場合がある。

結果として，日本の水田転換畑でのダイズ生産は，梅雨時期の湿害や夏季に起こる乾燥害による両方のダメージで生産性を高めることがむずかしい状況にある。しかし，一部ではあるが，水田転換畑で多収になった例も存在する（大沼ら，1981；中世古ら，1984；島田ら，1990）。

アメリカ合衆国の多収事例のほとんどは畑作のトウモロコシとの輪作であることを考えると，日本と状況はかなり異なるといえよう。日本の場合は水田転換畑での栽培であり，大部分の転換畑での単収は低く，安定しておらず，水田転換畑でのダイズ栽培の多収化，安定化をはかる栽培技術の開発が求められている。

(2) FOEAS の概要

水田で畑作物を栽培する場合には湿害対策が重要であり，これまでは額縁明渠や暗渠排水などが施工されてきた。しかし，畑作物には湿害対策としての排水だけでなく給水も必要になる場合があり，盛夏の時期には灌水も重要な技術となっている。

近年開発された地下水位制御システム（FOEAS：farm-oriented enhancing aquatic system）は従来の暗渠排水とは異なり，農家圃場での地下水位コントロールを可能にし，排水と用水供給も可能にした（藤森，2007）。これは，地下に埋設した有孔管（本暗渠）などと給水・排水制御装置を組み合わせることにより，圃場内の地下水位を地表の＋20cm（田面より上）から－30cm（地下水位）まで任意に設定できるシステムである（詳しくは藤森（2007），独立行政法人農研機構（2009），藤森（2013）の文献参照）。

このFOEASを敷設した実験圃場（有底）において，本システムを用いた地下水位の制御により，光合成，窒素固定能などが向上し，結果としてダイズの収量が増加すると報告されている（Shimada et al., 2012）。また，ダイズの生長や光合成速度は地下水位により影響を受けることや，多収を得るためには最適な地下水位深があることも知られている。

以上のことから，FOEASによる湿害回避と干ばつ回避技術の確立により，ダイズの物質生産を向上させ，増収に貢献できることが期待されている。

(3) 不耕起栽培の概要

関東地域ではムギ類とダイズの二年三作体系が大半を占め，ムギ類の収穫とダイズの播種が梅雨時期にあたるために，降雨によりダイズの播種作業が遅れやすい。また，前作ムギとの作業の競合による播種作業遅延の回避技術として，耕うんを省くことができ，降雨後でも地耐力が高い条件で播種できる水田転換畑での不耕起栽培が検討され，適期播種による安定生産が試みられている（長野間，2000；濱口ら，2004）。

しかし，不耕起栽培は平らな田面に播種溝をつくり播種するため，排水対策が十分でない場合，溝やゆがみに水が溜まり湿害が生じやすい。つまり，不耕起栽培を成功させる基本原則は，圃場の均平性と明渠と暗渠を組み合わせた徹底した排水，湿害対策である（濱口ら，2004）。

加えて，不耕起栽培にとってのもうひとつの問題は除草である。不耕起栽培の場合，雑草対策はダイズによる抑草効果と除草剤に依存する。そのため，ダイズの抑草効果を上げるためには栽植密度を高める必要があり，一般的にはより早く圃場表面を覆う狭畦栽培が実施される（濱口ら，2004）。濱口らは中耕培土を省略した不耕起栽培，不耕起狭畦栽培で慣行耕起栽培と同等以上の収量を得ることができると報告している（濱口，2005）。

排水性に優れたFOEASを使用した場合，1mごとに補助孔（弾丸暗渠）が施工されているため，不耕起栽培での主要な課題である圃場の排水性が期待できるので，この組合わせには新たな排水作業を行なわずに安定生産が行なえる可能性がある。また，不耕起栽培では雑草防除の観点から，うね幅30cm程度の狭畦栽培が広く実施される。不耕起とうね幅によるそれぞれの効果は必ずしも明確とはなっていないが，省力的な栽培方法，狭畦による雑草防除効果，中耕培土省略など，考えられる利点からはお互いの相性は良いのではないかと推測される。

2. FOEAS 試験の概要

(1) 圃場と栽培方法

筆者らは，茨城県つくば市内の農家圃場のFOEASで2010 〜 2012年に栽培実験を行なった。圃場は黒泥土（埴壌土）で，作付け体系は水稲―コムギ―ダイズ―コムギ―ダイズの3年5作の水田転換畑で行なった。対照圃場はFOEAS圃場に隣接する圃場を用い，2010年は本暗渠なしで明渠による排水対策を実施した圃場，2011年と2012年は本暗渠施工圃場に額縁明渠と弾丸暗渠を5mごとに施工した圃場を用いた。施肥などの栽培基準は慣行栽培に準じた。FOEAS圃場は播種後，地下水位を地表下−30cmに設定し，基本的に8月31日までは給水した。対照圃場は本暗渠管を生育期間中，常に開放とした。

施肥，播種作業を容易にするため，前作のコムギのコンバイン収穫後にストローチョッパによって刈り株跡，残存する麦稈の粉砕を行ない，その後，慣行ロータリ栽培，ロータリ狭畦栽培，不耕起狭畦栽培の3処理を設けた。

慣行ロータリ栽培はうね幅0.7m，株間0.15mの2粒まき，栽植密度19.1本/m²で，ロータリーシーダ（播種幅2.1m，NIPLO，松山株式会社）を用いて，事前耕起せずに耕起深約13cmの深さで正転ロータリで耕うんしながら1工程で播種した。

ロータリ狭畦栽培は，うね幅0.3m，株間0.14mの1粒まき，栽植密度23.8本/m²で，同じロータリーシーダを用い，播種幅1.8mで播種した。

不耕起狭畦栽培はうね幅0.3m，株間0.14mの1粒まき，栽植密度23.8本/m²で，不耕起播種機（播種幅1.8m，NSV600，松山株式会社）で播種した（濱口，2005，第1図）。

(2) 圃場の地下水位・土壌水分

試験を行なった3年間では2010年7月後半から9月の初めと，2012年の7月後半から8月後

第1図　不耕起狭畦栽培の播種作業のようす

半まではとくに高温少雨の期間で、ほぼ1か月程度雨が降らなかった。それに対し、2011年は6、7、8月の降水量が多く、適度なタイミングで降る比較的冷涼な夏であった（第2図）。

実際の地下水位のデータをみると、どの年も、台風などで短期間に著しい降雨があった場合は一時的に地表面に水が滞ることもあったが、おそくとも2、3日以内には水面は低下した。対照圃場と比較するとFOEAS圃場では各年とも灌漑水が供給されている間は、地下水位が対照圃場よりも高く維持されていた（第3図）。

以上のようにFOEASによる圃場の水分含量のコントロールはおおよそ可能であり、関東地域でも乾燥にも湿害にも対応した土壌水分を示すことが確認できた。

3. FOEAS圃場での栽培方法の違いによる影響

(1) 生育と収量

出芽・苗立ちが良好である場合、不耕起栽培のダイズ、とくに不耕起狭畦栽培のダイズは栽植密度が高いこともあり、慣行の栽培と比較して初期から生育が旺盛になることが多い。実際、FOEAS圃場での子実肥大期（R5）の生育量を調査した結果でも、不耕起狭畦栽培の生育量は、2010年のみではあるが、慣行ロータリ栽培より有意に高かった。また、ほかの年も不耕起狭畦栽培で大きい傾向があった（第4図）。作物体の全窒素含量にも同様な傾向があった。

以上のことからFOEAS圃場では、不耕起狭畦栽培がほかの2つの栽培方法よりも成績が良かった。

収量・収量構成要素をみると、2010、2011年度の不耕起狭畦栽培は、収量、莢数、全乾物重で慣行ロータリ栽培より有意に高く、2012年は不耕起狭畦栽培が、収量、全乾物重でロータリ狭畦栽培より有意に高かった（第1表）。また、青立指数には3年間のどの年にも有意差がなかったが、不耕起狭畦栽培が3か年ともにもっとも低かった。したがってFOEAS圃場では、慣行ロータリ栽培より狭畦栽培、とくに不耕起狭畦栽培により単位面積当たりの乾物重（バイオマス）が増加し、それを通じて収量・収量構成要素が増加することで有意な増収効果がみられた（第5図）。

同様な結果が2007〜2009年の試験でも確認され、FOEAS圃場における不耕起狭畦栽培が慣行ロータリ栽培よりも多収になったと報告されている（島田ら，2017）。

一般的には、不耕起栽培の収量は耕起栽培に及ばないことも多い。その場合は、成熟期の落葉の状況（青立ちなど）、収量構成要素の調査などから、不耕起栽培（不耕起狭畦栽培を含む）が水ストレスの影響を強く受け、開花期・着莢期に十分に水分を確保できなかったと推測される。しかし今回の試験のFOEAS圃場の場合は水分コントロールが可能であるため、水ストレスの状態がない、または水ストレスの影響が少なかったため、同程度以上の収量になったと考えられた。

また、実際の収量と考えられるコンバインでの収量も調査した。コンバイン収穫では倒伏による刈り損じや裂莢による脱粒などの損失が発生するため、坪刈り収量とは異なる値を示すこともある。今回の試験の結果は、コンバイン収量でも栽培方法による違いが明瞭であり、不耕起狭畦栽培、ロータリ狭畦栽培、慣行ロータリ栽培の順番で有意に高かった（第6図）。

減収しない転作ダイズ

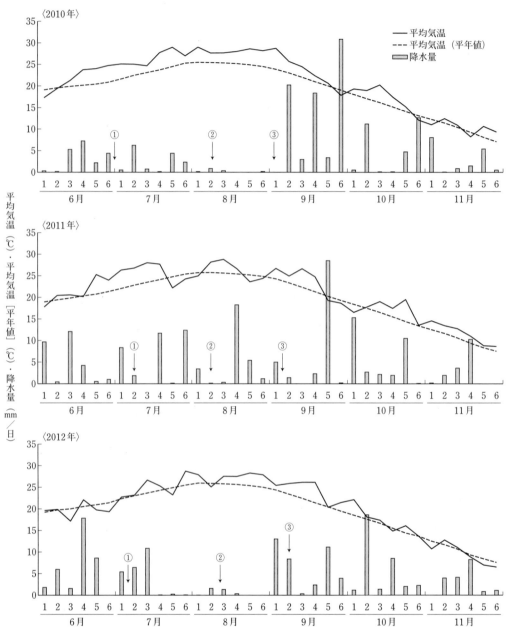

第2図 各年度の平均気温，平均気温の平年値，降水量を半旬ごとに平均した気象データの推移
(前川ら, 2016)

①播種日，②開花日，③子実肥大期 (R5)

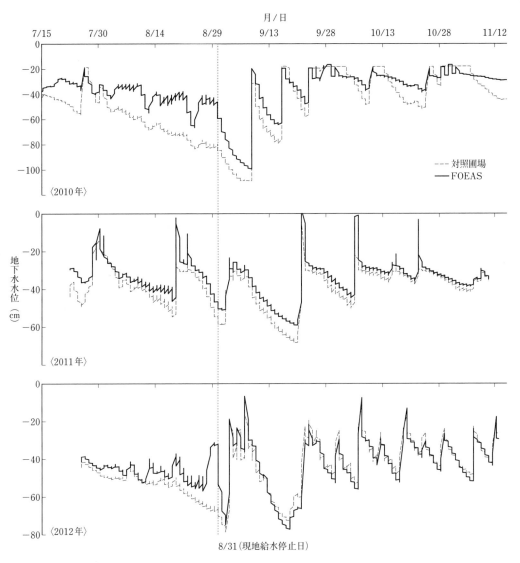

第3図　各年度のFOEAS圃場，対照圃場の地下水位の推移　　(前川ら，2016)

(2) 播種速度・出芽苗立ち

不耕起栽培は，作業速度が速いことがその大きな特徴である。今回の試験でも，どの年も不耕起狭畦栽培はほかの2つのロータリ耕栽培より有意に速く播種できた（第7図）。

また不耕起栽培では，収量や雑草防除の点からも苗立ちの安定化が重要なポイントとなる。速くまくことができたとしても，苗立ちが確保できなければ問題となる。一般的には不耕起播種では苗立ち不良となる原因が多数存在する（湿害，乾害，除草剤の薬害など）。

作業上のメリットとして，不耕起栽培は土壌の地耐力が高いために降雨後の作業開始が早く，出芽を阻害するクラストが形成されにくいため，降雨に強いことがあげられる。しかし，田面に播種溝をつくって播種する仕様上，播種溝に水が溜まりやすいので湿害を受けやすい。

減収しない転作ダイズ

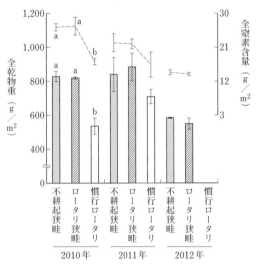

第4図　FOEAS圃場における栽培方法の違いが子実肥大始期（R5期）の生育量へ及ぼす影響　（前川ら，2016を一部改変）
処理間の同じアルファベット間には5％水準で有意差はない。事後検定はTukeyの多重検定を用いた。ただし，2012年はStudentのt検定を用いた
棒グラフ：全乾物重，折れ線：全窒素含量

第5図　不耕起狭畦栽培と慣行栽培の収穫期のようす
上：不耕起狭畦栽培，下：慣行栽培

第1表　FOEAS圃場における栽培方法の違いが収量，収量構成要素に及ぼす影響
（前川ら，2016を一部改変）

年度	栽培方法	収量 (g/m²)	百粒重 (g)	莢数 (個/m²)	全乾物重 (g/m²)	青立指数
2010	不耕起狭畦	301.7a	34.7a	467.0a	613.0a	2.78
	ロータリ狭畦	294.3a	34.8a	460.7a	635.7a	2.89
	慣行ロータリ	183.7b	32.1b	349.8b	487.7b	3.44
2011	不耕起狭畦	303.1a	35.4	490.3a	646.2a	3.67
	ロータリ狭畦	263.3ab	35.3	393.4b	550.2ab	4.17
	慣行ロータリ	205.3b	35.1	416.1ab	499.0b	4.17
2012	不耕起狭畦	387.0a	37.8	747.1	681.1a	3.00
	ロータリ狭畦	312.0b	37.9	494.2	588.4b	4.00
	慣行ロータリ	―	―	―	―	―

注　処理間の同じアルファベット間には5％水準で有意差はない。事後検定はTukeyの多重検定を用いた。ただし，2012年はStudentのt検定を用いた
収量，百粒重は水分を15％で換算した
青立指数は，0：無，1：微，2：少，3：中，4：多，5：甚を示す

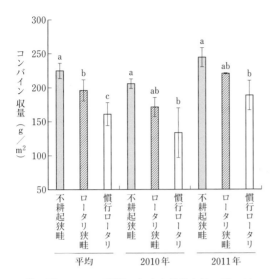

第6図 FOEAS圃場における栽培方法の違いが実際のコンバイン収量に及ぼす影響
(前川ら，2016を一部改変)
処理間の同じアルファベット間には5％水準で有意差はない。事後検定はTukeyの多重検定を用いた
コンバイン収量は，2012年度は測定しなかった

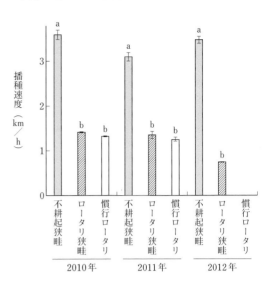

第7図 FOEAS圃場における栽培方法の違いが播種速度に及ぼす影響
(前川ら，2016を一部改変)
2012年の慣行ロータリ栽培は，播種機調整の失敗のためデータから削除
処理間の同じアルファベット間には5％水準で有意差はない。事後検定はTukeyの多重検定を用いた。ただし，2012年はStudentのt検定を用いた

3年間の試験結果では，不耕起狭畦栽培の苗立ち数および苗立ち率はほかの2つの栽培方法よりも有意に高くなった（第8図）。これは，FOEAS圃場で栽培した場合，すでに徹底的な排水対策が行なわれている圃場と条件が等しいため，不耕起栽培で良好な出芽・苗立ちに必要な条件をクリアしているためであると考えられた。

しかし注意する点として，一般的な不耕起栽培と同様に，枕地や圃場の一部には農業機械の走行や旋回のために土壌面に凸凹ができやすく，土が締まっていることがある。この場合，雨が降ると凹部に水が溜まりやすい（濱口，2005）。また，農道側の枕地は，収穫物搬出などのコンバインやトラクターの走行回数が多いことなどにより，いくらFOEAS圃場でも水が溜まりやすい可能性がある。このような点から，FOEAS圃場でも土面の均平性や弾丸暗渠の亀裂が保たれていること，その性能を実感

できる前提であることを強調したい。

乾燥による苗立ち不良は，播種溝の不良，種子の播種溝からの飛び出し，覆土不良などで種子が露出することで起こる。降雨がないため水分が不足する場合はFOEASによって水分を供給できるが，それ以外の播種時のトラブルは別の問題である。個別に対応する必要がある。

(3) 倒伏，残存雑草

中耕培土を省略する不耕起栽培では倒伏が増加するとの指摘もあるが，不耕起の溝播種は，地ぎわ部の土が硬く倒伏に強いともいわれている。また不耕起狭畦栽培は，ダイズの草型が徒長しやすいので，ダイズの倒伏に影響を及ぼすと考えられる。実際，FOEAS圃場で栽培方法の違いが倒伏に及ぼす影響を調査したところ，2010，2011年の両年の不耕起狭畦栽培は，ほかの栽培方法と比べても，主茎長が長いにもかかわらず倒伏指数は有意に低い傾向があるのに

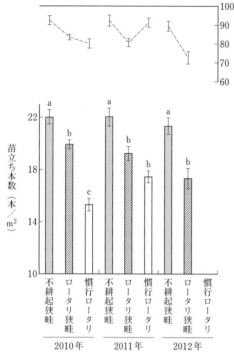

第8図 FOEAS圃場における栽培方法の違いが苗立ち数，苗立ち率へ及ぼす影響
(前川ら，2016を一部改変)

栽植密度の設定値は，不耕起狭畦栽培，ロータリ狭畦栽培：23.8本/m², 慣行ロータリ栽培：19.1本/m²
処理間の同じアルファベット間には5%水準で有意差はない。苗立ち率は逆正弦変換後に検定した。事後検定はTukeyの多重検定を用いた。ただし，2012年はStudentのt検定を用いた

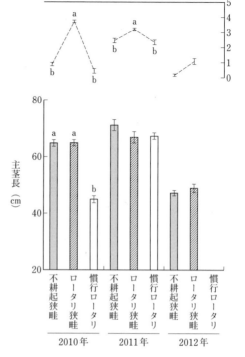

第9図 FOEAS圃場における栽培方法の違いが主茎長，倒伏指数に及ぼす影響
(前川ら，2016を一部改変)

処理間の同じアルファベット間には5%水準で有意差はない。事後検定はTukeyの多重検定を用いた。ただし，2012年はStudentのt検定を用いた
倒伏指数は，0：無，1：微，2：少，3：中，4：多，5：甚を示す

比べ，ロータリ狭畦栽培では著しく倒伏していた（第9図）。このように，不耕起狭畦栽培は慣行ロータリ栽培と同程度の耐倒伏性を示していた。

不耕起栽培は，播種前の非選択性茎葉処理剤と播種後の土壌処理剤，生育期の茎葉処理剤の散布による雑草防除が可能であるといわれている（野口・森田，1997）。本実験も，地域の慣行的な雑草防除体系にもとづいて行なった。また狭畦栽培は，播種後の苗立ちを十分に確保できれば，その後はダイズの葉による雑草抑制効果が発揮される。

FOEAS圃場での栽培方法の違いが残存雑草量に及ぼす影響を調査したところ，FOEAS圃場の不耕起狭畦栽培の子実肥大期の雑草の乾物重は，ロータリ狭畦栽培より有意に低かった（第10図）。収穫期でも同様であった。したがって，雑草の乾物重は不耕起狭畦栽培で常に低く，ロータリ狭畦栽培との間には有意差があった。

これは，FOEAS圃場ではダイズの苗立ちの確保が容易になるため，本来のダイズの雑草抑制効果が十分に発揮されているためと思われた。FOEASで土壌水分が適度にコントロールされるために，ロータリで耕起した場合は雑草の発生が旺盛になるのに比べ，不耕起狭畦では雑草量が少なくなったと考えられた。その点を考慮すると，不耕起狭畦栽培がFOEASではメ

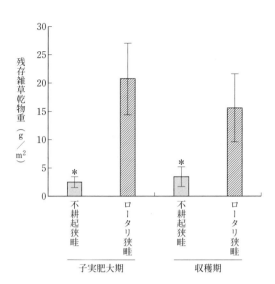

第10図 FOEAS圃場の狭畦栽培条件下での耕起方法の違いが子実肥大始期と収穫時に残存した雑草量に及ぼす影響

(前川ら，2016を一部改変)

2011，2012年の2か年の平均値
＊は5％水準で有意差があることを示す。事後検定はStudentのt検定を用いた

関東地域FOEAS圃場でのダイズ不耕起狭畦栽培リットがあるといえるだろう。

4. FOEASを施工していない圃場との比較

これまではFOEAS圃場での栽培方法の違いによる影響について述べてきた。その結果，関東地域においてFOEAS圃場での不耕起狭畦栽培の成績が良いことがわかってきた。しかし，FOEAS圃場でない場合でも，不耕起狭畦栽培の収量性が高い可能性がある。そこで，対照圃場に本暗渠が施工されている条件下（2011，2012年）で，同じ不耕起狭畦栽培をFOEAS圃場と対照圃場で比較してみた。

その結果，収量，莢数，主茎長には有意なFOEASの効果が認められた。有意差10％では全乾物重にも有意差がみられた。倒伏指数はFOEAS圃場で有意に高く，青立指数は逆に対照圃場で有意に高かった。窒素固定能に関しては，全窒素量，根粒由来の窒素量にはFOEASで有意な増加があった。FOEAS圃場と対照圃場を比べた場合，収穫期の乾物重がおおよそ11.5％向上したが，根粒窒素固定（根粒由来の窒素含量）はおおよそ24.8％向上し，FOEASの効果は乾物重以上に根粒活性を向上させる結果となった（第2表）。不耕起狭畦栽培（2011

第2表 不耕起狭畦栽培におけるFOEASの効果が収量，収量構成要素，収穫期の植物体の地上部の窒素含量および地上部の根粒由来の窒素含量に及ぼす影響 (前川ら，2016を一部改変)

	収量 (g/m²)	百粒重 (g)	莢数 (/m²)	全乾物重 (g/m²)	主茎長 (cm)	倒伏指数	青立指数	地上部の 窒素含量 (g/m²)	根粒由来の 窒素含量 (g/m²)
FOEAS	345.0＊	36.6	618.7＊	663.7	60.0＊	2.1＊	3.3	19.7＊	16.6＊
対　照	274.5	36.9	477.7	595.1	55.6	1.5	4.3＊	15.9	13.3
P値	0.015	0.464	0.044	0.082	0.043	0.016	0.009	0.019	0.036

注　データは，2011，2012年の2か年の平均値。＊は，5％水準で有意差があることを示す。事後検定はStudentのt検定を用いた

収量，百粒重は水分を15％として換算した

基準の指標として，En1282（根粒非着生種）の慣行ロータリ栽培の収量（水分含量15％）は，対照圃場（2011，2012年）：53.2（g/m²），FOEAS圃場（2011，2012年）：67.9（g/m²）

倒伏指数および青立指数は，0：無，1：微，2：少，3：中，4：多，5：甚を示す

根粒由来の窒素含量は，不耕起狭畦栽培と慣行ロータリ栽培の間の窒素含量の差から算出した。計算式は，［根粒由来の窒素含量，g/m²］＝［タチナガハの各栽培方法での窒素含量，g/m²］－［慣行ロータリ栽培と同じ栽植密度で手まきしたEn1282の窒素含量，g/m²］

〜2012年）では，FOEAS圃場は対照圃場（本暗渠あり）より収量が26％増加しており，FOEASの効果が認められた。

5. FOEAS＋不耕起狭畦栽培の優位性

水ストレスを回避できるFOEAS圃場において，関東地域での慣行の栽培方法とロータリ耕うんによる狭畦栽培および不耕起狭畦栽培の効果を検証した結果，FOEAS圃場の不耕起狭畦栽培では，苗立ち率，生育量，莢数，百粒重の増加によって，慣行ロータリ栽培よりも2010，2011年の2か年平均でおおよそ55％の増収となった。

加えて，不耕起狭畦栽培はロータリ狭畦栽培と比べて地耐力が高いので降雨後も速やかに作業ができ，播種速度が速く，苗立ち率も高いこと，さらに倒伏指数が低いこと，雑草発生量も少ないことなど多くの利点が認められた。

さらに慣行ロータリ栽培との比較では，不耕起狭畦栽培はロータリ狭畦栽培に対する利点に加え，中耕培土を省略できること，増収が可能なことなどの利点をもつ。

したがって，FOEAS圃場と不耕起狭畦栽培の組合わせは，ダイズの安定生産に大きく貢献できる栽培法であると考えられる。

しかし前提条件として，FOEASによる排水が良好であること，土壌面が均平であること，苗立ち数が十分確保されてダイズの葉による遮蔽効果が期待できることなどに注意が必要である。もし，この前提が崩れれば，FOEAS圃場と不耕起栽培の組合わせは，苗株数が確保できなかった場合または連続した欠株がある場合には，条間が狭いことによる生育期の機械防除（中耕培土，中耕除草など）ができないために，雑草が繁茂する可能性や増収しない可能性があることには留意する必要がある。

執筆　前川富也（農研機構中央農業研究センター）

参 考 文 献

独立行政法人農業・食品産業技術総合研究機構．2009．地下水位制御システム（FOEAS）による大豆の安定生産マニュアル．独立行政法人農業・食品産業技術総合研究機構中央農業総合研究センター大豆生産安定研究チーム編集発行．茨城．1—12．

藤森新作．2007．転作作物の安定多収をめざす地下水位調節システム—水田リフォーム技術の開発—．農及園．82，570—576．

藤森新作．2013．地下水位制御システム「FOEAS」（フォアス）の特徴と効果．農業技術大系作物編．第8巻，技1028の2—1028の15．

濱口秀生・中山壮一・梅本雅．2004．汎用型不耕起播種機による大豆不耕起狭畦栽培マニュアル．中央農研研究資料．5，1—21．

濱口秀生．2005．土壌タイプ別栽培体系と管理のポイント　カオリン系土壌に適した方式　不耕起栽培（関東）．農業技術大系作物編．第6巻，技204の60—204の65．

前川富也・島田信二・浜口秀生・加藤雅康・藤森新作．2016．関東地域の地下水位制御システム（FOEAS）現地圃場における不耕起と狭畦がダイズの生産性に及ぼす影響．日作紀．85（4），391—402．

中世古公男・野村文雄・後藤寛治・大沼彪・阿部吉克・今野周．1984．水田転換畑多収ダイズの乾物生産特性．日作紀．53，510—518．

長野間宏．2000．不耕起播種機および栽培技術体系の開発と問題点．日作紀．69（別2），364—368．

野口勝可・森田弘彦．1997．除草剤便覧．農文協．260—265．

大沼彪・阿部吉克・今野周・桃谷英・吉田昭・藤井弘志．1981．水田転換畑大豆の多収実証．山形農試研報．15，27—38．

島田信二・広川文彦・宮川敏男．1990．山陽地域の水田転換畑高収量ダイズに対する播種期および栽植密度の効果．日作紀．59，257—264．

島田信二・島村聡・住田弘一・堀江武．2012．大豆単収世界記録1081kg/10aの衝撃—アメリカ合衆国の収量コンテストより—．農及園．87，414—420．

島田信二・前川富也・浜口秀生・若杉晃介・藤森新作．2017．関東地域の現地水田転換畑ほ場におけるダイズへの地下水位制御システム（FOEAS）と

不耕起狭畦栽培の導入効果. 農研機構研究報告中
央農研. **1**, 25—40.

Shimada, S., H. Hamaguchi, Y. H. Kim, K.
Matsuura, M. Kato, T. Kokuryu, J. Tazawa and
S. Fujimori. 2012. Effects of water table control
by Farm-Oriented Enhancing Aquatic System on
photosynthesis, nodule nitrogen fixation, and yield
of soybeans. Plant Prod. Sci. **15**, 132—143.

水田転換畑で栽培されるダイズの欠株と収量補償作用

(1) 欠株の発生と減収

さまざまな原因から，植えたはずの作物が生えてこない，あるいは枯死してしまうなど，圃場内に欠株が発生することがある。

ダイズ圃場においてもしばしば欠株が生じるが，その原因は過乾燥や過湿，病害虫の発生，鳥害などさまざまある。それらのなかで，排水性が悪くなりがちな水田転換畑においては湿害が起こりやすく，ピシウム属菌などによる苗立枯病，ダイズ茎疫病などの発生にも結びつく。そのため，排水性の改善による苗立ち率の向上は，転換畑ダイズ作における重要な課題であり，これまでさまざまな取組みが行なわれてきた。

一方，欠株は必ずしも減収に直結しないという指摘もある。欠株の周囲の株は生育がよくなり，収穫量が増すことが知られている。この現象は収量補償作用とよばれ，収量補償作用が十分に大きい場合，欠株があっても減収とならないこともある。実際にイネの稚苗移植栽培では，2連続の欠株が生じてもその周囲の株が増収し，欠株となった2株分の減収が99％補填される（杉本・佐本，1979）。

ダイズにおける収量補償作用は十分にはあきらかにされていない。そこで，欠株がダイズ収量へ与える影響について検討を行なった。

(2) 周辺株に及ぼす欠株の影響

水田転換畑で栽培されるダイズ（品種：エンレイ）に人為的に欠株を生じさせて，欠株の周辺の株の収穫量を株ごとに調査する試験を行なった（2014年）。中央農業研究センター北陸拠点（新潟県上越市）内の圃場を使用した。うね幅は75cm，株間は15cmとし，北陸地域の慣行に従って管理した。

試験区の模式図を第1図に示した。欠株の程度と収量補償作用の関係をあきらかにするために，単独の欠株の1欠株区，2～5株の連続した欠株を生じさせた試験区，対照区の6種類の試験区を設けて調査した。

欠株と同じうねの株の調査結果を第2図に示した。整粒重（5.5mmの丸目ふるい上に残ったものを整粒とした）が，1～5欠株のどの試験区でも欠株の隣株の整粒重の平均が対照と比較して増加した。一方，隣株ではない欠株から離れた株では増加はみられなかった。また，欠株

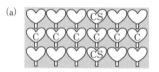

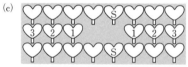
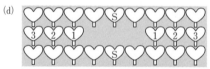
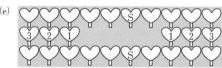
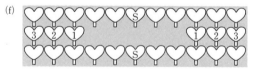

第1図　ダイズの収量補償作用を調べる圃場試験の試験区と調査株の模式図

（髙橋ら，2016，日作紀より転載）

a：対照区，b：1欠株区，c：2欠株区，d：3欠株区，e：4欠株区，f：5欠株区。3うねで栽培されたダイズ株を3列の双葉で示した

対照区のC，CS，欠株の周囲に存在する1～3（欠株と同うね），S（欠株の隣うね）のダイズ株を調査した。調査株1～3はCを対照とし，SはCSを対照とした

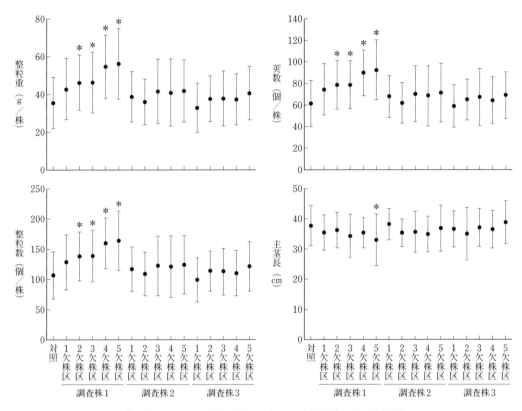

第2図　ダイズの欠株が同じうねにある周辺株に及ぼす影響

(髙橋ら，2016，日作紀より転載)

黒丸は，対照の96株，調査株の32株の平均値を示す。バーは標準偏差を示す。＊は多重比較（ダネット法）により5％水準で有意差があることを示す

整粒重：5.5mmの丸目ふるい上に残ったものを整粒とした

第1表　ダイズの欠株による減収量と欠株の隣の株の補償作用

(髙橋ら，2016，日作紀より転載)

試験年	試験区	欠株による推定減収 (g) (対照区の株当たり平均整粒重×欠株数)〈A〉	隣株の平均整粒重 (g)	隣株の整粒重の増加分 (g) (隣株の平均整粒重－対照区の株当たり平均整粒重)〈B〉	隣株により補償される整粒重 (g) (B×2)〈C〉	補償される整粒重/減収量 (%) (C/A×100)	欠株による減収量 (g) (A－C)
2012	1欠株	36.6	44.3	7.7	15.4	42.1	21.2
	2欠株	73.2	47.1	10.5	21.0	28.7	52.2
	4欠株	146.4	54.3	17.7	35.4	24.2	111.0
2014	1欠株	35.4	42.9	7.5	15.0	42.4	20.4
	2欠株	70.8	46.3	10.9	21.8	30.8	49.0
	3欠株	106.2	46.4	11.0	22.0	20.7	84.2
	4欠株	141.6	54.7	19.3	38.6	27.3	103.0
	5欠株	177.0	56.3	20.9	41.8	23.6	135.2

の連続数が増加すると,隣株の株当たり整粒重も増加する傾向がみられた。

同様の試験は2012年にも行なった。結果はほぼ同様で,欠株の隣株の増収,連続する欠株数の増加に伴う隣株の増収がみられる(第1表参照)。

整粒数,莢数も,欠株の隣株で増加した。欠株の隣株は全般に生育が良好となり,子実の数が増えて収穫が増加したと考えられる。このことは,各株の全重量でも欠株の隣株で増加がみられたこと,百粒重の増加が欠株の隣株でみられないことからもあきらかである(データ省略)。

2014年の試験では,2連続以上の欠株の隣株の整粒重,整粒数,莢数は,対照区との間に有意差が認められたが(ダネットの多重比較検定),1欠株区の欠株の隣株では,有意差は認められなかった。しかし,データのばらつきが小さかった2012年の試験では,1欠株区の隣株についても有意差が認められた。

欠株の隣畝の株(第1図のS)の調査結果を第3図に示す。どの欠株区においても整粒重,整粒数,莢数が増加することなく,欠株の影響はみられなかった。

(3) ダイズの収量補償作用

欠株による減収と収量補償作用との関係を第1表に示す。単独で欠株となった場合の両隣の整粒重の増加分の合計は約15gであり,対照区の株当たり整粒重の平均の約42%にあたる。連続する欠株数が増えると,欠株の隣株の整粒重も増えたが,増加量は多くはなく,連続する欠株数が増えると,ますます減収量が増えることになる。

このように,水田転換畑で栽培されるダイズの収量補償作用は,欠株による減収を補塡するには不十分であり,一株単独の欠株が生じた場合でも減収する傾向にあることがあきらかとなった。したがって,安定した高い収穫量を確保するために,欠株を生じさせない圃場管理が求

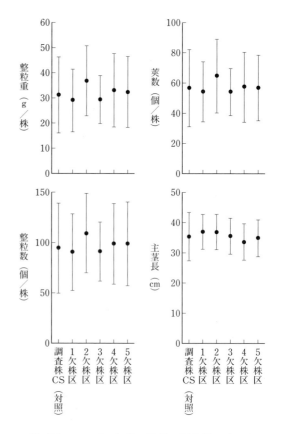

第3図 ダイズの欠株が隣畝の調査株に及ぼす影響 (髙橋ら,2016,日作紀より転載)

黒丸は,調査株の平均値を示す(32株)。バーは標準偏差を示す

整粒重:5.5mmの丸目ふるい上に残ったものを整粒とした

められる。

執筆 髙橋真実(農研機構中央農業研究センター)

参 考 文 献

杉本勝男・佐本啓智.1979.稲稚苗移植栽培における欠株の補償について.日作紀.48,214—219.

髙橋真実・大野智史・髙橋明彦・中山則和・山本亮・関正裕.2016.水田転換畑で栽培されるダイズの欠株に対する収量補償作用.日作紀.85,51—58.

最新農業技術　作物 vol.10
特集　稲作名人に学ぶ──大粒多収・省力，有利販売

2018年1月25日　第1刷発行

編者　農山漁村文化協会

発 行 所　一般社団法人　農 山 漁 村 文 化 協 会
郵便番号　107-8668　東京都港区赤坂7丁目6‐1
電話　03(3585)1141（営業）　03(3585)1147（編集）
FAX 03(3585)3668　　　振替 00120-3-144478

ISBN978-4-540-17058-4　　　　印刷／藤原印刷
＜検印廃止＞　　　　　　　　製本／根本製本
© 2018　　　　　　　　　　　定価はカバーに表示
Printed in Japan

DVD 全2巻 イネの育苗名人になる

失敗しない！ラクしていい苗をつくるコツと裏ワザ満載

第1巻　キラキラ反射シートで安心平置き出芽 編
第2巻　プール育苗でラクラク健苗 編

企画制作：農文協　●セット価格 20,000円＋税　●各巻 10,000円＋税

- 年をとってもラクラク
- 母ちゃん1人が育苗を任されても安心
- 新規就農者、定年帰農者が覚えるにも簡単
- 規模拡大で育苗面積増やすにも便利
- 「誰よりもいい苗をつくってみたい」人にもおすすめ

いい苗ができたー
根張りバッチリだから手荒にあつかっても大丈夫！

『現代農業』でも好評を博した「太陽シート平置き出芽」と「プール育苗」をDVD化！
誌面では伝えきれなかったテクニックもたっぷり盛り込みました！
これで、春先、寒波が来ても、急に暑くなっても、あわてることなく安心育苗

第1巻 キラキラ反射シートで安心平置き出芽 編

◆ほったらかしでも安心 反射シート平置き出芽のやり方
◆教えて！藤田さん 反射シート平置き出芽Q＆A
（覆土の持ち上がり対策、シートを剥ぐ適期、片付けのコツなど）
◆家庭用給湯器でできる 種モミ温湯処理

57分

第2巻 プール育苗でラクラク健苗 編

◆誰でもできる プール育苗 管理のコツ
◆もっと水の力を活かして 寒冷地でもラクラク安心プール育苗
◆寒地の露地プール育苗、暖地の露地プール育苗
◆レーザー水準器、モミガラで 真っ平らな苗床づくりほか

86分

ピカピカに光る太陽シートを苗箱に被覆して、出芽を待つ。ハウス閉めっぱなしでも、苗は焼けない。根優先に育つ。

水をためておけば苗が育つプール育苗。毎日の水やり作業から解放されるうえ、寒さにも暑さにも強い根張りがっちり苗になる！

※見たいところをテーマごとに選んで上映、研修会などにも使いやすいDVDです。